DIANWANG SHEBEI ZHUANGTAI JIANCE JISHU

电网设备
状态检测技术问答

张　磊　秦　旷　主编

高　凯　姚力夫　郭海云　马晓娟　副主编

U0261149

中国电力出版社

CHINA ELECTRIC POWER PRESS

内 容 提 要

本书针对目前电网企业现场工作中常用的电网设备状态检修测试方法进行分析和介绍。主要内容包括电网设备状态检测常用技术概述、CIS 局部放电检测、高压开关柜带电检测、电力电缆带电检测、油中气体色谱分析、红外热成像检测、紫外成像检测、含 SF_6 设备检测。内容按照基本概念、常见技术问题、典型案例的结构展开叙述，密切结合生产实践，严谨、准确地为一线工作人员提供有力帮助。

本书适合电网企业状态检测、电气试验、变电检修以及相关专业的技术人员阅读参考。

图书在版编目（CIP）数据

电网设备状态检测技术问答 / 张磊，秦旷主编 . —北京：中国电力出版社，2019.11
ISBN 978-7-5198-3530-9

Ⅰ．①电…　Ⅱ．①张…②秦…　Ⅲ．①电网—设备状态监测—问题解答　Ⅳ．① TM727-44

中国版本图书馆 CIP 数据核字（2019）第 169659 号

出版发行：中国电力出版社
地　　址：北京市东城区北京站西街 19 号（邮政编码 100005）
网　　址：http://www.cepp.sgcc.com.cn
责任编辑：莫冰莹（010-63412526）
责任校对：王小鹏
装帧设计：赵姗姗
责任印制：杨晓东

印　　刷：北京天宇星印刷厂
版　　次：2019 年 11 月第一版
印　　次：2019 年 11 月北京第一次印刷
开　　本：787 毫米 ×1092 毫米　16 开本
印　　张：15.5
字　　数：359 千字
定　　价：80.00 元

编　委　会

前　言

随着社会经济的发展，全社会用电量越来越大，老百姓对于供电质量的要求也越来越高。电网企业开展带电检测、在线监测、带电作业等工作可以在不影响供电的情况下保障电网设备的安全稳定运行，其重要性越来越被大家认可。

经过近几十年发展，很多带电检测技术和在线监测技术日臻成熟，比如油中气体色谱分析、红外热成像检测、GIS组合电器特高频法超声波法检测局部放电等。本书针对这些相对比较成熟的状态检测技术在现场运用中遇到的常见问题进行解答，帮助相关人员了解掌握相应的知识。还有一些状态检测技术现场应用效果也很好，比如用电压法带电检测零值绝缘子、带电检测电气设备接地线接地电流、X射线成像技术检测GIS设备或者输电线路线夹内部缺陷、通过可见光成像在线监测输电线路覆冰等，因为篇幅限制不一一介绍。《电气设备绝缘预防性试验技术问答》一书是本书的姊妹篇，很多停电试验在该书已有详细介绍。电力电缆的振荡波试验虽然是停电试验，但是对于发现电缆故障效果很好，最近几年在现场广泛应用，因此本书也给予介绍。还有一些带电检测和在线监测项目，因为现场干扰不容易排除等原因，实际应用效果一般，因此本书没有介绍。本书也适用于发电企业和电气设备制造企业的相关人员阅读。

本书由国网河南省电力公司技能培训中心组织编写，国网河南省电力公司技能培训中心张磊、国网河南郑州供电公司秦旷主编，国网上海市电力公司电力科学研究院高凯、国网河南郑州供电公司姚力夫、国网河南省电力公司技能培训中心郭海云、马晓娟副主编。在编写过程中，国网河南省电力公司、国网上海市电力公司等单位的专家给予了大力支持，在此表示感谢。

电网设备状态检测技术发展日新月异，加之编者水平有限，因此本书存在疏漏和不妥之处，恳请广大读者批评指正。

编　者

2019 年 8 月

目 录

第一章

电网设备状态检测常用技术概述

第一节　电网设备状态检测基础知识

1 什么是状态检测?

答: 状态检测(Condition Test)是指为了解电力设备的绝缘状态、发热状态、结构情况等而采用相应的试验等技术手段获得量化的表征数据、图像等的活动。常用的技术手段包括局部放电检测(特高频/高频/超声波/脉冲电流等)、油中溶解气体分析、红外热成像、紫外放电成像、SF_6 气体分析、X 射线探伤、泄漏电流检测等。常见的实施方式有带电检测、在线监测、重症监测、停电试验等。状态检测获得的量化数据或图像用于综合评估并诊断电力设备的运行状况、绝缘老化、工艺质量等,及早发现潜伏性故障或缺陷,指导针对性的维护或检修,降低设备故障的风险。通俗而言,状态检测可以理解为一系列试验技术的综合应用,以带电检测技术为基础,辅以在线监测技术以及一些必要的停电检测试验。

2 什么是带电检测?

答: 带电检测(Energized Test)技术一般是指采用便携式检测仪器,在电力设备运行状态下,对设备状态量进行的现场检测,其检测方式为短时间内检测,有别于长期连续的在线监测。

3 什么是在线监测?

答: 在线监测是指在电力设备运行的情况下,对电力设备绝缘状态(如局部放电、油中溶解气体、SF_6 气体水分等)、发热状态(如温度等)、电气性能(如电流、电压等)、运行环境(如温度、湿度等)以及对设备性能有影响的电网参数进行连续或周期性的自动监视检测。在线监测的特点是,"在电力设备运行的情况下"和"自动监视检测",通常是长期的连续的。

4 相对于停电试验,带电检测有哪些优点?

答: 停电试验是在电力设备不接入电网运行的情况下进行,一般包括型式试验、出厂试验、交接试验、预防性试验、停电例行试验等。电网公司技术人员平时接触比较多的是预防性试验和例行试验。在实施状态检修前,预防性试验(Preventive Test)在电力系统中曾经较为普遍,曾是电力设备运行和维护工作中一个重要环节,是保证电力设备安全运行的有效手段之一。但它不考虑设备的状态优劣，而是统一按照既定的试验周期进行，例如三年一小修，六年一大修。随着电网的快速发展，预防性试验的重复检修，好坏都修，停电次数相对较多的问题日益突出。2010年左右，国家电网对于1000kV以下开始推行状态检修，它基于设备状态，综合考虑安全性、可靠性、环境、成本等要素，合理安排检修试验。实施状态检修后，大部分电力设备的预防性试验被各种带电检测和停电试验所代替。按试验周期来说，停电试验项目可分为4类：①定期试验，每隔一定时间对设备定期进行的试验，与预防性试验方式类似，但试验周期可以在基准周期基础上，根据设备状态进行调整。这是为了及时发现设备潜在的缺陷或隐患。对于特高压交流设备、直流设备等，考虑其非常重要，但技术欠成熟，仍沿用了传统的预防性试验方式，试验周期不可调整。②大修试验，指大修时或大修后做的检查试验项目。③诊断性试验，指带电检测、定期试验或大修试验后，对试验结果存有异常或有疑问，需要进一步查明故障或确定故障位置时进行的一些试验。这是在"必要时"才进行的试验项目。④预知性试验，是为了鉴定设备绝缘的寿命，搞清被试设备的绝缘是否还能继续使用一段时间，或者是否需要在近期安排更换而进行的试验。这些试验都需要停电，而且有些试验项目的灵敏度欠佳。

相对而言，带电检测有以下优点：①带电检测无须停电，测试灵活、方便。最大程度地节约了用户的停电成本。不同的电力设备检测可以安排不同的带电检测周期。②检测时设备处于运行状态，诊断绝缘缺陷的灵敏度高。许多电力设备运行状态下的安全隐患只能在运行状态（有电压有电流）下才能检测出来。比如用红外热成像技术观测设备电流致热性缺陷，只能在设备运行到最大负荷时进行，停电时无法观测。一些运行时间很久的设备，停电进行耐压试验可能造成设备损坏，因此通过加强带电检测可以达到监督设备状况的效果。再比如对于电力电容器这样的电容量非常大的设备，停电进行局部放电检测需要的升压设备容量非常大，不容易试验，而且产生的高频局部放电信号容易通过地线流走，不容易用停电试验的脉冲电流法检测到，但是在带电运行状态下，通过高频电流法检测地线里面的高频电流信号，就可以发现问题。③试验周期可以依据设备绝缘状况灵活安排，便于及时发现设备的绝缘隐患，了解绝缘缺陷的变化趋势等。

5 电气设备局部放电带电检测与停电例行试验比较，有何优缺点？

答：带电检测的优点是：①无须停电，无供电损失，不降低供电可靠性；②能够在设备运行工况下发现设备隐患，及时安排后续处理；③采用便携式检测设备，检测耗时少，配合工作少，经济高效。缺点是：①检测容易受到外界的干扰，检测结果以定性判断为主，难于定量分析；②检测发现问题后，往往需要其他检测手段配合，进行综合分析。

停电例行试验的优点是：①能够获得检测量的精确值；②判据简单直观，可直接判断设备问题。缺点是：①试验需要安排设备停电，经济效益差，影响供电服务质量；②试验设备和仪器的便携性差、使用和操作工作量大，试验人力要求大；③两次试验间的周期长，难以发现期间的设备问题；④试验条件和运行工况有差别，难以发现只在运行时才出现的故障现象。

6 停电例行试验和带电检测如何实现优势互补？

答：以带电检测为主，停电检测为辅。带电检测正常则继续运行，带电检测发现缺陷，则根据情况进行停电试验并处理问题。

7 目前常用的状态检测方法有哪些？

答： 目前常用的状态检测方法如图 1-1 所示。按照普及程度和效果来说，目前现场用的带电检测方法有：

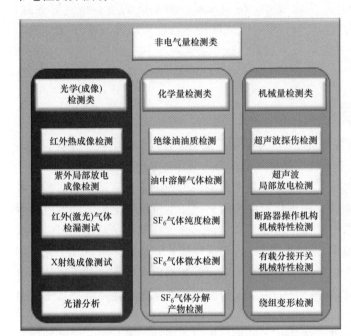

图 1-1 目前常用的状态检测方法

对于含油的电力变压器等设备，进行油中溶解气体检测分析可以灵敏准确地发现设备内部局部放电、局部过热等故障，在现场一直广泛应用，效果很好。

红外热成像检测技术也很有效，可以及早发现各种电气设备的局部发热等故障。相对于 20 世纪八九十年代，目前通过这一技术在现场普及，现场电气设备故障率下降了一倍以上。

紫外成像技术目前在现场也逐渐普及，可以及早发现设备表面电晕、初始局部放电等问题。

这几年普及的通过特高频法和超声波法检测 GIS 组合电器里面的局部放电技术，也可以及早发现运行 GIS 设备里面的各种故障，效果很好，应用广泛。

特高频法和超声波法也可以检测输电电缆的终端头里面的局部放电故障，但是现场具体使用时还需谨慎，因为特高频法是天线耦合，距离电缆终端头远则信号弱，距离近则有触电危险。超声波法主要用在 35kV 及以下的中压电缆，采用绝缘杆做超声传播介质。

高频电流法检测电力电缆、电力电容器、电力变压器等大电容设备里面的局部放电产生的高频脉冲电流信号，也有很好的效果。

目前用暂态地电压法、特高频法和超声波法检测开关柜局部放电的技术目前在现场应用也很广泛，一些人认为效果不好，是因为一些操作细节没有注意好，会影响到检测效果。

通过分析，充 SF_6 气体的电气设备里面的 SF_6 气体成分，比如微水含量、杂质气体含量、特征分解物气体成分含量等，也可以及早发现设备内部的一些问题。

检测变压器铁心或者高压电缆的接地线中的接地电流，可以发现一些设备内部的异常，但是最终确定这些异常还要依靠别的试验印证。

在在线监测领域，在线监测变压器里面油中溶解气体色谱分析技术、在线视频监测高压架空输电线路导线覆冰情况等已经广泛应用普及，效果很好。在线监测金属氧化物避雷器的内部各种电流也可以及早发现金属氧化物避雷器的各种问题，效果良好。

通过 A 型超声波技术或者相控阵超声波技术，可以及早发现 GIS 焊缝、钢管塔焊缝、以及瓷质套管里面的裂纹、气孔等缺陷，通过 X 射线成像技术，也可以发现高压架空输电线路线夹内部、GIS、断路器内部的缺陷，效果较好。这些技术从整体上也属于电气设备状态检测的范围。

8 现有的常用的带电检测技术有什么局限性？

答：（1）从原理上说，带电检测特别是局部放电带电检测必须在局部放电现象正在发生时检测，但是电气设备内部的局部放电有可能是间歇性的，那么就存在漏检测的可能性。

（2）很多停电试验项目获取状态量还不能开展带电检测，因为设备正常运行的时候，各种电磁信号特别强烈，干扰很大，因此无法进行带电检测。比如测量绝缘电阻、泄漏电流等等这些最基础的停电试验，就没有带电检测或者在线监测，只有金属氧化物避雷器可以开展电流在线监测，那是因为良好的金属氧化物避雷器本身绝缘性能异常良好，可以几乎完全屏蔽掉来自电网电气设备的种种电流干扰，那么监测它的电流，如果出现异常，就可以认为金属氧化物避雷器可能存在缺陷，除此之外，别的电气设备监测效果就很不好，现场几乎没有广泛应用。

（3）检测仪器种类繁多，判别标准不统一，各种规范规定不详细，因此对于各种检测数据或者图谱很难定量进行判定，诊断难度大。因此带电检测发现异常，在排除干扰因素的情况下，往往还需要安排停电试验进一步进行判别。

（4）对于具体的带电检测项目，其技术局限性参考表 1-1。

表 1-1　　　　　　　　　　　现有带电检测项目技术局限性

序号	带电检测技术	技术局限性
1	特高频局部放电检测技术	（1）外置式无法检测金属屏蔽的局部放电缺陷； （2）检测不到未发出特高频段电磁波的局部放电缺陷； （3）难以对缺陷严重程度进行量化描述
2	超声波局部放电检测技术	（1）对固体绝缘材料内部局放缺陷不灵敏； （2）难以对缺陷严重程度进行量化描述
3	地电波局部放电检测技术	（1）被检测设备需要有金属外壳； （2）难以对缺陷严重程度进行量化描述
4	高频局部放电检测技术	（1）被检测设备需要有串联或容性耦合回路（被检测设备需要有接地引下线）； （2）难以对缺陷严重程度进行量化描述
5	红外热成像检测技术	（1）难以及时发现气体或空气绝缘的设备内部导体发热情况； （2）难以检测发现设备局部点过热问题
6	红外成像 SF_6 气体泄漏检测技术	（1）难以发现轻微泄漏的缺陷； （2）对紧凑型设备难以全面观测密封点

序号	带电检测技术	技术局限性
7	紫外成像放电检测技术	(1) 无法发现设备内部放电缺陷； (2) 仅对空气绝缘的设备外部电晕较为灵敏
8	SF_6 气体分解物组分检测技术	(1) 受设备内部气体流动性差条件限制； (2) 检测结果受吸附剂因素影响很大
9	振荡波局部放电检测技术	(1) 需要电缆停电开展试验检测（不是带电检测试验）； (2) 试验加压过程可能对电缆造成损伤
10	介损及电容量检测技术	(1) 检测精确度相对较低，主要做相对比较法判断； (2) 同步电压精确获取实现难度较大
11	MOA 阻性电流检测技术	(1) 检测精确度相对较低，主要做相对比较法判断； (2) 同步电压精确获取实现难度较大
12	接地电流检测技术	与常规检测方法相同

9 **什么是局部放电？电气设备局部放电会产生哪些现象？**

答： 在电力设备的绝缘系统中，只有部分区域发生放电，而没有贯穿施加电压的导体之间，即尚未击穿的这种现象称为局部放电（Partial Discharge，PD）。

这种放电可以发生在导体附近也可以不在导体附近。在电气设备绝缘系统中，各部位的电场强度存在差异，某个区域的电场强度一旦达到其击穿场强时，该区域就会出现放电现象，不过施加电压的两个导体之间并未贯穿整个放电过程，即放电未击穿绝缘系统，这种现象即为局部放电。

注意：不同类型的局部放电的特征不一样（放电典型图谱不同）；同一类型的局部放电在不同绝缘介质中放电特征不一样。电气设备局部放电会伴随着电磁波、声音、发光、发热、产气等物理和化学现象。

10 **简述局部放电的形成过程。**

答： 局部放电是由于局部电场畸变、局部场强集中，从而导致绝缘介质局部范围内的电介质击穿所造成的。它可能发生在导体边缘上，也可能发生在绝缘体的表面或绝缘介质内部。当绝缘体局部区域的电场强度达到击穿场强时，该区域就发生放电。当在制造或使用中某些区域存有一些气泡、杂质或缺陷，于是绝缘体内部或表面的该区域就会出现局部电场强度高于平均电场强度，因此在这些区域就会首先发生放电，而其他区域仍然保持绝缘特性，这就形成了局部放电。在绝缘体中的局部放电具有一定的能量，会造成绝缘材料裂解，腐蚀绝缘材料，长时间的局部放电会造成绝缘的持续劣化，并最后导致绝缘击穿。

局部放电是一种脉冲放电，它会在电力设备内部和周围空间产生一系列的光、声、热、电气和机械的振动等物理现象和化学变化。这些伴随局部放电而产生的各种物理和化学变化可以为监测电力设备绝缘状态提供检测信号，如图 1-2 所示。

由于绝缘介质中电场分布的不均匀，在绝缘介质局部引起的电荷不断积累与释放的现象。引起局部电场集中的原因包括：电极形状尖锐、不同介电常数的绝缘介质交界面等。通常有自由金属颗粒放电、悬浮（金属）电位放电、电晕放电和沿面放电（绝缘部件内部气隙沿面放电及绝缘部件内部空穴放电）等。

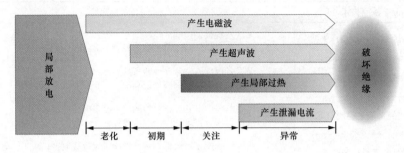

图 1-2　绝缘的局部放电发展导致绝缘击穿示意图

11 固体绝缘内部空穴气隙局部放电产生过程是怎样的？

答： 固体绝缘内部空穴气隙局部放电在现实生产中最常见的是电缆内部局部放电和 GIS 盆式绝缘子里面的气隙空穴放电。此类局部放电的原理过程通常用三电容模型解释，将绝缘介质整体看作一个大的平板电容 C_a，内部空穴气隙是一个小的电容 C_c，绝缘介质的剩余部分看作电容 C_b，而且气隙的击穿电压低于同样厚度的绝缘材料。内部空穴气隙局部放电的具体过程如下：当工频电压施加于平板电容上时，内部气泡的电压按其电容分压，如果气泡上的电压没有达到气泡的击穿电压，不发生放电，气泡上的电压跟随外加电压变化而变化。若外加电压足够高，达到气泡的击穿电压时，气泡发生放电。放电使气体电离出大量正离子和电子，形成空间电荷，在电场作用下迁移到气泡壁上，形成与外部电场相反的内部电场，使气泡内部电压小于击穿电压，放电停止，随着电压升高，再出现第二次放电。

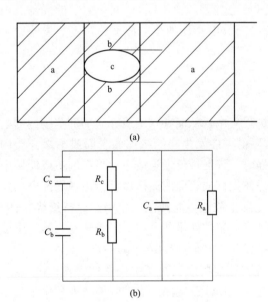

图 1-3　试品中气隙放电的等效电路

（a）试品中的气隙；（b）放电等效电路
C_a—绝缘完好处等效电容；C_b—气隙外
等效电容；C_c—气隙处等效电容

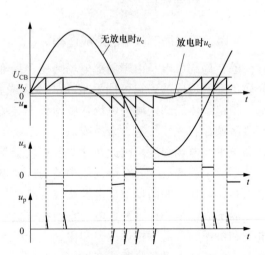

图 1-4　放电过程示意图

u_c—施加于试品的电压；u_f—放电产生的反向
电压；u_p—放电产生的脉冲电压；U_{CB}—起
始放电电压

12 为什么在高电压强电场下，固体电介质内部有气泡或者裂纹的地方容易产生局部放电？

答：（1）电介质中电场分布与介电常数成反比，以固体绝缘（环氧树脂）局部放电为例，如图 1-5 所示。气体介电常数 $\varepsilon_g=1$，环氧树脂介电常数 $\varepsilon_b=3.8$（固体绝缘介电常数大于1），因此，$E_g=3.8E_b$，即，气隙承受电场远大于环氧树脂，一定电压下气隙击穿，产生局部放电。

（2）一般气体电介质的绝缘强度远远低于固体电介质，是固体电介质的几十分之一甚至更低，所以在高电压强电场下，固体电介质内部有气泡或者裂纹的地方容易产生局部放电。

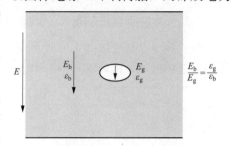

图 1-5　固体电介质中气泡内外电场分布

13 电气设备中局部放电的危害有哪些？

答：局部放电伴随热、声、臭氧、氧化氮、氟化物等产生。绝缘材料受到热作用、机械作用、化学腐蚀等，引起绝缘老化，最后导致整个绝缘在正常电压下发生击穿。氟化物与水反应形成酸性物质，还会腐蚀金属导体等。局部放电过程有时是长时间、间断性的。局部放电有时瞬间或突发性引发绝缘击穿。

与其他绝缘试验相比，局部放电的检测能够提前反映电气设备的绝缘状况、及时有效地发现设备内部的绝缘缺陷、预防潜伏性和突发性事故的发生，这种观点已经得到了人们的普遍认可。

14 什么是局部放电测量？

答：局部放电测量是指当绝缘材料发生局部放电时，会伴随着不同的物理现象，如光、声音、电磁场变化、化学变化、热等，通过检测这些物理化学、电磁特性中的一种或者几种从而对局部放电进行定性定量的分析，即称为局部放电测量。一般在电气设备停电情况下用脉冲电流法检测电气设备内部局部放电可以灵敏发现设备缺陷。在设备运行情况下，可以使用如超声波法、特高频法、高频电流法、紫外成像、油中气体色谱分析、红外热成像、电磁波检测等方法来测量或判断，如图 1-6 所示。

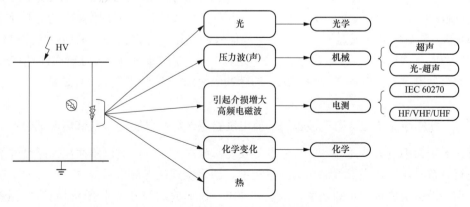

图 1-6　局部放电产生的不同物理效应

第二节　脉冲电流法检测电气设备局部放电简介

1 脉冲电流法的基本原理是什么？

答：脉冲电流法的基本原理可用图 1-7 所示电路阐述：当试品 C_x 产生一次局部放电时，脉冲电流经过耦合电容 C_k 在检测阻抗两端产生一个瞬时的变化电压，即脉冲电压 U，脉冲

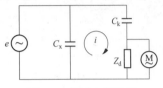

图 1-7　脉冲电流法的
基本原理图

电压经传输、放大和显示等处理，可以测量局部放电的基本参量。脉冲电流法是对局部放电频谱中的较低频段（一般为数千赫兹至数百千赫兹或至多数兆赫兹，局部放电信号能量主要集中在该段频带内）成分进行测量，以避免无线电干扰。传统的测量仪器一般配有脉冲峰值表指示脉冲峰值，并有示波管显示脉冲大小、个数和相位。

2 脉冲电流法检测电气设备局部放电试验是停电试验还是带电检测试验？其意义是什么？

答：脉冲电流法检测电气设备试验是停电试验，但是因为停电检测时周围设备强电磁场的干扰比较小，所以检测的灵敏度准确度较高，而且检测结果是否合格有明确的国家标准。所以开展好电气设备停电时的脉冲电流法局部放电试验，是我们开展电气设备局部放电带电检测试验的基础和参照。

例如目前 GIS 设备进行局部放电特高频法和超声波法带电检测的时候，多大的局放量时需要停电检修的没有明确的规定，但是可以通过和停电进行的脉冲电流法试验比较得到一些参考。比如 GB 7674—2008《额定电压 72.5kV 及以上气体绝缘金属封闭开关设备》有关 GIS 试验间隔试验电压、放电量的规定，在脉冲电流法局部放电测量试验电压 $1.2U_m/\sqrt{3}$，持续时间＞1min 情况下，GIS 试验间隔放电量不超过 5pC。在 GIS 设备出厂时进行这个停电试验的时候，对于局部放电量超过 5pC 的不合格产品，一般在加压时进行特高频法或者超声波法试验无法检测到局放信号，因此我们在设备运行状态下，如果通过特高频法或者超声波法试验无法检测到局放信号，往往意味着这时的设备已经不合格了，因为设备运行的额定电压是低于出厂试验时进行脉冲电流法局放检测的试验电压的，所以这时候即使不能立即停电，也应该加强带电检测的频次，最好安装在线监测装置监测局放信号的变化，有机会停电的话，先进行停电状况下的脉冲电流法检测，确认 GIS 设备是不是真的不合格。如有必要，进行解体检查。

因此可见电气设备开展好停电状况下的脉冲电流法局部放电检测很有必要。

3 脉冲电流法检测电气设备局部放电试验是破坏性试验还是非破坏性试验？

答：对于大型电力变压器、GIS 等设备来说，脉冲电流法局放试验往往伴随着交流耐压试验进行，在升压过程中或者加压试验过程中，如果发现局部放电量异常，可以马上降低电压，不会对设备造成进一步的伤害，因此脉冲电流法局放试验属于非破坏性试验。虽然它是和破坏性试验交流耐压试验一起进行的，而且也不违反必须所有非破坏性试验都合格才能进

一步进行破坏性试验的要求。

4 脉冲电流法局部放电检测的主要参数有哪些?

答: 脉冲电流法局部放电检测的主要参数包括: 视在放电量、放电能量、放电频率、放电相位、放电重复率、起始放电电压和熄灭放电电压。

5 什么是脉冲电流法局部放电的视在放电量?

答: 脉冲电流法局部放电的视在放电量是指在试品两端注入一定电荷量,使试品端电压的变化量和局部放电时端电压变化量相同。此时注入的电荷量即称为局部放电的视在放电量,单位为 pC。这里要注意的是,视在放电量和试品实际点的放电量并不相等,后者不能直接测得。

6 什么是脉冲电流法局部放电的起始放电电压和熄灭放电电压?

答: 起始放电电压是指试验电压从不产生局部放电的较低电压逐渐增加时,在试验中局部放电量超过某一规定值时的最低电压值。

熄灭放电电压是指试验电压从超过局部放电起始电压的较高值逐渐下降时,在试验中局部放电量小于某一规定值时的最高电压值。

7 脉冲电流法局部放电检测的试验回路主要有哪几种?

答: 脉冲电流法局部放电检测的试验回路主要有三种,图 1-8(a)、(b)可统称为直接

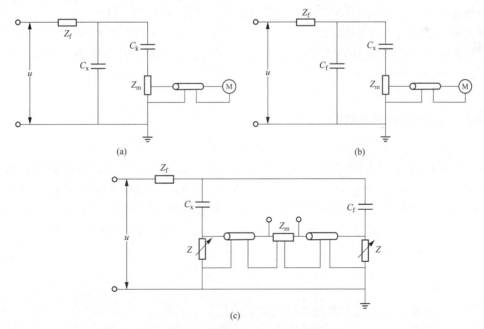

(a)　　　　　　　　　　　　　　(b)

(c)

图 1-8　局部放电测量的基本回路

(a)测量阻抗与耦合电容器串联回路;(b)测量阻抗与试品串联回路;(c)平衡回路

Z_f—高压滤波器;C_x—试品等效电容;C_k—耦合电容;Z_m—测量阻抗;Z—调平衡元件;M—测量仪器

法测量回路,分别为测量阻抗与耦合电容器串联回路、测量阻抗与试品串联回路;图 1-8 (c)称为平衡法测量回路。

8 脉冲电流法局部放电检测试验回路的选取原则是什么?

答: 脉冲电流法局部放电检测试验回路的选取原则是:

(1) 试验电压下,试品的工频电容电流超出测量阻抗 Z_m 的允许值,或试品的接地部位固定接地时,可采用图 1-8 (a) 所示的试验回路

(2) 试验电压下,试品的工频电容电流符合测量阻抗 Z_f 允许值时,并且试品接地点可解开时,可采用图 1-8 (b) 所示的试验回路。

(3) 试验电压下,图 1-8 (a)、(b) 所示的试验回路有过高的干扰信号时,可采用图 1-8 (c) 所示的试验回路。

(4) 检测阻抗的选择应使其与 C_k 和 C_x 串联后的等效电容值在测量阻抗所要求的调谐电容 C 的范围内(否则测量灵敏度会降低)。

9 什么是视在放电量的校准?

答: 在进行脉冲电流法局部放电试验时,若无法直接测量到被试品内部真实的局部放电量,只能通过人为搭建的耦合回路把局部放电时产生的高频脉冲电流引出来测量。因此耦合回路搭建好以后,在里面注入局部放电量是已知的(例如 100pC)方形脉冲电流波,观察示波器上相应的脉冲电流幅值高度。那么当真正进行试验时,观察示波器上这时的脉冲电流幅值高度,就可以换算出来这时设备内部的放电量,称为视在放电量。因为这个视在放电量是通过观察脉冲电流的幅值换算出来的,因此这种方法又称为脉冲电流法。

视在放电量的校准是指确定整个试验回路的换算系数 K。换算系数 K 受回路试品等效电容、耦合电容、高压对地的杂散电容及测量阻抗等元件参量的影响。因此,试验回路每改变一次必须进行一次校准。

10 如何进行视在放电量的直接校准?

答: 视在放电量的直接校准是指将已知电荷量 Q_0 注入试品两端,其目的是直接求得指示系统和以视在放电量 Q 表征的试品内部放电量之间的定量关系,即求得换算系数 K。这种校准方式是由 GB/T 7354—2018 推荐的。直接法和平衡法则测量回路的直接校准电路如图 1-9 所示,其方法是:接好整个试验回路,将已知电荷量 $Q_0 = U_0 C_0$ 注入试品两端,则指示系统响应为 L_N。取下校准方波发生器,加电压试验,当试品内部放电时,指示系统响应为 L_X,此时可换算系数为

$$K_H = \frac{L_X}{L_N} 10^{(N_1 - N_2)} \tag{1-1}$$

式中 N_1——局部放电仪放大器测量时的倍率挡位 1~5;

      N_2——局部放电仪校正时的挡位为 1~5(此时倍率为每挡 10 倍,第 5 挡放大倍数最大,否则应为 $N_2 - N_1$)。

则测试的视在放电量 Q 为

$$Q = U_0 C_0 K_H \tag{1-2}$$

式中 Q——视在放电量，pC；

      U_0——方波电压幅值，V；

      C_0——电容，pF；

      K_H——换算系数。

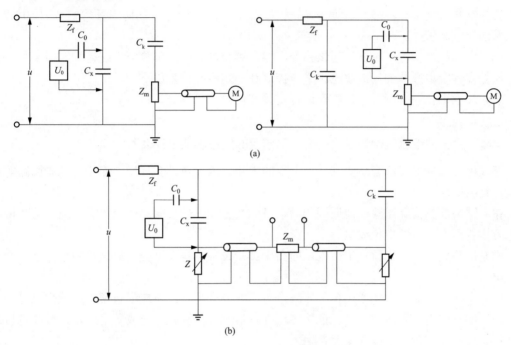

图 1-9   直接校准接线

（a）直接法测量的直接校准接线；（b）平衡法测量的直接校准接线

Z_f—高压滤波器；C_x—试品等效电容；C_k—耦合电容；C_0—注入电荷量等效电容；U_0—注入电荷量方波电压值；

Z_m—测量阻抗；Z—调平衡元件；M—测量仪器

为了使校准保证有一定的精度，C_0 必须满足

$$C_0 < 0.1\left(C_x + \frac{C_k \times C_m}{C_k + C_m}\right) \tag{1-3}$$

$$C_0 > 10\text{pF} \tag{1-4}$$

式中 C_m——测量阻抗两端的等值电容。

直接法校准时，加电压试验的校准方波发生器需脱离试验回路，不能与试品内部放电脉冲直观比较。

在现场我们往往进行直接法校准，因此在接好试验回路，真正准备升压试验之前，要进行打方波校准的工作，校准完毕后取下方波发生器再进行试验。

11 脉冲电流法局部放电检测时主要干扰类型以及抑制干扰的措施有哪些？

答： 局部放电检测时主要干扰类型有：电源干扰、接地系统干扰、电磁辐射干扰、悬浮电位放电干扰、电晕放电干扰、内部放电干扰及接触干扰。

抑制各类干扰的措施主要有：

（1）电源干扰：抑制对策是采用屏蔽式电源隔离变压器及低通滤波器。

（2）接地系统干扰：抑制对策是使试验回路采用一点接地的方式。

（3）电磁辐射干扰：抑制对策是将试品置于屏蔽良好的试验室。此外，采用平衡法、对称法和模拟天线法的测试回路，也能抑制辐射干扰。

（4）悬浮电位放电干扰：抑制对策一是搬离悬浮电位体，二是将悬浮电位体接地。

（5）电晕放电干扰：抑制对策是在高压端部采用防晕措施（如防晕环等），高压引线采用无晕的导电圆管等。

（6）内部放电干扰：主要包括试验变压器和耦合电容器内部放电干扰，抑制对策是将试验变压器和耦合电容器的局部放电水平应控制在一定的允许量以下。

（7）接触干扰：抑制对策是需保证各连接部位的接触良好。

12 用脉冲电流法检测电气设备局部放电的注意事项是什么？

答：由于脉冲电流法容易受到外界干扰的影响，因此对试验环境、连线、试验回路等有比较严格的要求。

（1）试验前先清除试验场地周围杂物，可能产生放电的金属物体应可靠接地，防止因杂散电容耦合而产生悬浮电位放电。

（2）试验设备都需要留一定裕度，即高压试验设备本身在进行局放试验的电压下不会产生放电。

（3）高压连接线都应该使用扩径导线，防止电晕产生，回路应尽量紧凑，减少尺寸。

（4）所有的电气连接都应该保证接触良好，最好使用屏蔽措施改善电场，还要注意接地的连接，最好使用铜皮铺设并单点接地。

（5）对于测量回路和单元应注意电磁屏蔽和阻抗匹配。试验回路和测量回路都应采用电源隔离措施，防止干扰从电源进入，回路中还应考虑使用滤波器来消除高频干扰。

（6）试验回路每次使用都必须进行校准，局放试验后可再进行一次校准。校准时注入的方波的视在放电量应适当，不应过大或过小。

（7）检测中若存在明显干扰可通过开时间窗进行消除，若干扰过于明显则应通过其他方法解决，比如更改滤波器配置、改进试验回路或者另择时间，选择环境干扰较小的时段进行试验。

13 用脉冲电流法进行 GIS 局部放电试验的局限性有哪些？

答：（1）虽然在环境良好的实验室中进行试验，较为灵敏和准确。但在现场环境下，容易受到各种干扰源的影响，灵敏度大为降低，经常出现干扰强度超过局部放电信号强度，且无法有效消除的情况，造成测量结果无效。

（2）只能对放电量的大小进行测量，无法对局部放电源的位置进行定位。

（3）外接的耦合电容器等设备需要与高压设备相接，试验中的安全风险较大，而且对高压部位封闭的部件不适用。

（4）测量需要将待试设备脱离原有的运行接线，才可注入方波脉冲进行标定，增加了停电时间。

（5）试验的测量设备和辅助设备较多，接线复杂，试验的人力物力消耗大。

第三节 高频电流法带电检测局部放电简介

1 什么是高频电流法局部放电检测？

答：在 3～30MHz（HF）频段对局部放电脉冲电流信号进行采集、分析、判断的一种检测方法。

2 请简述高频电流法局部放电检测方法的基本原理。

答：电力设备中发生局部放电时，所产生的高频脉冲电流会沿导体流动，并通过高压设备接地点流入大地。通过在高压设备接地点上安装相应的高频传感器，拾取绝缘内部局部放电发出的脉冲电流信号的高频部分，可以实现局部放电的高频带电检测。

3 脉冲电流法与高频电流法有何异同？

答：（1）脉冲电流法一般是停电试验，高频电流法一般是带电检测试验，个别设备也可以在运行时安装传感器进行脉冲电流法检测，但是现场电磁干扰较大，检测效果一般，不太普及。

（2）检测位置不同。脉冲电流法时，被试品的电气设备一般本身是个大电容，我们在这个电容并联一个耦合回路，检测这个耦合回路里的脉冲电流信号，从而推测出设备内部的局部放电情况。高频电流法的传感器常采用高频电流传感器，一般在电气设备的接地线处套装，没有高压接线，安全性高。也有极个别嵌入设备本体。

（3）检测频率范围不同。脉冲电流法是国际标准 IEC 60270 推荐的局部放电检测的方法，也称为耦合电容法。最新颁布的 GB/T 7354—2018《高电压试验技术局部放电测量》修改采用 IEC 60270：2000 标准。脉冲电流法测量得到局部放电的视在放电量，它是定量评定电气设备局部放电水平的最基本方法。脉冲电流法的缺点是：容易受到外界电晕放电和电磁脉冲干扰，因为其测量频率一般小于 1MHz，导致现场使用时容易受到外界的无线电信号、高压导体在空气中的电晕放电信号等的干扰，导致测量不准，干扰噪声信号较大，故难以准确获取电缆线路的局部放电情况。脉冲电流法另一个缺点是其测量结果只有放电量信息，无法进行局部放电的定位。

脉冲电流法由于其检测频率范围低，现场干扰较大，因此出现了高频脉冲电流法，它仍以局部放电产生的脉冲电流 I 为检测对象，但将检测频带从 1MHz 以下提高到几十甚至数百兆赫兹，从而避开现场各种干扰频带，提高局部放电信号测量的信噪比。

4 高频电流法局部放电检测仪结构是如何组成的？

答：电力设备高频电流法局部放电检测系统一般由高频电流传感器、工频相位单元、信号采集单元、信号处理分析单元等构成。

高频电流传感器完成对局部放电信号的接收，一般使用钳式高频电流传感器；工频相位单元获取工频参考相位；信号调理和采集单元将局部放电和工频相位的模拟信号进行调理并转化为数字信号；信号处理分析单元完成局部放电信号的处理、分析、展示以及人机交互。

5 高频电流法局部放电检测有何技术要求?

答: 巡检型高频电流法局部放电检测仪主要用于设备巡检,诊断型高频电流法局部放电检测仪主要用于诊断性试验和设备专业巡检,仪器的技术要求应满足 Q/GDW 11304.5—2015《电力设备带电检测仪器技术规范 第 5 部分:高频法局部放电带电检测仪器技术规范》要求。

6 高频电流法局部放电检测对检测人员有何要求?

答: 检测人员应具备如下条件:
(1) 熟悉高频电流法局部放电检测的基本原理、诊断程序和缺陷定性的方法,了解高频电流法局部放电检测仪的技术参数和性能,掌握高频电流法局部放电检测仪的操作程序和使用方法;
(2) 了解被测电力设备的结构特点、运行状况和导致设备故障的基本因素;
(3) 熟悉相应规程规范,接受过高频电流法局部放电带电检测的培训,具备现场检测能力;
(4) 熟悉并能严格遵守电力生产和工作现场的相关安全管理规定。

7 高频电流法局部放电检测对检测安全有何要求?

答: 检测安全要求如下:
(1) 应严格执行 Q/GDW 1799.1—2013《电力安全工作规程 变电部分》;
(2) 应严格执行发电厂、变(配)电站巡视的要求;
(3) 检测至少由两人进行,并严格执行保证安全的组织措施和技术措施;
(4) 应有专人监护,监护人在检测期间应始终行使监护职责,不得擅离岗位或兼职其他工作;
(5) 应确保操作人员及测试仪器与电力设备的高压部分保持足够的安全距离;
(6) 应避开设备防爆口或压力释放口;
(7) 测试中,电力设备的金属外壳应接地良好;
(8) 雷雨天气应暂停检测工作。

8 高频电流法局部放电检测对检测条件有何要求?

答: 为确保安全生产,特别是确保人身安全,在严格执行电力相关安全标准和安全规定外,还应注意以下几点:
(1) 被检电力设备上无其他作业;
(2) 被检电力设备的金属外壳及接地引线应可靠接地,并与检测仪器和传感器绝缘良好;
(3) 检测过程中应尽量避免其他干扰源(如偏磁电流)带来的影响;
(4) 对同一设备应保持每次测试点的位置一致,以便进行比较分析。

9 高频电流法局部放电检测周期是如何规定的?

答: 高频电流法局部放电带电检测周期如下:
(1) 新设备投运后 1 周内;

（2）运行中设备检测周期参照 Q/GDW 1168—2013《输变电设备状态检修试验规程》执行；

（3）必要时。

10 高频电流法局部放电检测的准备工作如何进行？

答：检测准备工作如下：

（1）检测仪器应在检测有效期内使用，保证仪器电量充足或者现场交流电电源满足仪器使用要求；

（2）根据不同的电力设备及现场情况选择适当的测试点，确保试验区域满足安全要求。

11 高频电流法局部放电检测对变压器类设备信号取样部位如何规定？

答：对于变压器类设备，可以选择铁心接地线、夹件接地线和套管末屏引下线上安装高频电流传感器。一般相位信息传感器可安装在同一接地线上或者检修电源箱等处，传感器安装时应保证电流入地方向与传感器标记方向一致，如图 1-10 所示。

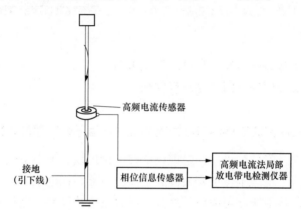

图 1-10 变压器类设备高频电流法局部放电检测示意图

12 高频电流法局部放电检测对电容型设备及避雷器设备信号取样部位如何规定？

答：对于电容型设备和避雷器等设备，高频电流法局部放电检测可以从设备末屏接地线和末端引下线上安装高频电流法局部放电传感器，相位信息传感器可安装在同一接地线上或者检修电源箱等处，使用时应注意放置方向，应保证电流入地方向与传感器标记方向一致。如图 1-11 所示。

13 什么是高压套管的高频电流法局部放电检测？ 其优缺点各是什么？

答：指使用高频电流法对容性设备套管末屏接地电流进行监测，从而发现设备内部局部放电，其检测频带为 3～30MHz。接线图如图 1-11 所示。

其主要优点为：

（1）此法用于局部放电带电检测，操作使用简单；

（2）判断方式类似于传统的脉冲电流方法，现场检测人员容易掌握；

（3）监测到的放电测量可以定量分析。

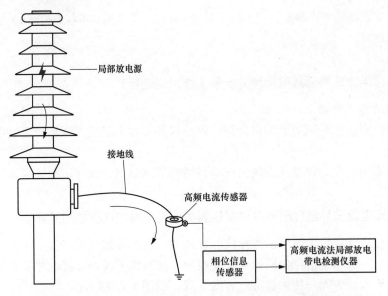

图 1-11　电容型设备和避雷器高频电流法局部放电检测示意图

其主要缺点为：

（1）对现场设备运行的可靠性，有可能产生影响；

（2）此法抗干扰能力较差，信号分辨难度高。

14　高频电流法局部放电检测对电力电缆及附件信号取样部位如何规定？

答： 对于电力电缆及附件，可以在电缆终端接头接地线、电缆中间接头接地线、电缆中间接头交叉互联接地线、电缆本体上安装高频电流传感器，在电缆单相本体上安装相位信息传感器。如果存在无外接地线的电缆终端接头，高频电流法局部放电传感器也可以安装在该段电缆本体上，使用时应注意放置方向，应保证电流入地方向与传感器标记方向一致。如图 1-12～图 1-15 所示。

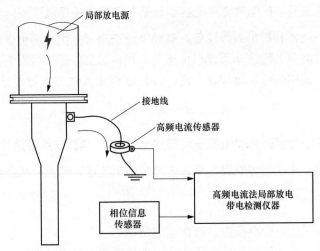

图 1-12　经电缆终端接头接地线安装传感器的高频电流法局部放电检测原理图

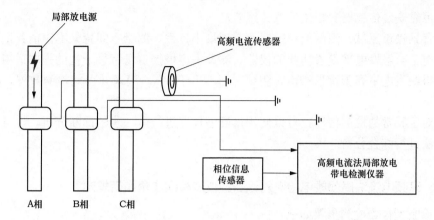

图 1-13　经电缆中间接头接地线安装传感器高频电流法局部放电检测原理图

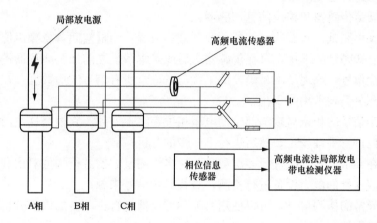

图 1-14　经电缆中间接头交叉互联接地线安装传感器高频电流法局部放电检测原理图

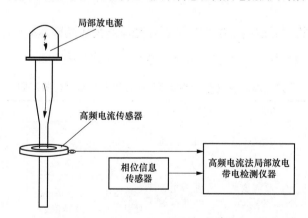

图 1-15　经电缆本体安装传感器的高频电流法局部放电检测原理图

15 高频电流法局部放电检测对巡检型仪器检测步骤如何规定?

答: 巡检型仪器检测步骤如下:

(1) 按要求进行检测准备;

（2）可靠安装传感器和相位信息传感器；

（3）背景噪声测试。测试前将仪器调节到最小量程，测量空间背景噪声值并记录；

（4）对于有触发电平设置功能的仪器，测试中应根据现场背景干扰的强弱适当设置触发电平，使得触发电平高于背景噪声，测试时间不少于 60s，记录并存储检测数据，填写检测记录；

（5）对于异常的检测信号，可以使用诊断型仪器进行进一步的诊断分析，也可以结合其他检测方法进行综合分析。

16 高频电流法局部放电检测对诊断型仪器检测步骤如何规定？

答： 诊断型仪器检测步骤如下：
（1）按要求进行检测准备；
（2）可靠安装传感器和相位信息传感器；
（3）背景噪声测试。测试前将仪器调节到最小量程，测量空间背景噪声值并记录；

（4）对于已知频带的干扰，可在传感器之后或采集系统之前加装滤波器进行抑制；对于不易滤除的干扰信号，或现场不易确定的干扰，可记录所有信号波形数据，在放电识别与诊断阶段通过分离分类技术剔除干扰；

（5）若同步信号的相位与缺陷部位的电压相位存在不一致，宜根据这些因素对局部放电图谱中参考相位进行手动校正，然后进行下一步的分析；

（6）如存在异常信号，应进行多次测量并对多组测量数据进行幅值对比和趋势分析，同时对附近有电气连接的电力设备进行检测，查找异常信号来源；

（7）对于异常的检测信号，可以使用其他类型仪器进行进一步的诊断分析，也可以结合其他检测方法进行综合分析。

17 现场常用的局部放电巡检型检测仪器和诊断型检测仪器有什么不同？

答： 局部放电巡检型检测仪器和诊断型检测仪器区别见表 1-2。

表 1-2 现场用局部放电巡检型检测仪器和诊断型检测仪器不同

仪器类型	仪器体积	电能供给	适用人员	外同步	检测效果
巡检型	小巧轻便，便携	自身蓄电池供电	一线各运维检修人员	无，只有内同步	只能初步区分是设备内部的局放信号还是干扰，无法区分局放信号类型
诊断型	较大	一般需要外接 220V 交流电	专业带电检测、电气试验人员	需要从 220V 外接电源处引入大电网电压信号	可以区分局放信号类型

这种局部放电检测仪器里面巡检型和诊断型的差异，不仅在高频电流法试验存在，在特高频局部放电检测和超声波局部放电检测试验都存在。

18 为什么诊断型局部放电检测仪需要接入外同步信号？

答： 现场大电网里面实际运行的电压频率一般不可能是正好 50Hz，经常是 49.9Hz 或者 50.1Hz，对于巡检型局部放电检测仪，里面的局放信号是按照默认的 50.0Hz 来扫描的，一般称为内同步，实际上内同步相当于没有同步，很显然经过若干个周期以后，屏幕上显示的局部放电信号波形就会有相位偏差，变得杂乱无章。因此巡检型仪器只能够初步判断设备内部有没有局部放电信号，然后通过加屏蔽等方法初步判断这个信号是不是干扰，无法进一步判断局部放电信号的具体类型。

诊断型仪器体积比较大，一般需要外接 220V 工频电源，因此我们可以方便的从外接电源上把大电网的电压信号接入仪器，这样仪器就可以按照大电网的实际频率来扫描设备内部的局部放电信号，那么屏幕上的局部放电信号波形就没有相位偏差，从而比较整齐，可以反映出各种局放信号的不同波形，我们称为外同步。因此诊断型仪器可以更精确地诊断出设备内部的各种故障类型。

事实上，对于现场不少新型的巡检型局部放电检测仪器，如果我们想办法接入大电网的电压信号，那么它们的检测效果也不比诊断型设备差，但是如果用电线引入大电网电压信号，很显然巡检型设备的便携性会受到影响。还有的仪器可以通过无线装置引入大电网的电压信号，但是无线装置一般存在若干毫秒的响应延迟，所以效果不好，尽量还是用电线直接引入大电网的外同步电压信号比较好。

19 什么是局部放电相位图谱？

答：见附录 B.1。

20 高频电流法局部放电检测对结果分析方法是如何规定的？

答：缺陷判据及缺陷识别诊断方法如下：

（1）相同安装部位同一类设备局部放电信号的横向对比。相似设备在相似环境下检测得到的局部放电信号，其测试幅值和测试谱图应比较相似，例如对同一变压器 A、B、C 三相套管的局部放电图谱对比，可以为确定是否有放电，同一变电站内的同类设备也可以做类似横向比较。

（2）同一设备历史数据的纵向对比。通过在较长的时间内多次测量同一设备的局部放电信号，可以跟踪设备的绝缘状态劣化趋势，如果测量值有明显增大，或出现典型局部放电谱图，可判断此测试点内存在异常。

（3）若检测到有局部放电特征的信号，当放电幅值较小时，判定为异常信号；当放电特征明显，且幅值较大时，判定为缺陷信号。

（4）对于具有等效时频谱图分析功能的高频局放检测仪器，应将去噪声和信号分类后的单一放电信号与典型局部放电图谱相类比，可以判断放电类型、严重程度、放电信号远近等。

（5）对于检测到的异常及缺陷信号，要结合测试经验和其他试验项目测试结果对设备进行危险性评估。

21 如何根据高频电流法局部放电图谱特征判定设备故障性质？

答：根据高频电流局部放电图谱特征制定设备故障性质判定见表 1-3。

表 1-3   高频电流法局部放电图谱特征及设备故障判定

状态	测试结果	图谱特征	放电幅值	说明
正常	无典型放电图谱	没有放电特征	没有放电波形	按正常周期进行
异常	具有局部放电特征且放电幅值较小	放电相位图谱工频（或半工频）相位分布特征不明显	小于 500mV 大于 100mV，并参考放电频率	异常情况缩短检测周期
缺陷	具有典型局部放电的检测图谱且放电幅值较大	放电相位图谱具有明显的工频（或半工频）相位特征	大于 500mV，并参考放电频率	缺陷应密切件事，观察其发展情况，必要时停电检修。通常频率越低，缺陷越严重

22 典型高频电流法局部放电图谱特征。

答：典型高频电流法局部放电图谱特征分析见表 1-4。

表 1-4   典型高频电流法局部放电图谱特征分析

放电类型	缺陷分析
电晕放电	高电位处存在单点尖端，电晕放电一般出现在电压周期的负半周。若低电位处也有尖端，则负半周出现的放电脉冲幅值较大，正半周幅值较小
内部放电	固体绝缘内部存在缺陷引发局部放电，一般出现在电压周期中的第一和第三象限，正负半周均有放电，放电脉冲较密且大多对称分布
沿面放电	存在沿面放电时，一般在一个半周出现的放电脉冲幅值较大、脉冲较稀，在另一半周放电脉冲幅值较小、脉冲较密

23 高频电流法局部放电信号的时频分类方法是如何规定的？

答：同一信号源的信号（放电信号或干扰信号）具有相似的时域和频域特征，他们在时频图中会聚集在同一区域。反之，不同类型的信号在时域特征或者频域特征上有区别，因此在时频图中会相互分开。根据时频图中的区域分布特征，可将不同类的信号进行分离分类。具体详见附录 A.1。

24 变压器高频电流法局部放电检测典型图谱有哪些？

答：见附录 B.2。

25 电气设备高频电流法局部放电检测典型案例。

答：见附录 C.1。

第四节 超声波法带电检测局部放电简介

1 什么是电气设备局部放电的超声波检测法？

答：超声波检测技术是指对频率介于 20～200kHz 区间的声信号进行采集、分析、判断的一种检测方法。

电力设备内部产生局部放电信号的时候，会产生冲击的振动及声音。超声波法（AE，又称声发射法）通过在设备腔体外壁上安装超声波传感器来测量局部放电信号。该方法的特点是传感器与电力设备的电气回路无任何联系，不受电气方面的干扰，但在现场使用时易受周围环境噪声或设备机械振动的影响。超声波传感器通常采用压电传感器。由于超声信号在电力设备常用绝缘材料中的衰减较大，超声波检测法的检测范围有限，但具有定位准确度高的优点。

声波是一种机械振动波。当发生局部放电时，在放电的区域，分子间产生剧烈的撞击，这种撞击在宏观上表现为一种压力。由于局部放电是一连串的脉冲形式，所以由此产生的压力波也是脉冲形式的，即产生了声波。它含有各种频率分量，频带很宽，为 $101\sim107Hz$ 数量级范围。声音频率超过 20kHz 范围的称为超声波。由于局部放电区域很小，局部放电源通常可看成点声源。如图 1-16 所示。

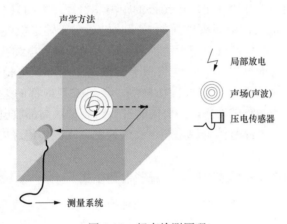

图 1-16　超声检测原理

2　局部放电超声波检测技术可以检测哪些缺陷？

答：局部放电超声波检测技术主要应用于 GIS 组合电器、电缆终端（中间接头）、变压器等设备。根据设备缺陷的不同，局部放电超声波检测技术在进行缺陷分析与诊断时，将设备缺陷分为悬浮电极缺陷、电晕缺陷、自由金属微粒缺陷、局放缺陷等：

（1）悬浮电极缺陷。该类缺陷主要由设备内部部件松动导致悬浮电极（既不接地又不接高压的金属材料，一般是松动螺母与金属外壳之间的金属垫片等）引起的设备内部非贯穿性放电现象。该类缺陷与工频电场具有明显的相关性，是引起设备绝缘击穿的主要威胁，应重点进行检测。悬浮电极局部放电一般电极是对称的，所以极性效应较小，一个周期放电两次，用超声波检测的连续模式容易识别出来。

（2）电晕缺陷。该类缺陷主要由设备内部导体毛刺、外壳毛刺等引起，主要表现为导体对周围介质（如 SF_6）的一种单极放电现象，该类缺陷对设备的危害较小，但在过电压作用下仍旧会存在设备击穿隐患，应根信号据幅值大小予以关注。电晕局部放电一般电极是金属尖端对极板的非对称的电极，所以存在极性效应，放电一般发生在负半周的最大值附近，一个周期放电一次，用超声波检测的连续模式容易识别出来。

（3）自由金属微粒缺陷。该类缺陷主要存在于 GIS 中，主要由设备安装过程或开关动作过程产生的金属碎屑而引起。金属碎屑在金属外壳内部，在强电场作用下有可能脱离金属外壳起跳，起跳的方向是随机的。起跳的频率、高度和电场强度以及金属颗粒大小有关，显然电场越强、金属颗粒越小，起跳越容易，起跳高度越高。金属碎屑万一起跳后落在 GIS 盆式绝缘子表面，就不会从固体绝缘表面起跳了，但是会在高压电场下继续放电，放电电弧会在盆式绝缘子上灼烧出空洞，在里面形成局部放电，从而损害 GIS 的绝缘强度，直至发生内部击穿闪络故障。因此自由金属微粒缺陷非常危险，可以在设备出厂前让 GIS 内部的隔离开关接地开关等分合 200 次，再充分清洁内部消除微粒。多次操作可磨去开关触头的碎屑棱角毛刺，使其不产生碎屑。设备运行时也可以用超声波法重点检测隔离开关接地开关下方的设备外壳部位，这是发现微粒的一种针对性方法。

（4）固体绝缘的局放缺陷。该类缺陷主要由设备内部因为固体绝缘内部气隙气泡里面的局部放电、固体绝缘表面污秽等引起沿面闪络放电等，是设备内部非贯穿性放电现象。因为局部放电产生的高频超声波在固体绝缘中传播的距离非常短，大约只有几公分，因此实际上只能检测到输电电缆终端头、中间头里面的局部放电，对于输电电缆本体的局部放电以及 GIS 内部盆式绝缘子内部的局部放电则无法检测。所以对于输电电缆我们还要进行高频电流法局部放电检测，有条件的可以开展停电状态下的振荡波局部放电检测。对于 GIS 在设备组装出厂前就对盆式绝缘子进行 X 射线探伤检测，及早发现内部的裂缝和气泡，不合格的产品不能出厂。另外对于运行的 GIS，还要同时进行特高频法局部放电检测，可以及时发现盆式绝缘子内部的故障。因此整体上说用超声波法检测发现固体绝缘内部的缺陷不灵敏。

3 电气设备超声波局部放电检测有哪些检测模式？

答： 电气设备超声波局部放电检测有以下几种模式：

（1）连续检测模式：连续检测模式是电力电缆局部放电超声波检测法应用最为广泛的一种检测模式。该模式主要用于快速获取被测设备信号特征，具有显示直观、响应速度快的特点。连续检测模式可显示被测信号在一个工频周期内的有效值、周期峰值，以及被测信号与 50Hz、100Hz 的频率相关性（50Hz 频率成分、100Hz 频率成分）。通过不同参数值的大小组合可快速判断被测设备是否存在异常局部放电以及可能的放电类型。

（2）相位检测模式：由于局部放电信号的产生与工频电场具有相关性，因此可以将工频电压作为参考量，通过观察被测信号的发生相位是否有聚集效应来判断被测信号是否因设备内部放电引起。当连续检测模式中频率成分 1 或频率成分 2 较大时，可进入相位检测模式。该模式主要用于进一步确认异常信号发生的具体相位，以便判断异常信号是否与工频电压存在相关性，进而判断异常信号是否为放电信号，以及潜在的放电类型。

（3）脉冲检测模式：当连续检测模式中有效值或周期峰值幅值偏大，但频率成分 1 及频率成分 2 较小时，可进入脉冲检测模式。该模式主要用于自由微粒缺陷的进一步确认。微粒每碰撞壳体一次，就发射一个宽带瞬态声脉冲，它在壳体内来回传播。这种颗粒的声信号是颗粒端部的局放和颗粒碰撞壳体的混合信号。脉冲模式可记录微粒每次碰撞壳体时的时间和产生的脉冲幅值，并以飞行图的形式显示出来。

（4）时域波形检测模式：时域波形检测模式用于对被测信号的原始波形进行诊断分析，以便直接地观察被测信号是否存在异常。

（5）特征指数检测模式：部分厂商提供的仪器提供有特征指数检测模式。在该检测模式下，特征图谱表征超声波信号发生的时间间隔，其横坐标为时间间隔，纵坐标为信号发生次数。

如果超声波信号发生的间隔在 10ms，那么在整数 1 的位置出现波峰，如图 1-17（a）所示；如果超声波信号发生的间隔在 20ms，那么在整数 2 的位置出现波峰，如图 1-17（b）所示。

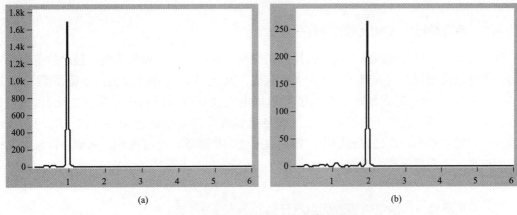

图 1-17 特征指数检测模式典型谱图

（a）局放类缺陷谱图；（b）电晕类缺陷谱图

4 超声波法检测各种缺陷的局部放电的特征是什么？

答： 超声波法检测各种缺陷的局部放电的特征见表 1-5。

表 1-5 超声波法检测各种缺陷的局部放电的特征

参数		悬浮电极缺陷	电晕缺陷	自由颗粒缺陷
连续检测模式	有效值	高	较高	高
	周期峰值	高	较高	高
	50Hz 频率相关性	弱	有	弱
	100Hz 频率相关性	有	弱	弱
相位检测模式		有规律，一周波两簇信号，且幅值相当	有规律，一周波一簇大信号，一簇小信号	无规律
时域波形检测模式		有规律，存在周期性脉冲信号	有规律，存在周期性脉冲信号	有一定规律，存在周期不等的脉冲信号
脉冲检测模式		无规律	无规律	有规律，三角驼峰形状
特征指数检测模式		有规律，波峰位于整数特征值处，且特征指数 1＞特征指数 2	有规律，波峰位于整数特征值处，且特征指数 2＞特征指数 1	无规律，波峰位于整数特征值处，且特征指数 2＞特征指数 1

5 超声波法检测各种缺陷的局部放电的典型图谱是什么？

答： 见附录 B.3。

第五节 特高频法带电检测局部放电简介

1 什么是电气设备局部放电的特高频法？

答： 特高频法（Ultra High Frequency，UHF）是利用装设在电气设备内部或外部的天线传感器接收局部放电辐射出的 300MHz～3GHz 频段的特高频电磁波信号进行局部放电的检测和分析，是近年来发展起来的一种新的电气设备设备局部放电的检测技术。

2 特高频局部放电检测的原理是什么？

答：通常电力设备绝缘体中绝缘强度和击穿场强都很高，当局部放电在很小的范围内发生时，击穿过程很快，将产生很陡的脉冲电流，其上升时间小于 1ns，并激发频率高达 300MHz～3GHz 的电磁波。电磁波的信号根据电气设备内部结构进行传播、反射、折射、迟延、衰减，一部分电磁波信号通过电气设备金属外壳的间隙或绝缘件（如 GIS 的盆式绝缘子等）发射到外界，通过高灵敏度内置型或外置型传感器，进行检测。从而获得局部放电的相关信息，实现局部放电监测。

3 特高频局部放电检测的优点是什么？

答：由于现场的电晕干扰主要集中在 300MHz 频段以下，因此特高频法能有效地避开现场的电晕等干扰，具有较高的灵敏度和抗干扰能力，可实现局部放电带电检测、定位以及缺陷类型识别等优点。

4 特高频局部放电检测适用的电气设备是什么？

答：目前在现场用特高频法检测局部放电效果最好，最常用的设备是 GIS 组合电器；输电电缆的电缆头终端头也可以用特高频法检测内部的缺陷，但是容易受到外界特高频信号干扰；高压开关柜也可以进行特高频法局部放电检测，因为高压开关柜的金属外壳密封不如 GIS 严密，因此检测结果容易受到外界特高频干扰信号的影响，因此现场检测不普及。电力变压器有特高频内置式传感器测量局部放电的案例，同样不普及。

5 高频局放检测常见的外界干扰信号有哪些？

答：（1）局部放电信号。虽然特高频局放信号的采集信号频率范围在 300MHz～3GHz，现场的电晕干扰主要集中在 300MHz 频段以下，但是实际上现场放电干扰除了电晕放电外还有火花放电和局部闪络等特高频电磁波干扰源，而且特高频局部放电检测仪器的灵敏度都很高，所以干扰信号的影响仍然很大。为了避免这种干扰，进行局部放电检测试验的时候，现场最好清场，只要不是必需的杂物一律从被试物品周围清走。

比如某实验室进行 500kV 设备局放试验时一切正常，但是进行 1000kV 设备试验时却满屏干扰，后来发现是墙角的废弃绝缘子在 1000kV 高压电场下才会发生感应电的电晕放电，清除这串绝缘子后试验正常。

再比如现场某次检测 GIS 发现很强电晕放电信号，但是用超声波法无法检测到 GIS 内部有局部放电，后来发现是普遍的一个金属工具有虚焊的地方，在这个点出现了感应电的电晕放电，从而产生大量干扰信号。

（2）手机信号。手机信号比较有规律，无相位特征，很容易识别，现场检测的人员手机可以关机或者开在飞行模式可以消除此类干扰。

（3）雷达信号。雷达信号不能屏蔽，只能等它不工作的时候进行检测。

（4）电动机产生的特高频电磁波信号。这种信号来源最复杂，最不容易发现信号源并排除。

比如某供电局进行输电电缆终端头的局部放电检测，发现有大量干扰信号，通过无线电天线追踪信号源，找到一两千米外的某个桥梁上有机械施工，协调他们停工后信号源消失。现场之所以只开展 GIS 局部放电特高频检测，是因为 GIS 设备外壳密封严密，外界诸如此类的大量电动机特高频干扰信号进不去 GIS 本体内部。现场别的电气设备就容易受到这类干扰。

（5）来自接地网的干扰。变电站里面很多电气设备共用一个接地网，那么别的电气设备上面产生的各种干扰信号有可能沿着接地网传到 GIS 内部，对检测造成干扰。

比如某实验室的 GIS 装置进行局部放电特高频检测的时候，经常在工作时间有大幅度的干扰信号，始终无法确定信号源，后来把该 GIS 设备的接地线单独引出，接到几百米外的一个输电铁塔的独立接地体上，干扰消失。事后分析很有可能是该实验室的接地网与旁边办公楼的接地网相连，办公楼的电梯运行时产生的特高频信号有可能沿着地网传到 GIS 设备内部，从而产生干扰，影响检测效果。

（6）各种荧光灯、日光灯产生的干扰，正常的荧光灯日光灯不会产生特高频干扰信号，但是个别灯具内部有问题时，从外别看不出异常，还可以正常发光，但是会产生剧烈的特高频干扰信号。因此现场检测时，如果有可能，务必关掉所有的灯具。

（7）来自电源的干扰，我们的电网里面现在有大量的电力电子设备可以产生高频谐波，这些高频信号可以通过我们试验仪器的外接电源进入检测系统，因此检测仪器如果需要外接电源，一般需要接入低通滤波器，过滤掉电网里面的高频杂波。

第二章

GIS局部放电检测

第一节　GIS局部放电基础知识

1　什么是 GIS，它有什么优缺点？

答： GIS（Gas Insulated Switchgear）是气体绝缘全封闭组合电器的英文简称。GIS 由断路器、隔离开关、接地开关、互感器、避雷器、母线、连接件和出线终端等组成，这些设备或部件全部封闭在金属的接地外壳中，在其内部充有一定压力的 SF_6 绝缘气体，故也称 SF_6 全封闭组合电器。GIS 不仅在高压、超高压领域被广泛应用，而且在特高压领域也被使用。与常规敞开式变电站相比，GIS 的优点在于结构紧凑、占地面积小、可靠性高、配置灵活、安装方便、安全性强、环境适应能力强，维护工作量很小，其主要部件的维修间隔不小于 20 年。缺点是故障时停电面积大，特别是母线停电时。

2　GIS 罐体高压铸铝的工艺特点是什么？

答： GIS/HGIS 罐体采用高压铸铝工艺特点是：

（1）没有磁性材料，无磁损失；

（2）法兰接头平整，漏气率低；

（3）空间布置合理，内部电场均匀；

（4）简化制造工艺，提高产品质量；

（5）同等条件下，体积最小，重量最轻。

3　GIS 设备中存在的缺陷类型有哪些？　其缺陷产生的主要原因是什么？

答： GIS 设备中可能存在出现的缺陷类型有：位置不固定、位置固定的缺陷。

（1）位置不固定的缺陷：主要是自由导电杂质或灰尘的侵入造成的。

（2）位置固定的缺陷：可能是由以下原因造成的：

1）电极表面的损伤；

2）装配安装质量有问题，诸如电极安装不良、错位等；

3）装配工艺过程控制问题，如装配工具和零部件遗留在设备内部；

4）设备运输中的损坏，如零件松动、脱落，触头、弹簧、屏蔽罩等的移位变形等。

5）绝缘部件内部的裂缝、气泡等缺陷。

具体来说各种常见主要缺陷如图 2-1 所示，各类缺陷的故障比例见表 2-1。

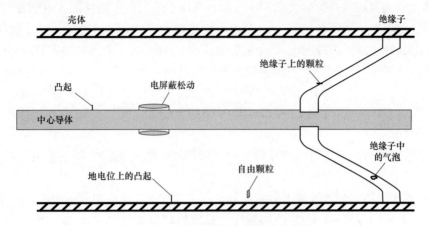

图 2-1　GIS 内可能存在的缺陷示意图

表 2-1　　　　　　　　　　　　　GIS 中常见缺陷比例

缺陷类型	绝缘故障比率（%）
微粒及异物	20
主接触头接触不良	11
屏蔽罩接触不良	18
潮湿	7
高压导体上的尖刺	5
绝缘子内的缺陷	10
其他	11

4　GIS 中常见缺陷引起的局部放电有哪些类型？

答：（1）自由金属颗粒，导致自由金属颗粒放电；

（2）金属上的凸起（中心导体及壳体上的毛刺、尖角），导致电晕放电；

（3）悬浮屏蔽（电位悬浮，螺母、金属屏蔽罩等金属部件松动），导致金属悬浮电位放电；

（4）盆式绝缘子上的颗粒、划痕，导致绝缘部件沿面放电；

（5）绝缘子内部缺陷，导致绝缘部件内部气隙沿面放电及绝缘部件内部空穴放电等。

5　GIS 设备中存在不同种类缺陷的主要特征是什么？

答：GIS 设备中存在的金属颗粒等不同种类的缺陷，主要特征分别是：

（1）自由金属颗粒：通常是在制造过程中遗留下来的，以及运行时隔离开关动作磨损触头产生的。GIS 内部金属颗粒的放电，与金属颗粒的重量、大小、位置均有关。金属颗粒位于绝缘子上时，对电场的影响远远大于其落在 GIS 筒壁时，因此绝缘子上的金属颗粒的放电的危险程度远远大于落在 GIS 筒壁上的颗粒的放电，导致绝缘部件沿面放电。当金属颗粒落在 GIS 筒壁上时，会导致自由金属颗粒放电。

（2）金属上的凸起：金属上的凸起通常有两种形式，包括高压中心导体上凸起的毛刺以及 GIS 壳体筒壁内表面的凸起的尖角，GIS 中心导体上毛刺产生的局部放电随着 SF_6 气体压力和毛刺的尖锐程度不同而各有特点。在稳定的工频状态下不会引起击穿，但在如操作冲击、雷电冲击、特快速暂态过电压（Very Fast Transient Overvoltage，VFTO）条件下则有可能会导致 GIS 的击穿。同时，毛刺尖锐，则放电的频率升高。

1）金属上的突起物，均有出现在 GIS 内部的高压导体及高压铸铝罐体外壳内壁的可能，但是，因为 GIS 外壳的曲率半径较高压导体的曲率大，所以 GIS 内高压导体上的突起物更容易引发局部放电；

2）当金属突出物在罐体的接地外壳上时，局部放电则主要发生在工频电压的正半周峰值附近。

3）当金属突出物在高压导体上时，局部放电主要发生在工频电压的负半周峰值附近。

（3）悬浮屏蔽局部放电：因 GIS 的操作产生的机械振动及长期运行，在热应力的作用下，可使形成的悬浮电极（屏蔽罩），对所形成的等效电容在充放电过程中产生金属悬浮电位局部放电，产生腐蚀性物质和微粒，从而加速恶化，污染附近绝缘表面直至造成绝缘故障。

（4）杂物：若 GIS 内部遗留的杂物诸如棉线和发丝等，也会产生放电。

（5）松动：GIS 内部的异常声响，通常是由于内部部件松动，在工频电流引起的腔体振动下受迫振动而发出。如果部件位移较大，破坏了电场的分布，可能会引起放电。

（6）变形损伤：GIS 设备对装配组件连接及密封工艺要求很高，稍有不慎就有可能造成绝缘件损伤、电极错位等严重后果，在运输过程中，因外力的作用，可能使某些元器件变形或损伤，导致了 GIS 的绝缘缺陷隐患，极有可能会在 GIS 中产生局部放电现象，如果进一步累积发展成电树枝，最后将导致 GIS 绝缘的击穿。

图 2-2　220kV GIS 爆炸现场

6　GIS 内部放电会对设备造成什么严重后果？

答：GIS 内的放电缺陷如果不及时处理，曾引起 GIS 设备爆炸，如图 2-2 所示。因为 GIS 本体正常运行时已经承受了 5～6 个大气压的内部压强，当 GIS 内部出现击穿放电时，会引起内部 SF_6 气体急剧受热膨胀，当外壳的机械强度不足时，会造成 GIS 爆炸。

7　悬浮电极（屏蔽罩）接触不良可能会产生什么后果？

答：GIS 在长期运行及其操作产生的机械振动作用下，使原先屏蔽罩与高压导体或接地外壳间的接触良好，在热应力的作用下，导致一部分在初始安装时接触良好的屏蔽体接触不良，形成的悬浮电极（屏蔽罩），使得悬浮电极（屏蔽罩）接触不良产生一个接触电阻，阻值的大小将直接影响到悬浮电极（屏蔽罩）局部放电的幅值及频次。

（1）当这个接触电阻达到某一值时，其电荷会越积越多，积累到一定程度时导致电极附近的电场愈加集中，电场强度增大，直至产生局部放电；

（2）当接触电阻小于某一值，表现为阻值较小时，那么悬浮电极会从高压导体上捕获电子，电场能量得到释放；

（3）当接触电阻大于某一值，表现为阻值较大时，此时则有可能引起直接击穿。

8 盆式绝缘子的缺陷有哪些？有什么危害？

答： 盆式绝缘子的缺陷容易产生剧烈的局部放电，不及时处理，会造成 GIS 设备的爆炸。缺陷有：

（1）盆式绝缘子表面缺陷，包括脏污、微粒、表面粗糙、水分；

（2）盆式绝缘子内部气泡；

（3）盆式绝缘子开裂。

存有这些缺陷的盆式绝缘子可能在运行电压下出现持续的局部放电，造成固体绝缘的老化、腐蚀、应力等。SF_6 气体分解物具有强腐蚀性，对固体绝缘和金属导体等腐蚀明显。水分一方面加剧了 SF_6 气体在放电下的分解，另一方面引起了内部导体的锈蚀。盆式绝缘子内部气泡主要是引起内部的局部放电。盆式绝缘子开裂较为罕见，开裂后有气室贯通、放电加剧、导体支撑不良等问题。

9 自由导电微粒对 GIS 设备绝缘特性的影响是什么？

答： 微粒若落在金属外壳表面，如果不浮起或不运动，对 GIS 绝缘的影响很小。电场作用下微粒浮起或运动，逐渐趋向于电场较强的部位，如附着于盆式绝缘子表面而引发闪络，长期发展会导致设备爆炸。微粒的浮起和运动决定于电场、微粒大小与质量、带电量以及微粒与外壳内表面的黏滞力等。交流电场下微粒运动概率降低，具有潜伏性，导致 GIS 设备绝缘事故具有偶然性和时延性。

10 GIS 年故障次数的统计数据如何？ 从折线图看 GIS 故障的特点是什么？

答： 如图 2-3～图 2-5 所示。

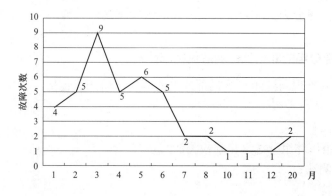

图 2-3　2010～2014 年 GIS 故障次数随运行时间的分布

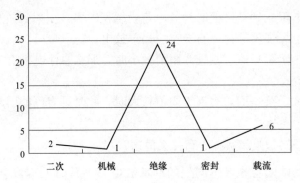

图 2-4　2010～2014 年运行年限在 6 年以内的 GIS 故障技术原因分布

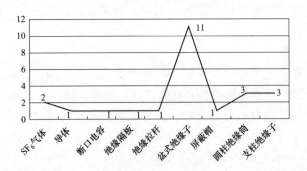

图 2-5　2010～2014 年运行年限在 6 年以内的 GIS 故障中故障部位分布

11 GIS 局部放电试验的测试目的是什么?

答：GIS 内的绝缘主要是气体绝缘和固体绝缘两种形态，几乎在 GIS 的各类缺陷发生过程中都会产生局部放电现象，长期局部放电的存在，会使 SF_6 微弱分解、环氧材料的腐蚀、绝缘材料的电蚀老化。利用测试仪器对 GIS 中的局部放电进行检测是一种非常有效的手段，能及早发现和定位绝缘缺陷，保证 GIS 的安全运行，有效指导检修和维护。

12 现场检测 GIS 局部放电目前常用的方法有哪几类?

答：目前，根据 GIS 设备中局部放电产生的物理及化学现象特征，国内外现场检测 GIS 局部放电的检测方法可分为：非电气检测法及电气检测法两大类。

13 GIS 局部放电的非电气检测法包括哪些?

答：目前，国内外现场检测 GIS 局部放电的非电气检测法包括：
（1）超声波检测法；
（2）红外检测法；
（3）SF_6 气体组解体组分法（化学检测法）；
（4）可见光检测法；
（5）振动检测法；
（6）异常声音检测法及其他检测法。

14 **GIS 局部放电的电气检测法包括有哪些?**

答: 目前,国内外现场检测 GIS 局部放电的电气检测法包括:

(1) 脉冲电流法(可用视在放电量量化描述);

(2) 特高频检测法(特高频法检测的特高频信号处于微波波段,总体上看属于电磁波信号,其具有微波的特性,不能穿透金属,可以穿透绝缘材料);

(3) 高频电流法(罗戈夫斯基 Rogowski 线圈法)。

未来声-电联合、声-光联合等综合检测技术将成为局部放电监测的主要发展方向。

15 **目前 GIS 局部放电检测方法主要有哪几种,各有什么优缺点?**

答: 对于 GIS 设备,局部放电检测对于缺陷的发现意义重大。目前,GIS 局部放电检测主要有以下几种:化学检测法、超声波检测法、特高频法和脉冲电流法。这些方法各有优缺点:

(1) 化学检测法:局部放电会使 SF_6 气体分解出 SOF_2、SO_2 等中间分解物,通过分析 SF_6 气体成分,可判断 GIS 内部放电状况的严重程度。缺点是不同类别局部放电敏感性不同、吸附剂和干燥剂可能会影响测量、无法定量测量。

(2) 超声波检测法:采用声发射传感器,一般测取频率 $20\sim200kHz$ 的信号,优点是较灵敏(可以测到最小相当于 20pC 的放电)、抗电磁干扰、安装简单、定位准确并可识别缺陷的类型。声学方法是非入侵式的,可对在不停电的情况下进行检测。另外由于声波的衰减,使得超声波检测的有效距离很短,这样超声波仪器可以直接对局部放电源进行定位(<10cm)且不容易受 GIS 外部噪声源影响。

超声波法的优点是灵敏度高,抗电磁能力强,可以直接定位,适应于现场测试,缺点是结构复杂,需要有经验的人员进行操作。对于在线监测系统,如果需要对故障精确定位时,所需要的传感器过多。另外不易定量检测。同时对一些缺陷不够灵敏。

(3) 特高频法:特高频法是近几年出现的一种检测方法,其检测灵敏度高,抗干扰能力强,可以对单一的局部放电缺陷定位;可以进行带电检测。是目前比较好的一种检测方法。缺点是不易定量检测,对多元局部放电定位困难。

(4) 脉冲电流法:脉冲电流法是局部放电检测的经典方法。最大的优点就是可定量检测。缺点在于易受到现场复杂电磁环境的干扰;对试验设备的容量较大要求较高;不能对放电进行定位。但对于 GIS,由于其结构原因,检测比较困难。因此目前此方法常用于实验室或者产品出厂时进行试验。

表 2-2 为 GIS 局部放电的几种检测方法的比较。

表 2-2 　　　　　　　　　　GIS 局部放电的几种检测方法的比较

检测方法	脉冲电流法	超声波法	化学检测法	特高频法	光学法
优点	简单、灵敏度较高	灵敏度高,抗电磁干扰能力强	不受电磁干扰	灵敏度高,可用于运行中的设备	不受电磁的干扰
缺点	属停电试验,运行中的设备无法检测;信噪比低	结构复杂,要求操作人员检测经验丰富	不适合带电普测	设备价格高,现场应用有限制,要求使用人员经验丰富	灵敏度差,需较多的传感器

检测方法	脉冲电流法	超声波法	化学检测法	特高频法	光学法
可达精度（pC）	5	<2	—	0.5～0.8	—
适用检测的绝缘缺陷	固定微粒、悬浮电位体、气隙裂纹	自由导电颗粒、悬浮电位体、金属尖端	放电现象剧烈时的缺陷	适用于各种缺陷类型	固定微粒、毛刺
PD源能否定位	否	需要较多的传感器才可定位	可精确到具体某个放电气室	可精确到±10cm	能够粗略定位
能否判断故障类型	可以	可以	不能	可以	不能
目前应用	早期较多	广泛	广泛	广泛	暂未应用

第二节　GIS局部放电超声波检测法

1　什么是GIS局部放电的超声波检测法？

答：超声波检测技术是指对频率介于20～200kHz区间的声信号进行采集、分析、判断的一种检测方法。

GIS设备局部放电的超声波检测法是，利用安装在GIS外壳上的超声波传感器接收局部放电产生的超声信号，以达到检测内部局部放电的目的。在GIS中，除局部放电产生的声波外，还有微粒碰撞绝缘子或外壳、电磁振动、操作引起的机械振动等也会发出的声波；气体和液体中只传播纵波，固体中传播的声波除纵波外还有横波。因此，在GIS中沿SF_6气体传播的声波和在变压器油中一样只有纵波，但此时其传播速度很慢，要比油中低10倍，衰减也大，且随频率的增加而增大。测量超声波信号的传感器主要有加速度和声发射两种。当采用加速度传感器时，要采用高通滤波器以消除较低频率的背景干扰。声发射传感器的原理是利用谐振方式，其频率特性中已经包含了高通特性，所以无须另外附加相应的滤波器件。

通常由于声音的传播速度比电磁波慢很多，时间差更容易进行测量，定位更加准确，并且定位后还可通过敲击GIS外壳的方法进行验证，所以在放电定位方面，声学检测法比电学的方法更优越，并且超声波传感器与GIS设备的电气回路之间没有任何联系，也就是说抗电磁干扰性比较好。

2　GIS的超声波局部放电检测有什么意义？

答：GIS在带电运行时的超声波局部放电检测，可以预先发现潜伏于运行GIS设备内部的放电缺陷（如悬浮屏蔽、毛刺引起的局部放电或表面引起的局部放电等），是GIS带电运行条件下进行故障诊断的有效手段之一。

3　GIS局部放电的超声波检测法有哪些优缺点？

答：目前利用超声波检测法对GIS进行局部放电测试，其优缺点如下：

（1）优点：检测灵敏度高，抗电磁能力强，可以直接定位，适应于现场测试。电气设备中局部放电产生的超声波信号在空气或者SF_6气体中大约可以传播30～50cm（和设备运行额定电压有关，这也是500kV GIS内部导体到外壳的距离，额定电压低的话传播距离更短），在有机绝缘比如环氧树脂、变压器油、交联聚乙烯中传播的距离更短，可以视为无法传播。因此检测 GIS 设备内部的超声波信号，不会受到别的电气设备上面电晕放电、沿面闪络等局部放电信号的干扰，所以检测灵敏度高，只要发现局部放电信号，一般都是检测点附近的 GIS 内部有故障，不是干扰，所以可以直接定位。

（2）缺点：测试仪器结构复杂，需要有经验的人员进行操作检测。对于在线监测系统，如果需要对故障部位进行精确定位，则需要配置过多的传感器。现场带电检测操作工作量大，因为超声波传播距离短，因此最好在 GIS 设备上按照 20～30cm 的间隔找到若干个网状的点，那么一组 GIS 检测点位可能有几十个甚至几百个，所以现场逐一检测工作量巨大。因此现场一般可以先进行特高频法局部放电检测，如果特高频法检测完全正常，可以只检测隔离开关下方、法兰上螺栓附近等重要位置，如附录 A.2 所示。如果特高频法检测有异常，再对每个点位逐点仔细检测。

4 用超声波法检测 GIS 局部放电需要准备哪些仪器和工器具？

答：超声波法检测 GIS 局部放电需要用品见表 2-3。

表 2-3　　　　　　　　　　　超声波法检测 GIS 局部放电需要用品

序号	名称	数量	单位	备注
1	检测仪主机	1	台	用于局部放电电信号的采集、分析、诊断及显示，如用电池供电，应检查电池电量
2	声发射传感器	1	只	用于将局部放电激发的超声波信号转成电信号，针对不同被测设备，应核实传感器型号是否满足测试要求
3	同步线	1	根	用于接入工频电压参考信号，以便获取放电脉冲的相对特征信息
4	耦合剂	1	罐	用于涂抹在声发射传感器上，使声发射传感器与被测设备外壳有效接触，以提高检测灵敏度
5	接地线	1	根	用于仪器外壳的接地，保护检测人员及设备的安全
6	记录纸、笔	1	套	用于记录被测设备信息及检测数据
7	前置放大器	1	只	选配，当被测设备与检测仪之间距离较远（大于 3m），为防止信号衰减，需在靠近传感器的位置安装前置放大器
8	绝缘支撑杆	1	根	选配，当开展电缆终端等设备局放检测时，为保障检测人员安全，需应用绝缘支撑杆将声发射传感器固定在被测设备表面
9	耳机	1	只	选配，部分超声波检测仪可将超声波信号转换成可听声信号，通过耳机可直观监测设备内部放电情况
10	磁力吸座或绑带	若干	条	选配，需要长时间监测时，用于将传感器固定在设备外壳上

5 用超声波法检测 GIS 局部放电的测试步骤是什么？

答：以运行中 GIS 测量为例，若在 GIS 交接时测量，可结合现场交接耐压试验进行。

（1）参考现场环境决定是否使用前置放大器。

（2）做好传感器连接，做好仪器的接地，防止干扰。

（3）测量时应在传感器与被试设备间使用耦合剂，如凡士林等，以达到排除空气，紧密接触的目的。GIS 的每个气室都应检查，每个检查点间距不要太大，在排查粗测试时，可以对重点关注的隔离开关、断路器、绝缘子两侧等位置测量，测点距离应不大于 1 米。在精确测量和定位时，可以取 50cm 甚至更小。

（4）按照使用说明书操作仪器，进行测量并记录。

（5）若发现信号异常，则应用多种模式观察，并在附近其他点位测试，尽量找到信号最强的位置。

（6）试验结束后，收置好设备，清除残留在被试设备表面的耦合剂。

超声波法检测 GIS 局部放电的现场操作请扫描二维码观看视频 2-1。

视频 2-1

6 超声波局部放电检测的注意事项有哪些？

答： 由于超声波局部放电检测的特殊性，除严格执行相关电力安全标准和安全规定之外，检测现场同时还应注意以下内容：

（1）安全措施。局部放电检测过程中应加强安全防护，重点做好如下工作：

1）强电场下工作时，应给仪器外壳假装接地线，防止检测人员应用传感器接触设备外壳时产生感应电。

2）登高作业时，应正确使用安全带，防止低挂高用。安全带应在有效期内。

3）在设备耐压过程中，严禁人员靠近被试设备开展局部放电超声波检测，防止设备击穿造成人身伤害。

4）在对 GIS 设备的高处部位或者临近带电设备的部位（比如说出线输电电缆的终端头）进行检测时，应使用绝缘支撑杆，严禁检测人员手持传感器直接接触被测设备。

（2）抗干扰措施。

1）检测之前，应加强背景检测，背景测量位置应尽量选择被测设备附近金属构架。

2）检测过程中，应避免敲打被测设备，防止外界振动信号对检测结果造成影响。

（3）提高检测效率及质量措施。

1）应使用合格的耦合剂，可采用工业凡士林等，耦合剂应保持洁净，不含固体杂质。

2）检测过程中，耦合剂用量适中，应保证涂抹耦合剂的传感器不需要外力即可固定在设备外壳上。

3）在条件具备时，可使用耳机监听被测设备内部放电现象。

4）由于超声波衰减较快，因此在开展局部放电超声波检测时，两个检测点之间的距离不应大于 1m。以对 GIS 检测为例，检测过程中应包含所有气室

5）进行局部放电超声波检测时，应重点检测设备安装部位两端，以便检测安装过程中产生的潜在缺陷。

6）在检测过程中，如果发现比背景信号偏高，或者与其他测点的信号有明显的不同时，那么应该在该点周围间隔约 20cm 距离多次测量，以便找到在该点位置处信号幅值最大的电位。

7 用超声波法检测 GIS 局部放电的常见典型故障波形是什么？对故障点进行定位的方法有哪些？

答： 常见故障点进行定位的方法有单传感器定位法，常见超声波测量波形如图 2-6 所示。

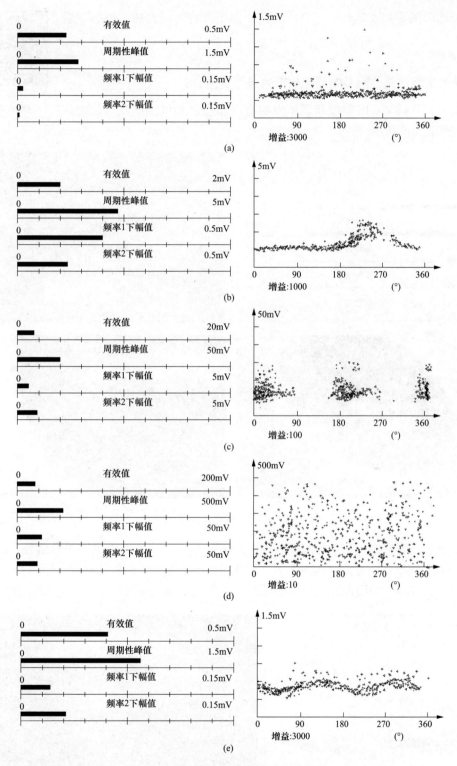

图 2-6　常见的超声波测量波形图

（a）无局放的超声波波形；（b）突起的超声波波形；（c）屏蔽松动的超声波波形

（d）自由颗粒的超声波波形；（e）磁致伸缩的超声波波形

典型波形图谱和故障点定位方法的具体详细内容可以扫描二维码观看视频 2-2。

视频 2-2

8 超声波法检测 GIS 局部放电的典型案例。

案例一：126kV GIS 母线筒罐体中的金属微粒。相位图谱及母线罐体内的杂质如图 2-7 所示。

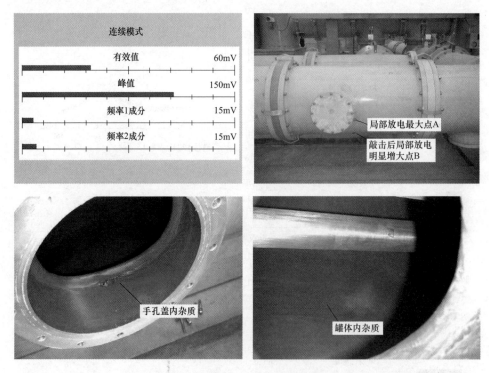

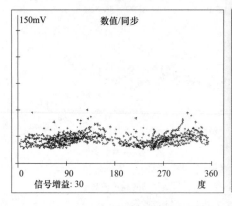

图 2-7　126kV GIS 母线筒罐体杂质

简要分析：在母线气室手孔附近测得信号超过 100mV，其底部也测得有信号。50Hz 和 100Hz 相关性都出现，且数值相差不多。解体后发现手孔和壳体底部都有杂质。

案例二：550kV GIS 断路器之屏蔽罩松动。相位图谱及屏蔽罩放电痕迹如图 2-8 所示。

图 2-8　550kV GIS 断路器屏蔽罩松动缺陷

简要分析：从相位图谱中可看出信号在 50mV 左右，呈现为典型的 100Hz 相位相关。可以判断为屏蔽松动，形成悬浮电位放电。解体后发现屏蔽罩上有明显的放电灼烧痕迹。

第三节　GIS 局部放电特高频检测法

1 为什么在 GIS 组合电器中推广特高频法检测效果比较好？

答：理论上讲，所有的电气设备都可以通过特高频法检测其内部的局部放电信号，但是在正常的环境中，手机信号和电动机的特高频杂波都可以传播进入这些电器设备中，导致我们的检测仪器受到强烈干扰，无法正确区分真正的局部放电信号。GIS 设备有严密的金属外壳，我们检测的时候传感器一般放置在盆式绝缘子的浇注孔上面，盆式绝缘子与壳体之间的缝隙我们可以用金属屏蔽布或者锡箔纸包裹起来，如图 2-9 所示。那么传感器就可以完全不受外界手机信号、电动机信号等的干扰，保证我们检测的特高频信号都来自于 GIS 设备本体内部，从而保证检测的灵敏度和准确度，见附录 A.3。

图 2-9　特高频传感器消除外界电磁波干扰方法

另外一个原因是，GIS 的母线筒结构和同轴电缆相近，如图 2-10 所示。特高频电磁波信号可以传播几千米而衰减很少，那么可以在一组 GIS 的几个盆式绝缘子的地方检测到整个 GIS 内部有没有出现局部放电，检测效率高。

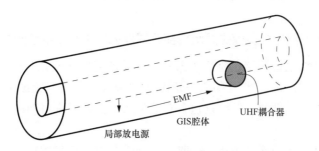

图 2-10　GIS 本体结构有利于特高频电磁波传播

2 GIS 的特高频带电检测技术有什么优点？

答：GIS 的特高频带电检测技术具有以下优点：

（1）抗干扰性能好：由于现场普遍存在的电晕放电的频率范围通常在 300MHz 以下，并且在空气中传播时衰减很快，传感器接收 UHF 频段信号，避开了电网中主要电磁干扰的频率，从而提高局部放电检测的信噪比，具有良好的抗电磁干扰能力。

（2）可实现放电定位：根据电磁脉冲信号在 GIS 内部传播特点，利用传感器接收信号的时差可进行故障定位。

（3）检测灵敏度高：GIS 的同轴结构非常适合特高频电磁波信号传播，能够实现良好的检测灵敏度。

（4）可辨别故障类型：根据放电脉冲的波形特征和 UHF 信号的频谱特征，可进行故障类型诊断。

（5）检测效率高：UHF 传感器的有效检测范围大，检测点少、效率高，适用于自动在线监测系统。

3 GIS 局部放电的特高频法检测有什么不足？

答： 尽管 GIS 的局部放电特高频法检测有很多优点，但是也存在着一些的不足，诸如：

（1）难以用特高频信号幅值表征局部放电严重程度：GIS 设备局部放电脉冲电流信号辐射出的电磁波信号是宽频信号，越往低频能量越高。对于每种类型的放电，特高频段信号的能量在整个电磁波信号的能量中所占的比例难以确定，也就是说，特高频信号幅值与视在放电量或实际放电量之间的关系难以确定。因此，难以依据特高频信号幅值来表征设备绝缘状况。

（2）难以检测正在运行的罐式断路器内的局部放电故障：一般对于正在运行中的 GIS 设备，可带电安装外置式传感器。但对于户外安装的罐式断路器，没有外露的绝缘子，只能将特高频传感器放置在套管底部进行测量，这就大大降低了检测的灵敏度与有效性。

（3）目前尚无法实现以视在放电量的标定：目前大多数工程技术人员已经习惯于通过视在放电量来反映局部放电的严重程度，如 IEC 规定的 GIS 产品出厂标准中，其局部放电的指标也是通过视在局放量的阈值来规定的。由于 UHF 法的测量机理与脉冲电流法不同，因此无法进行视在放电量的标定，即使在局部放电源到传感器之间的传播路径不变的情况下，脉冲电流法的视在放电量与特高频方法所测得的脉冲信号幅值之间也没有确定的对应关系，这也就更加大了应用该方法进行局部放电实际放电量预估的难度。

4 特高频局部放电检测仪主要组成部分是什么？主要作用是什么？

答： 特高频局部放电检测仪主要组成部分、以及各组成部分的主要作用如下：

（1）特高频传感器：耦合器，感应 300MHz～3GHz 的特高频无线电信号。

（2）信号放大器：局部放电检测仪包含有信号放大器，对来自前端的局部放电信号做放大处理。

（3）特高频局部放电检测仪主机：接收、处理耦合器采集到的特高频局部放电信号。

（4）笔记本电脑（分析主机）：运行局放分析软件，对采集的数据进行处理分析，识别放电类型，判断放电强度。

（5）同轴电缆、网线及工作电源等附件：各组件间的连接、信号数据传输。特高频局部放电测试仪组成示意图如图 2-11 所示。

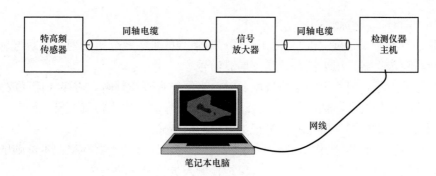

图 2-11　特高频局部放电测试仪组成示意图

5 **局部放电检测的 UHF 传感器可分哪几种?**

答: 通常根据 UHF 传感器的安装布置方式不同,一般可分为内置式、外置式和介质窗式三种,内置式和外置式的布置模式详见附录 A.4。

(1) 内置式传感器一般在 GIS 设备制造生产时就在其内部安装,与 GIS 设计成为一体化,同时在设备出厂时,和 GIS 一起完成出厂试验。

(2) 外置式传感器适宜安装在已运行的 GIS 设备上,一般安装于未包裹金属带的 GIS 盆式绝缘子外沿,若 GIS 的盆式绝缘子外沿包裹金属带,则须安装于金属带开口处。其中,天线接受面面向盆式绝缘子。另外 GIS 设备 TA 二次引线外端盖处也可进行检测。

(3) 如果 GIS 设备设计了介质窗式的传感器,那么 UHF 传感器则安装于介质窗外侧(空气侧),天线侧紧贴介质窗。UHF 传感器一般采用铁磁金属材料外罩屏蔽和防护。介质窗式现场采用的不太普遍。

注意,无论是内置式、外置式以及介质窗式 UHF 传感器,传感器的布置应保证 GIS 内部任何位置发生的局部放电均能够被有效监测。一般地,传感器应尽量安置在母线筒与 GIS 设备元件(或设备间隔)交叉处附近,对于 GIS 的长直母线段,此时传感器的布置以相间 5~10m 为宜。

6 **使用超声波法和特高频法测量 GIS 局部放电的部位有什么不同?**

答: 超声波法检测放电产生的脉冲机械波信号,是一种运用在地电位测量的方法,可在运行的 GIS 中或 GIS 现场交接耐压试验时进行。传感器紧贴在 GIS 金属外壳表面进行测量。大约每相距 30cm 测量一个数值。

特高频法检测放电产生的脉冲电磁波信号,由于金属外壳对电磁波的屏蔽作用,电磁波只能从盆式绝缘子等非屏蔽位置辐射出来,而无法穿透金属外壳。所以特高频传感器可利用绑带直接固定在盆式绝缘子的金属屏蔽环的浇注口位置进行测量,直接利用内置传感器效果更好。

7 **特高频局部放电检测前的主要准备工作是什么?**

答: 在进行特高频局部放电检测开始前,需要做好下列的仪器、工器具的准备,并保证其状态良好，随时可以检测使用。

(1) 笔记本电脑（分析主机）：用于局部放电信号的采集、分析处理、诊断与显示。

(2) 特高频传感器：用于耦合特高频局放信号。

(3) 信号放大器：当测得的信号较微弱时，为便于观察和判断，需接入信号放大器。

(4) 特高频信号线（同轴电缆）：连接传感器和信号放大器或检测主机。

(5) 网线：用于检测仪器主机和笔记本电脑通信传输。

(6) 工作电源：220V 工作电源，为检测仪器主机，信号放大器和笔记本电脑供电。

(7) 接地线：用于仪器外壳的接地，保护检测人员及设备的安全。

(8) 绑扎带：需要长时间监测时，用于将传感器固定在待测设备外部。

(9) 数据记录本（纸）、笔：用于检测数据的记录。

8 用特高频法检测 GIS 局部放电的测试步骤是什么？

答： 以运行中 GIS 测量为例，若在 GIS 交接时测量，可结合现场交接耐压试验进行。

(1) 仪器设备连接：将仪器放置在平稳的位置。依照被试品条件，使用内置或外置的传感器。将外置的传感器固定在盆式绝缘子上。将检测仪主机及传感器正确接地，计算机、检测仪主机连接电源，开机。

(2) 仪器工况检查：开机后，运行检测软件，检查主机与计算机通信传输状况、同步状态、相位偏移等参数；进行系统自检，确认各检测通道工作正常。

(3) 设置检测参数：设置变电站名称、检测位置并做好标注。根据现场噪声水平设定各通道信号检测阈值。

(4) 信号检测：打开连接传感器的检测通道，观察检测到的信号。若在某位置上检测到信号，则应加长观测时间，在左右相邻盆子处检查，还可利用双传感器进行定位。如果发现信号无异常，保存少量数据，退出并改变检测位置继续下一点检测；如果发现信号异常，则延长检测时间并记录多组数据，进入异常诊断流程。若检测到的信号比较微弱，必要的情况下，可以接入信号放大器。

(5) 试验结束后，恢复现场状况，收置好仪器。诊断性测试仪的现场操作请扫描二维码观看视频 2-3。

视频 2-3

9 用特高频法检测 GIS 局部放电的安全注意事项是什么？

答： 为确保安全生产，特别是确保人身安全，除严格执行电力相关安全标准和安全规定之外，还应注意以下几点：

(1) 检测时应勿碰勿动其他带电设备；

(2) 防止传感器坠落到 GIS 管道上，避免发生事故；

(3) 保证待测设备绝缘良好，以防止低压触电；

(4) 在狭小空间中使用传感器时，应尽量避免身体触碰 GIS 管道；

(5) 行走中注意脚下，避免踩踏设备管道；

(6) 在进行检测时，要防止误碰误动 GIS 其他部件；

(7) 在使用传感器进行检测时，应戴绝缘手套，避免手部直接接触传感器金属部件。

（8）仪器的使用操作、维护，应由经过培训合格的相关专业人员进行。

（9）检测使用时，必须保证试品及测试仪可靠接地，如果试品没有可靠接地，则不能进行任何操作。

（10）若测试仪出现故障或安全性能减弱，不能对试品进行操作。

（11）不能在超越仪器使用说书规定的恶劣的环境下使用测试仪。

10 **特高频局部放电检测应注意哪些测试事项？**

答： 在进行特高频局部放电检测时，要注意测试事项如下：

（1）特高频局部放电检测仪适用于检测盆式绝缘子为非屏蔽状态的GIS设备，若GIS的盆式绝缘子为完全屏蔽状态则无法检测；GIS的盆式绝缘子的金属屏蔽环有浇注口，可以利用浇注口测量，但要做好传感器和屏蔽环之间的防屏蔽工作。

（2）检测中应将同轴电缆展开，避免同轴电缆外皮受到剐蹭损伤。

（3）传感器应与盆式绝缘子紧密接触，且应放置于两根紧固盆式绝缘子螺栓的中间，以减少螺栓对内部电磁波的屏蔽及传感器与螺栓产生的外部静电干扰。

（4）测量时，要尽可能保证传感器与盆式绝缘子的稳定接触，不要因为传感器移动引起干扰，影响正确判断。

（5）检测时，应最大限度保持测试周围信号的干净，尽量减少人为制造出的干扰信号，例如：手机信号、照相机闪光灯信号、照明灯信号等。

（6）检测过程中，要保证外接同步电源频率（如50Hz的频率）的稳定性；需要同步信号的仪器可从现场220V/380V的工作电源中获得，对于有相位要求的同步信号则可以在TV二次侧获得，注意防止TV二次短路。

（7）对每个GIS单元设备进行检测时，在无异常局放信号的情况下可以重点存储断路器盆式绝缘子的三维信号，其他盆式绝缘子检测无须存储数据。在检测到异常信号时，应对该单元的每个绝缘盆子进行检测，并同时存储相应的数据。

（8）开始检测时，可不加装外置放大器进行测量。若发现有微弱的异常信号时，可接入外置放大器将信号放大以方便判断。

（9）应使传感器的金属屏蔽外壳与GIS的金属外壳或盆式绝缘子的金属法兰边沿接触，或利用绑带固定到被试设备上，并且采取屏蔽措施。最好对被试的盆式绝缘子及相邻的盆式绝缘子进行屏蔽，以减少空间的干扰电磁波进入天线干扰测量。屏蔽可采用包裹锡箔纸，包裹屏蔽布等方法，用锡箔纸的屏蔽效果好，但是成本较高。

11 **用特高频法检测 GIS 局部放电的常见典型故障波形是什么？**

答： 通常在进行 GIS 特高频局部放电测量时，可能存在如下几种典型的缺陷局部放电信号：电晕放电、空穴放电、自由金属颗粒放电和悬浮电位放电。下面简明列举了上述几种信号的典型谱图，包括各类信号的 PRPS 图谱、PRPD 图谱和峰值检测图谱，详见附录 B.3。

典型波形图谱的具体详细内容可以扫描二维码观看视频 2-4。

需要说明的是，比较容易混淆的两种放电图谱是金属电极悬浮电位放

视频 2-4

41

电和绝缘子内部空穴气隙放电，它们都是两列对称的放电脉冲信号。现场中如果想通过 PRPS 图谱中的外八字波形来区分金属电极悬浮放电是几乎不可能的，因为这种情况只会在金属电极绝对对称的情况下才发生，实验室中精确加工的电极才可能出现这种效果，现场金属电极一般是松动的螺母之间的金属垫片等，所以几乎不可能出现外八字。因此我们需要通过 PRPD 图谱来确认金属电极悬浮电位放电和绝缘子内部空穴气隙放电。一般来说金属电极悬浮电位放电强度大，PRPD 图中放电点基本上在图形顶部，比较集中。绝缘子内部空穴气隙放电强度较弱，PRPD 图中放电点基本上在图形中下部，且较分散。当然我们在现场还可以进一步通过超声波法试验来进一步验证区分，因为超声波无法在固体盆式绝缘子中传播，理论上超声波法是检测不到绝缘子内部空穴气隙放电的，这样我们就可以轻松区分出来这两种放电类型了。

12 用特高频法检测 GIS 局部放电的典型案例。

答： 详见附录 C.3。

第三章

高压开关柜带电检测

第一节　高压开关柜基础知识

1　高压开关柜常见的型式有哪些？

答：（1）按开关柜的主接线形式，可分为桥式接线开关柜、单母线开关柜、双母线开关柜、单母线分段开关柜、双母线带旁路线开关柜和单母线分段带旁路母线开关柜。

（2）按断路器的安装方式，可分为固定式开关柜和移开式（手车式）开关柜。

（3）按柜体结构，可分为金属封闭间隔式开关柜、金属封闭铠装式开关柜以及金属封闭箱式固定开关柜。

（4）按断路器手车安装位置的方式，可分为落地式开关柜和中置式开关柜。

（5）按开关柜内部绝缘介质的不同，可分为空气绝缘开关柜和 SF_6 气体绝缘开关柜（又称 C-GIS）。其中空气绝缘包括纯空气绝缘、复合绝缘、部分固体绝缘。

2　高压开关柜防止电气误操作和保证人身安全的"五防"包括哪些内容？

答：（1）防止误分、误合断路器。

（2）防止带负荷将手车拉出或者推进。

（3）防止带电将接地断路器合闸。

（4）防止接地断路器合闸位置合断路器。

（5）防止进入带电的开关柜内部。

3　在选择断路器时应考虑哪些参数要求？

答：（1）额定电压应与安装处的电网电压相符合。

（2）长期最大负载电流不应大于额定电流。

（3）通过断路器的最大三相短路电流（或短路功率）不应大于断路器的额定开断电流（断路容量）。

（4）须注意安装地点（户内或户外）环境（湿度、海拔高度）。

（5）根据通过最大短路电流的要求满足热稳定及动稳定要求。

4　高压开关柜常见的故障类型有哪些？

答：（1）绝缘故障。包括绝缘部件、母线、电缆、避雷器、互感器等设备对地或相间发生击穿或沿面放电故障。

（2）操动机构故障。包括操动机构电器部件损坏或接触不良、操动机构机械部件损坏或锈蚀卡涩和操动机构各部件配合不当。

（3）防误装置故障。包括五防损坏或配合不当、活门失灵、接地开关不能分合闸等。

（4）本体故障。包括断路器、刀闸分合闸不到位和主回路接触不良。

（5）附件故障。包括温湿控制器、带电显示器等设备附件损坏或故障。

5　高压开关柜对接地有什么要求？

答：（1）为了确保维护时的人员安全，规定或需要触及的主回路中的所有部件都应能事先接地，不包括与开关设备和控制设备分离后变成可触及的可移开部件。

（2）在最后安装时，应通过接地导体将各单元相互连接，相邻单元之间的连接应能承受接地回路的额定短时耐受电流和峰值耐受电流。

（3）当接地连接必须承受全部的三相短路电流值（如短路连接用于接地装置）时，这些连接应选用相应的尺寸。

（4）可抽出部件和可移开部件的接地，可抽出部件应接地的金属部分在试验位置和隔离位置以及所有的中间位置时均应保持接地，在所有位置，接地连接的载流能力不应小于对外壳的要求值。插入时，通常接地的可移开部件的金属部分应在主回路的可移开部件与固定触头接触之前接地。如果可抽出部件或可移开部件包括将主回路接地的其他接地装置，则应认为工作位置的接地连接是接地回路的一部分，具有相关额定值。

6　开关柜如何安装接地？

答：（1）接地体（线）的连接应采用焊接，焊接牢固。接至电气设备的接地线，应用镀锌螺栓连接；有色金属接地线不能采用焊接时，可用螺栓连接。

（2）接地体引出线的垂直部分和接地装置焊接部位应做防腐处理。

（3）柜体的接地应牢固，柜体门应以裸铜软线与接地的金属构架可靠连接。

7　开关柜绝缘事故原因有哪些方面？

答：高压开关柜由于在设计、制造、安装和运行维护方面存在着不同程度的问题，因而事故率比较高。同时因污秽、绝缘薄弱、小动物侵入等原因常引发事故。开关柜绝缘事故原因分析主要有以下方面：①爬距及空气间隙不够；②制造装配质量及工艺不良；③接点容量不足或接触不良；④环境条件影响。

第二节　高压开关柜局部放电地电波/超声波等带电检测技术

1　高压开关柜局部放电监测的设备主要有哪些？

答：目前高压开关柜局部放电监测的主要设备有：柜内高压开关设备、母线、互感器、避雷器及电容器。

2 高压开关柜的局部放电的能量形式有哪些？分别通过什么可以检测？

答： 开关柜的局部放电的能量形式通常包括如下几种。

（1）电磁波：TEV、UHF、HFCT 传感器。

（2）热辐射：红外长波，由于铠装金属开关柜是全封闭结构，所以检测受限。

（3）放电辉光：某些特定位置放电能够通过观察窗看到。

（4）超声波：超声传感器。

（5）气体：O_3、NO 及 NO_2 等，有些气体（如臭氧 O_3）能够嗅到。

3 金属铠装高压开关柜局部放电检测技术目前有哪些方法？

答： 目前采用的金属铠装高压开关柜局部放电检测技术如下：

（1）直接法：视在放电量（相关标准有 GB/T 7354—2018《高电压试验技术　局部放电测量》、DL/T 417—2006《电力设备局部放电现场测量导则》、IEC 60270—2015《高电压试验技术》等），即在停电状态下进行传统脉冲电流法局部放电检测，可以对于刚安装好的开关柜在母线上施加电压同时检测开关柜里面各个设备的局部放电量，目前虽然没有国标，但是通过同型号产品之间比较以及各相之间比较仍然可以提前发现不少设备隐患，比如某型号开关柜一组的局部放电量是 200pC，如果忽然一组局部放电量达到几千皮库，肯定有问题。

（2）间接法：TEV［暂态地电压（波），Transient Earth Voltage］、超声波、超高频、声-电联合检测等检测方法，属于带电检测试验。

4 开关柜局部放电的类型和原因是怎样的？

答： 开关柜局部放电通常分为四种类型：电晕放电、悬浮电位放电、绝缘件沿面放电、绝缘件内部放电。电晕放电是由开关柜导体或接地电极上的突起或毛刺、绝缘距离不足、空气潮湿等引起的。悬浮电位放电是由开关柜导体接触不良或结构缺陷存在悬浮电位引起的。绝缘件沿面放电是由开关柜导体支撑绝缘件的脏污、潮湿等引起的。绝缘件内部放电是由绝缘件内部浇注过程中的杂质或气隙致使绝缘件开裂等引起的。

实际情况下，引起开关柜局部放电的原因可归结为几种。很多情况下，这些原因并不是单一呈现，而是多个原因综合作用的结果。

（1）绝缘件表面污秽、受潮和凝露。

（2）高压母线连接处及断路器触头接触不良。

（3）导体、柜体内表面上有金属凸起，导致毛刺且较尖、铜排倒角尖锐问题。

（4）柜体内有可以移动的金属微粒。

（5）开关元件内部放电缺陷。

（6）绝缘件绝缘距离不够，出现沿面闪络放电。

（7）绝缘件破损。

（8）套管屏蔽问题。

（9）绝缘件介质中残存有气泡及杂质等。

5 开关柜的绝缘故障和局部放电有何关系？

答： 开关柜的局部放电是导致设备发生绝缘故障的主要原因，也是前期征兆。据统计，很多绝缘故障都和局部放电活动有关，约85％的较严重的破坏性故障都是由局部放电造成，而44％的开关柜故障可以通过局部放电的检测被发现。当开关柜发生局部放电后，绝缘会持续劣化，最终绝缘失效导致高压对地或相间击穿，发生接地故障或短路故障。

6 高压开关柜局部放电检测的重要性是什么？

答： 通常设备的绝缘劣化、缺陷是破坏性的，随着缺陷的发展积累，会引起高压电气设备的损坏。同时，绝缘系统故障很难在例行维护中被发现。那么运行中的高压开关柜局部放电检测就显得尤为重要，开关柜多为金属铠装结构，布置紧凑，如存在内外部结构不合理、安装工艺不良、运行条件恶劣等多种因素，将使其绝缘劣化，从而引发故障。由于开关柜排列紧密，当一个开关柜故障，往往"火烧连营"，严重影响相邻柜的安全运行。所以通过带电检测，掌握开关柜的绝缘健康状况非常重要，其意义如下：

(1) 运行中确定局部放电现象是否存在；局部放电会引起高压电气设备的损坏。

(2) 避免供电量的损失；绝缘故障、缺陷是破坏性的。

(3) 对设备的状态进行适时评估；绝缘系统故障很难在例行维护中被发现。

(4) 实现状态检修，达到设备运行安全可靠、检修成本合理的目的；减少人力、物力的投入、增加经济效益和社会效益。

(5) 提高系统供电可靠性；

(6) 提高安全性。

7 高压开关柜的局部放电数据为什么不能采用 **pC** 作为单位？

答： 局部放电测量方法包括直接测量和间接测量，仅有直接测量即停电时的脉冲电流法局部放电试验可以采用校准程序将单位转换为 pC；地电波、UHF、超声波法、油色谱、SF_6 分解物都属于间接测量，都不适合采用单位 pC 表示放电强度。

8 高压开关柜局部放电暂态地电压波检测和超声波检测相比较，对各种放电模型的检测效果如何？

答： 暂态地电压波法和超声波法在检测各放电模型时的区别见表 3-1。

表 3-1　　　　　　　　暂态地电压波法和超声波法在检测各放电模型时的区别

放电模型	暂态地电压检测技术	超声波检测技术
表面放电模型	不敏感	敏感、有效
尖端放电模型	敏感、有效	更敏感、有效
电晕放电模型	敏感、有效	敏感、有效
绝缘子内部缺陷模型	敏感、有效	不敏感

9 什么是暂态电波？

答： 暂态电波是特指电气设备中由局部放电脉冲电流激励的频率在 $3\sim60MHz$ 之间的暂态电波信号序列。

10 什么是暂态地电压?

答： 暂态地电压（Transient Earth Voltage，TEV）是指局部放电脉冲激发的电磁波在接地的电气设备外壳以及接地线上产生的暂态电压脉冲波信号序列。当柜体中的绝缘材料内部出现局部放电时，放电产生的电磁波大部分被开关柜的金属外壳所屏蔽，小部分通过金属壳体的接缝处或者气体绝缘开关的衬垫传播出去，同时产生一个瞬时对地电压，通过设备的金属壳体外表面而传到地下去。

1974 年 Dr John Reeves 发现了这种对地电压脉冲的现象，并把它命名为暂态地电压。

11 什么是暂态地电压检测?

答： 局部放电发生时，在接地的金属表面将产生瞬时地电压，这个地电压将沿金属的表面向各个方向传播。通过检测地电压实现对电力设备局部放电的判别和定位（运检—〔2014〕108 号《变电设备带电检测工作指导意见》）。

12 暂态地电压检测原理是什么?

答： 在所有的固体绝缘材料内部，由于制造因素都存在小空隙或者杂质（如水分等），这些小空隙或者杂质通常是非常微小的。在使用中，绝缘体一端接地，一端接高压，使得小空隙像小电容一样地充电，当充电到一定程度时，他们就放电，同时产生各种物理、化学现象，如电荷的交换，发射电磁波、声波、发热、光、产生分解物碳等，日益增多的碳将导致空隙导通。这将增加在相邻空隙的电场应力，当这种情况继续恶化下去，形成积累效应，最终导致绝缘击穿。

开关柜内部产生局部放电后，放电源会发出高频电磁波信号，其中 3～60MHz 的信号从开关柜外壳缝隙中传出，并沿开关柜金属外壳表面传播，从而在开关柜表面金属部分产生电压脉冲（TEV）信号，该电压脉冲信号属于开关柜表面与地电位之间暂态感应电位差，最终通过接地的设备的金属外壳表面而传到地下去，因此称为暂态地电压。通过研究发现，这种 TEV 信号直接与同一型号、在同一位置测量的设备的绝缘体的绝缘状况成正比。这种 TEV 信号可以用电容耦合探头检测到，通过检测并分析这种 TEV 信号可以判断开关柜内部的绝缘是否发生局部放电，其原理如图 3-1 所示。

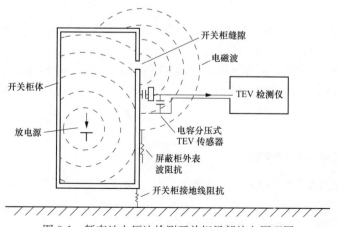

图 3-1　暂态地电压法检测开关柜局部放电原理图

13 开关柜局部放电现场测试前有哪些准备工作？

答：（1）了解待测开关柜的历史运行情况和试验情况，是否有家族性缺陷或者遗留缺陷等信息。

（2）巡视开关室，检查是否有异常声音和异常的气味。

（3）查看开关室温度和湿度情况。

（4）关闭室内照明电源、驱鼠装置、通风设备等可能的干扰源，避免对检测造成干扰。

14 开关柜局部放电现场 TEV 法检测的步骤有哪些？

答：（1）TEV 背景值测量：测量环境中的背景值，包括空气和金属。一般情况下，测试金属背景值时可选择开关室内远离开关柜的金属门窗；测试空气背景值时，可在开关室内远离开关柜的位置，放置一块 20cm×20cm 的金属板，将传感器紧贴金属板进行测试。

（2）检测前在设定好传输 TEV 后，检测仪即开始检测，将检测仪探头贴到开关柜上，贴紧 TEV 传感器：将 TEV 传感器紧贴于开关柜壳体外表面，适当压紧传感器，如图 3-2 所示。保持与开关柜壳体相对静止，并尽量与上一次的检测点位置相同，以便进行分析比较。

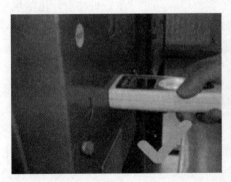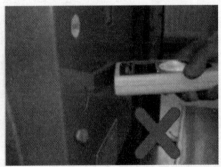

图 3-2 暂态地电压检测开关柜局部放电操作示意图

（3）开关柜 TEV 值读取：待显示读数稳定后，读取显示的 dB、mV 数值，并记录数据。

（4）检测分析：如 TEV 信号平稳，幅值较低，则继续下一点检测；如 TEV 信号异常，幅值较大或变化剧烈，则应在该开关柜进行多次多点检测，查找信号最大点位置，记录异常信号和检测位置。

15 TEV 测试点如何选择？

答：测点选择需根据开关柜的布置确定，对于横排布置的开关柜，一般选择开关柜的"前中、前下、后上、后中、后下"五个测点，以及一排开关柜中第一面和最后一面柜的"侧上、侧中、侧下"为测试点，如图 3-3 所示。

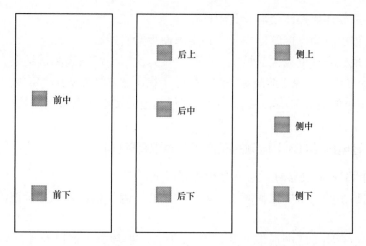

图 3-3　暂态地电压检测开关柜局部放电检测位置示意图

16 用暂态地电压 TEV 法进行高压开关柜局部放电地电压检测的过程是什么?

答: 检测过程可按下面进行:

(1) TEV 背景噪声检测。在对开关柜进行地电压局部放电检测开始前,应先测试系统的背景噪声水平。金属背景值应该在金属门、金属栅等非开关柜设备的金属制品表面检测,在开关室不同的位置检测不同点的背景值,也可以在需要测试背景值的地方测试背景值,通常在 3 处以上金属位置检测平均值作为背景噪声值。空气背景噪声在柜子的附近测量,用于了解整个站的整体环境。

(2) 检测位置选择。测试开关柜局部放电过程中应先在确定各电力设备所处的位置,主要检测母排(连接处、穿墙套管、支撑绝缘件)、断路器,TA、TV、电缆接头等设备的局部放电情况,这些设备大部分位于开关柜前面板中部及下部,后面板上部、中部及下部。以被测设备结构为基础,靠近缝隙。

(3) TEV 检测。检测方法要正确,检测时传感器应与高压开关柜柜面紧贴并保持相对静止,待读数稳定后记录结果,如有异常进行多次测量。

(4) 数据记录。报告格式要求记录详尽,对于异常数据应及时记录保存,记录故障位置。

(5) 填写设备检测数据记录表,进行检测结果分析。

17 暂态地电压检测的注意事项有哪些?

答: 暂态地电压(TEV)检测的注意事项通常有:

(1) 在测试时,在启用探头之前,应确保电气设备金属外壳接地。

(2) 严格遵守电力安全工作规程的相关部分要求及规定。

(3) 时刻确保仪器、探头及操作人员与高压带电部分之间的安全距离。

(4) 当附近地域有雷电活动时,切勿进行测量。

(5) 切勿在仪器通电的瞬间进行测量。

(6) 在测试过程中,切勿以机械方式(如摇晃或敲击)、电气方式(如加大电压)或物理方式(如加热)进行干扰。

（7）切勿在易爆环境操作仪器及其附件。

（8）检测过程中应确保传感器与开关柜金属面板紧密接触。

（9）如果出现检测数值较大的情况，建议测量三次以上以确定测试结果。

（10）避免信号线、电源线缠绕在一起，排除干扰，必要时关闭开关室内照明及通风设备。

（11）空间窄小的地方需小心谨慎，因为临近其他的接地体会影响读数的精度。

18 **暂态地电压（TEV）检测的操作环境要求有哪些？**

答： 在使用 TEV 型仪器时，通常必须遵守以下几点要求：

（1）在空间狭小的角落中工作时，必须谨慎小心，因为临近其他的接地体时会影响仪器读数的精度。

（2）周围其他高频无线电通信工具、RF 发射机、视频显示器以及无屏蔽的高频电子元器件产生的直流至 1GHz 频率范围内的强电磁干扰，可以影响仪器的读数。将检测仪器放在自由空气中，离开任何导电体表面至少 1m 处，就可以测量现场的电磁场。

（3）检测现场照明灯、排风扇、驱鼠器等电器的干扰，应关闭干扰源。

（4）如接有 TEV 传感器，人体不能接触传感器，以免改变其对地电容。

19 **金属铠装开关柜的超声波检测原理与检测方法是什么？**

答： 开关柜内发生局部放电，放电源也会发出声波，其频率从几十赫兹到几兆赫兹，覆盖可听声波和超声波频段，通过探测这种沿面的局部放电所产生的特征频段超声波可以判断开关柜内的绝缘是否异常。超声波法检测 20kHz 以上的频段，通过超声波传感器获取信号，并确定局部放电。由于超声波在空气中衰减很快，检测时，需要将超声波传感器紧靠在开关柜柜体的不同部位（孔隙）。将仪器设定好进行超声波检测模式后，检测仪即开始检测，将检测仪探头对准开关柜的缝隙，如散热孔等，测量局部放电量引起的超声波数值（dB）。

20 **开关柜局部放电现场超声波法检测的步骤有哪些？**

答： （1）测量超声波信号背景：戴上耳机，将音量调至适当大小，在开关室内选择三个位置，测量空气当中的超声信号，并记录。

（2）将超声波传感器指向并靠近开关柜上的任何空气间隙，尤其是断路器的断口、电缆仓、避雷器仓、电流互感器、电压互感器以及母线仓。

（3）当出现超过背景值的超声波信号时，可怀疑存在局部放电，并通过耳机中的声音判断，局部放电声是如同煎炸食物的滋滋声或咝咝声。

（4）当检测位置过高或不符合安全要求时，可采用超声波聚焦器辅助检测。

21 **用超声波法进行高压开关柜局部放电检测的注意事项是什么？**

答： 超声波检测过程中，应将超声波传感器沿着开关柜上的缝隙扫描进行检测，传感器与开关设备间一定要有空气通道，用来保证超声波信号可以传播出来。

超声波局部放电检测技术，不仅能够对设备的放电进行定量测试，而且可对放电源进行初步定位，对于比较陡的脉冲比较敏感，对导体毛刺、悬浮放电和绝缘子的表面脏污、潮湿都比较敏感，但对电场作用下的颗粒运动不敏感。该方法操作简便，已经成为继红外热成像检测技术之后的又一项重要状态检测技术。

22 局部放电测试对被试设备的要求是什么？

答： 局部放电测试对被试设备的要求是：

（1）被测 3.6～40.5kV 交流金属封闭式开关设备应为带电。

（2）被测 3.6～40.5kV 交流金属封闭式开关设备金属封闭柜必须接地良好。

（3）在现场测试时，必须保证测试人员、测试仪器与被测设备的安全距离，在测试过程中禁止打开金属封成套开关设备的门，应直接在金属封闭壳上直接测试。

（4）不要在设备刚上电时就对被检测设备进行测试。

（5）现场测试时不应对设备进行干扰，无论电气的或机械的。

23 局部放电测试的操作方法是什么？

答： 局部放电测试仪的主要操作方法是：

（1）局部放电带电检测时，应用便携式的局部放电测试仪对所有金属铠装封闭开关柜的所有隔壁的所有组件进行快速测试，找出局部放电测试值异常（测试值偏大）的部件仓室。

（2）对存在测试值偏大的部位用局部放电定位仪进行定位，找出存在放电的具体位置，为设备的状态检修提供技术依据。

（3）通过合适的示波器配合使用，判定局部放电源的类型（是绝缘体的内部放电，还是表面放电，或者是电晕放电）。

（4）在条件许可的情况下，对重要的开关设备或定位仪不能定位的设备安装局部放电在线检测仪，对局部放电进行在线监测。全面掌握设备的局部放电状况及发展趋势。

24 手持式局部放电测试仪检测金属铠装开关柜有什么优点？

答： 手持式局部放电测试仪检测金属铠装开关柜具有优势如下：

（1）可采用 TEV 及超声波两种测试方法检测；

（2）检测各种类型放电现象；

（3）显示局部放电幅值大小、脉冲数及放电烈度；

（4）采用彩色 LCD 屏幕；

（5）具有自检功能；

（6）体积小、使用方便；

（7）采用长寿命的可充电锂电池；

（8）现场检测，不用停电、不用提供试验源；

（9）数据存储功能，数据管理软件。

25 暂态地电压现场检测局部放电严重程度如何判断？

答： 通过现场检测信号的幅值（dB 或 mV）、局部放电发生的部位、局部放电的类型、设备结构综合判断，尤其是对局部放电的间歇特征和趋势的判断，以便有效判断设备局部放电的严重程度，从而合理制定检修策略。典型案例如下：

2013 年 3 月 12 日某市供电公司检测人员使用超声波局部放电检测仪发现 10kV 母联 1050 开关柜、2 号电容器 102R 开关柜后柜下部有明显放电声且幅值较大，超过规程规定的缺陷值 10dB，数据见表 3-2。2013 年 3 月 15 日使用超声波局部放电和暂态地电压检测，测试数据见表 3-3。

表 3-2 　超声波局部放电检测数据 　(单位：dB)

开关柜名称	有无异音	幅值	标准
1050 开关柜	有	12	＜10
102R 开关柜	有	15	＜10

表 3-3 　超声波、暂态地电压局部放电检测仪联合检测数据 　(单位：dB)

开关柜名称	暂态地电压检测（相对值）						超声波局部放电检测	
	前上	前中	前下	后上	后中	后下	有无异音	幅值
1015	13	12	13	12	13	12	无	4
1050	13	14	14	14	15	13	有	12
102R	24	25	26	24	28	31	有	16
101R	13	13	12	13	12	13	无	6

　注　标准：暂态地电压正常值＜20dB，超声波测试正常值＜10dB。

通过表 3-2、表 3-3 看出，102R 开关柜超声波局部放电测试数据均超过规程规定的缺陷值 10dB，暂态地电压测试数据超过规程规定的缺陷值 20dB，而 1050 开关柜超声波局部放电检测出幅值较低的放电声音，暂态地电压测试合格，由此判断 1050 开关柜的放电声音是由 102R 开关柜下部传过来的，102R 开关柜可能存在局部放电缺陷。此开关柜为手车式开关柜、底部为电缆出线，初步判断此柜内电缆或者支柱绝缘子存在放电现象。随即对 102R 开关柜进行停电检查，发现 102R 开关柜内出线电缆头 C 相发黑，接线鼻子处有明显碳化迹象。

检查发现 C 相电缆与母排接触不紧密，导致电缆外护套发热，电缆产生局部放电。对电缆进行诊断性试验，A、B 相电缆绝缘电阻值合格，C 相电缆绝缘电阻值偏低，C 相电缆进行交流耐压试验击穿。重新制作电缆头后，恢复送电，带电检测数据合格，检测结果见表 3-4。

表 3-4 　超声波、暂态地电压局部放电检测仪联合检测数据 　(单位：dB)

开关柜名称	暂态地电压检测（相对值）						超声波局部放电检测	
	前上	前中	前下	后上	后中	后下	有无异音	幅值
102R	13	12	13	12	13	12	无	2

　注　标准：暂态地电压正常值＜20dB，超声波测试正常值＜10dB。

26 　**金属铠装开关柜局放检测技术目前存在什么困难？**

答：金属铠装开关柜局部放电带电检测，如同其他带电检测技术一样，不是某种新的检测技术就可以包罗万象，灵验万能，同样需要配合其他检测手段测试分析。而某些测试数据目前只能做分析判断参考，根据检测数据及设备结构进行综合分析判断。

（1）TEV 检测技术中幅值只能用于参考。

（2）任何一种带电检测手段都不是万能的。

（3）任何一个疑似缺陷都需要两种以上检测手段进行复测、验证。

（4）任何一个测试结果都要和设备结构进行综合分析。

（5）仪器用来检测中高压设备中的局部放电源，而局部放电往往具有潜伏期，是一个发展的过程，且绝缘性能也可能因为局部放电以外的其他原因而失效。如果暂时没有检测到放电，不一定就意味着设备没有放电，如果检测并判断到与中高压电力系统相连的设备中有较大的放电，应立即通知设备相关单位处理。

（6）TEV 信号非常微弱灵敏，受到开关柜金属外壳与地之间的电容影响很大。所以开展带电检测时，最好保持各种外在条件一致，比如最好由同一个人进行同一组开关柜的检测，如果换人的话，也最好找身高体重性别相近的人来进行，否则仅仅是人体电容的变化就会使测量数据变化，从而使以前的检测数据失去参考意义。

（7）因为 TEV 信号非常灵敏，一组若干个开关柜里面如果有一处局部放电，那么这个开关柜的 TEV 信号会在这组开关柜中出现峰值，很容易发现故障。但是如果两三个柜子里面同时有局部放电，那么一组开关柜表面的 TEV 信号就会显得杂乱无章没有规律。

27 什么是金属铠装开关柜局部放电同步联合检测方法？

答： 金属铠装开关柜局部放电检测方法一般有暂态对地电压检测法（TEV）、特高频检测法（UHF）、超声波检测法等，几种检测方法各有优缺点，单独采用一种方法对其进行检测往往无法全面反映开关柜内的绝缘状态。目前，在现场实际检测中，一种将超声波（AE）、特高频（UHF）和暂态地电压（TEV）检测技术相结合的开关柜局部放电同步联合检测方法，已在变电站铠装开关柜的带电检测实际应用中取得了较好的效果。

28 如何利用多维同步联合检测技术对开关柜缺陷进行诊断？

答： 多维同步联合检测技术是利用 AE 检测法、UHF 检测法及 TEV 检测法三种方法的综合检测，通过同步联合检测装置同时采集 AE 信号、UHF 信号和 TEV 信号，采集的信号经过信号调理单元后，在同一时间轴上显示出三种信号的波形，对波形进行综合分析诊断，判断开关柜是否存在局部放电。

综合运用超声波和 TEV 相结合的开关柜局部放电检测方法是行之有效的。如果开关柜的数量庞大，那么对每个变电站的每一台开关柜进行检测，检测工作量就很大，此时就应该采取"先普测，后排查"的检测策略。

（1）如果高压室内全部开关柜检测 TEV 的值较小，而且超声波信号无异常，即可认为该高压室内无局部放电信号；

（2）当检测到 TEV 值较大而超声波没有异常时，即可对此开关柜引起特别关注，适时缩短测试周期；

（3）当检测到 TEV 值正常而超声波异常时，则应分析是否为开关柜板等部件振动，如无法判断则缩短测试周期；

（4）当检测到 TEV 值和超声波均有异常，那么此开关柜才可初步判断存在局部放电，则须尽快进行复测，再根据测试结果进行准确判断。

29 金属铠装开关柜检测典型缺陷图谱有哪些?

答: 金属铠装开关柜典型缺陷局放图谱主要如图 3-4～图 3-18 所示。

(1) 针板电极。

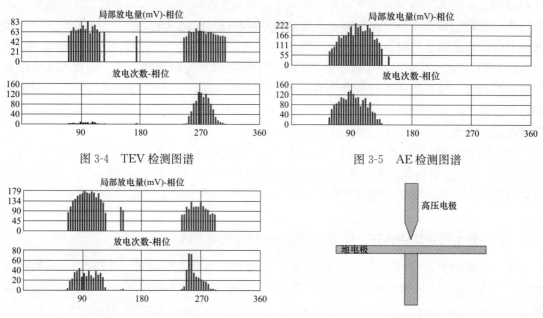

图 3-4　TEV 检测图谱　　　　　　　图 3-5　AE 检测图谱

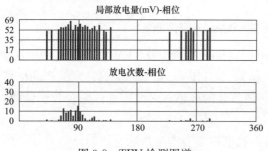

图 3-6　UHF 检测图谱　　　　　　　图 3-7　针板电极模型

(2) 内部缺陷放电。

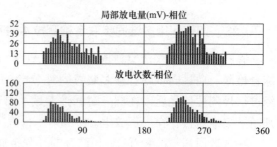

图 3-8　TEV 检测图谱　　　　　　　图 3-9　AE 检测图谱

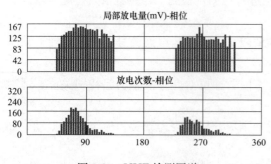

图 3-10　UHF 检测图谱

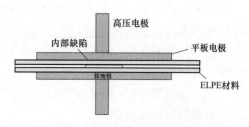

图 3-11　内部缺陷放电模型

（3）悬浮电位。

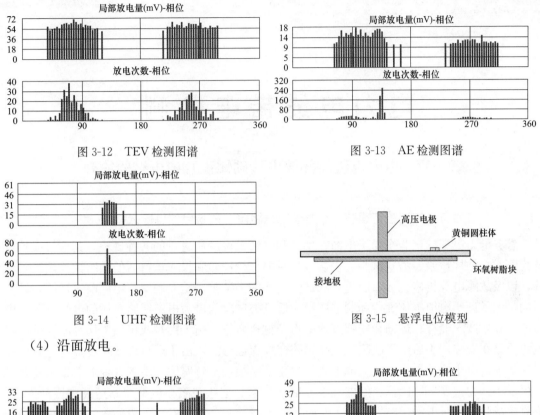

图 3-12　TEV 检测图谱　　　　　　图 3-13　AE 检测图谱

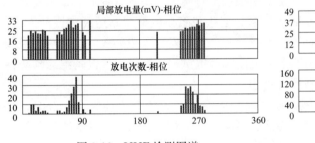

图 3-14　UHF 检测图谱　　　　　　图 3-15　悬浮电位模型

（4）沿面放电。

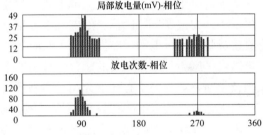

图 3-16　UHF 检测图谱　　　　　　图 3-17　AE 检测图谱

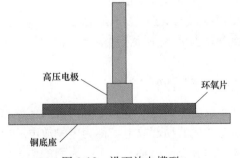

图 3-18　沿面放电模型

30 金属铠装开关柜典型检测案例。

答：详见附录 C.4。

第四章

电力电缆带电检测

第一节　电力电缆局部放电基础知识及停电试验简介

1 电力电缆的试验有哪些？电力电缆线路停电试验目的是什么？

答：电力电缆的试验主要指电缆在生产和安装敷设后所进行的各种试验，其项目大致可分为五类：抽样试验、型式试验、安装竣工后的交接试验和投入运行后的预防性（例行）试验，以及故障电缆抢修完成以后进行的试验。前两类试验都是在制造厂出厂前进行的，试验目的是为了证明电缆本体性能和制造质量。后三类试验为电力电缆线路总体的电气试验。电力电缆在生产、储存、运输和安装过程中由于材料质量、施工因素或机械损伤等原因可能使电缆线路在安装竣工后留下缺陷；电缆线路在投入运行后，由于运行中线路过负荷导致电缆过热受损，由于线路敷设环境造成电缆护层化学腐蚀和电解腐蚀，由于各种地下施工使电缆护层受到外力损伤等原因都会给电缆绝缘留下缺陷。这些缺陷在电缆线路运行中逐渐发展，将直接威胁电网供电的可靠性，为了及时发现绝缘缺陷，避免发生电缆事故，定期对电缆线路进行电气试验是十分必要的。对于常规的电力电缆的停电试验，在《电气设备绝缘预防性试验技术问答》一书中有详细介绍，本书不再赘述。

目前电力电缆带电检测试验刚刚开展，通过高频电流法等方法并不能完全、及时、彻底、准确地发现运行电缆所有隐患，因此还要开展停电试验，对于交联聚乙烯电缆目前最有效、最严格、最直接的手段是进行交流变频谐振耐压试验，能够通过该试验考核的电缆基本上在正常运行周期中不会出现大故障，效果很好。

目前新兴的振荡波试验也属于停电试验，在故障定位，发现电缆故障隐患等方面效果较好。

在停电时进行耐压试验时，也可以进行脉冲电流法检测局部放电试验。

2 电缆局部放电主要有哪几种形式？

答：局部放电主要有电晕放电、表面局部放电和内部局部放电三种形式。其中，对于被气体包围的电缆终端导体附近发生的局部放电，称为电晕放电。此外，局部放电可能发生在导体上，也可能发生在绝缘体的表面或内部，发生在表面的称为表面局部放电，发生在内部的称为内部局部放电。

3 电缆局部放电信号应具备哪些主要特征？

答：通过试验室各种缺陷产生的局部放电信号的分析、比较可以总结出电缆局部放电信号的主要特征有：

（1）频率分布（f）：局部放电的频率成分分布比较宽，信号上线频率可达 10^9 Hz。

（2）典型信号上升沿时间普遍为 10^{-9} s 级。

（3）发生相位（ϕ）：局部放电信号具有明显的相位特性（或称工频特性）。即在 $\phi\text{-}q\text{-}n$ 图谱上呈现中心相位差 180°的两个簇群信号，重心主要分布在Ⅰ、Ⅲ象限。

（4）发生频度（n）：即每秒钟内有多少个放电脉冲信号。局部放电的发生频度一般是 $n>30$ 以上。信号产生频次不稳定。

（5）放电强度（q）：局部放电的放电量一般是大于 60kV 或接近 100kV 时产生 10pC 以上，有时甚至可以达到上百皮库。

（6）持续性（t）：局部放电一旦发生，只要电压不变，一般情况下都会连续发生，其幅值大小和频率都趋于稳定。

（7）信号为宽频带混合信号。

（8）同一信号的瞬态变化较大。

（9）信号沿电缆传输会衰减畸变。

4 电缆局部放电检测的意义。

答： 国内专家学者、IEC、IEEE 以及 CIGRE 等国际电力权威组织经过长期的试验室研究和工厂出厂试验经验表明，交联聚乙烯电力电缆的局部放电检测是目前判断电缆绝缘状况的一种较为有效的方法。高压电缆开展局部放电检测和研究可以有效地发现绝缘缺陷，大幅度提升高压电缆全寿命周期的状态管理，预防高压电缆电网事故的发生。因此，开展电缆局部放电检测是及时发现故障隐患，预防事故发生的重要方法。

5 目前国内电缆局部放电检测的现状如何？

答： 目前，在国内高压电缆（交联电缆）的竣工试验比较普遍地采用了变频谐振交流耐压试验，但由于国产试验设备容量有限且不能做到升压设备本身无局部放电，所以，大长度电缆线路仍然采用 24 小时空充的替代办法。受检测环境的限制（如光纤不具备连接通道等），开展带局部放电检测的交流耐压试验的案例就更少。而局部放电检测作为对运行电缆状态监控的最有效手段已经引起了业界的重视。近年来，全国各地开都始尝试在运行线路上开展局部放电检测和监测工作，并取得了一定的效果。目前，采用便携式、移动式和在线式局部放电检测装置进行带电方式下局部放电检测的案例已相继得到发表，其中在线式局部放电监测系统已在上海、北京等地陆续开展。

6 针对目前国内电缆运行现状，制定局部放电检测策略时主要考虑哪些问题？

答： 根据电缆故障的浴盆曲线理论，电缆在投入运行初期和寿命将近结束的后期故障率高，而在寿命中期故障率一般较低。因此，电缆局部放电的发生以及对电缆局部放电检测的研究对象应重点选择新投运电缆、运行初期 1～3 年的电缆和运行时间在 20 年以上的电缆，并适当兼顾寿命中期的检测需要。

7 限制电缆局部放电检测广泛应用的主要原因有哪些?

答: 到目前为止,运行电缆的局部放电检测在国内没有全面开展,很多技术细节需要深入研究。电缆局部放电检测通常仅局限于研究机构的试验室内完成,其主要原因在于:

(1) 现场强电磁场干扰源较多,而且没有条件配置屏蔽房,抑制和防止外界电磁干扰难度大;

(2) 电缆本身对局部放电信号的衰减很大,采集的信号量微弱,其幅值很小,极易被背景噪声淹没;

(3) 宽带滤波器和高倍数放大器使得采集信号的原始波形畸变,容易导致误判;

(4) 缺乏电缆绝缘局部放电信号与外界干扰信号的识别与判断技术,缺少交联聚乙烯电缆绝缘劣化评价基础、运行状态判据等实际运行经验的积累。

8 现场电缆局部放电检测的主要技术难点在哪里?

答: 现场电缆局部放电检测的主要技术难点体现在以下几点:

(1) 电缆线路是一个大长度的设备,有的长达 30km,因此应该把电缆作为分布参数设备看待。在分布参数情况下,脉冲信号在其内部的传输过程更为复杂,不仅要考虑其参数的大小,还应考虑其参数的分布形式。

(2) 由于电缆的分布参数特性,电缆线路本身可认为是一个巨大的天线,外部空间的干扰很容易耦合到电缆系统中,附近敷设的电缆也会辐射出大量的电磁信号,干扰信号也会在不同的电缆线路之间互相窜扰。

(3) 电缆线路两端连接的设备品种、数量多。如高压架空线、变压器、避雷器、开关、各种各样的用电设备等,所有这些设备产生的或从外部耦合进来的干扰均会传入电缆线路中。

(4) 电缆内部所用的材料品种相对较多,也不是单一结构,因此不仅要考虑绝缘内部缺陷所引起的局部放电,还应考虑绝缘结构外部如屏蔽层、绝缘层面等位置的放电,而不同的放电位置与类型,所表现出来的频率特性、衰减特性、相位图均可能不同。

(5) 电缆线路接地形式通常呈多点接地状态,其接地点之间的距离可能很远,不同接地点之间的电位也可能存在偏差,这也导致从接地系统窜入的干扰不可避免。与此同时,电力电缆在中间接头位置又常使用交叉互联方法,这使脉冲信号在电缆上传播产生反射和散射。因此在检测局部放电时,不仅要考虑电缆本体的衰减特性,还应考虑接头等特性阻抗不均匀点对传输的影响。

9 电缆局部放电检测的主要方法有哪些?

答: 局部放电检测的主要方法有停电时配合常规耐压试验开展脉冲电流法检测、停电时开展振荡波法检测、带电时在电缆中间头接地线等处的接地线接传感器进行的高频电流法检测、在电缆终端头等处进行的超声波法和特高频法检测,以及电磁耦合法、电容耦合法、光谱法和化学检测法等。目前,在现场电缆局部放电带电检测中应用最为广泛的为高频电流法。

10 为何应在电缆停电开展交流耐压时进行脉冲电流法局放测试?

答: 交流耐压试验只关注电缆整体能否完整承受试验电压的考验,其判断标准为电缆是否通过了交流耐压试验，缺少电缆在试验过程中可能出现的局部损伤和破坏的监测手段。如电缆内部存在局部放电，但是电缆依然有可能能够通过交流耐压试验，内部有缺陷的电缆运行，对电缆安全运行存在一定风险。因此需要在高压电缆在耐压过程中进行脉冲电流法局部放电测试。

11 **电缆停电开展交流耐压试验同时做脉冲电流法局部放电检测的意义是什么？**

答：耐压试验可以发现重大的施工缺陷，但是通过耐压试验后投运的电缆仍然存在事故的可能性。带局部放电监测的耐压试验可以发现电缆附件中可能存在的微小的局部放电缺陷，这些微小的缺陷不能被单纯的耐压试验所发现，电缆运行后，这些缺陷会不断发展最后造成电缆事故，危害电网安全。因此，在进行耐压试验的同时进行分布式局部放电测量，可以准确地测量 XLPE 绝缘电缆及其附件中存在的局部放电缺陷。这种方法是当前判断该电缆系统施工质量和绝缘品质的一种较为有效的试验方法。

12 **电缆局部放电的脉冲电流法检测的特点是什么？**

答：脉冲电流法是局部放电测量的传统方法，即 IEC 60270 推荐方法，又称电荷电量法等，它是实验室或出厂试验条件下应用最多的电缆局部放电检测方法，可以定量给出电缆的局部放电量。然而传统脉冲电流法检测频带在十几千赫兹到几百千赫兹之间，而局部放电信号频带分布在几千赫兹到几吉赫兹之间，该方法检测局放信息非常有限，且受背景噪声干扰影响非常大。因此，该方法只适合在实验室使用。脉冲电流法是 IEC 60270 所规定的方法，是目前国际上唯一有标准的局部放电检测方法，尽管存在测量频带窄、频率低、不适用现场检测等缺点，但该检测方法具有可比性，因而得到广泛的推广和应用。

脉冲电流法对局部放电的定量描述采用了视在放电量这一概念，因而对不同电压等级的设备、发生在不同部位的局部放电以及与变压器的耦合程度不同时，都会使得相同的实际放电产生不同的视在放电量，因而使得对局部放电的严重程度的估计发生偏差。另外即使对同一台变压器的同一个局部放电源，当从放电发生相的高压套管和低压套管分别测量时，也会得出相差很大的视在放电量的测量结果。

从放电的危害性而言，一个大的集中的放电可能和许多小的分散的放电在测量结果的大小上和实际放电的危害性上会相差很多，即用脉冲电流法的视在放电量很难正确描述出这种关系。再如，在传统的脉冲电流法中，用不同频率的测量可能对同一个放电也得出不同的放电幅值及不同的正、负半周放电幅值比，因而并未对真实的放电给出符合实际的描述。

直接应用于在线测量时易受变电站中各种电晕放电等的干扰，因而灵敏度低，通常仅能监测到 3000pC 以上视在放电量的局部放电，因而很难做到放电性故障的早期发现。因为脉冲电流法测量频率低，不能避开空气电晕干扰，所以不适合在线监测。

13 **电缆停电开展交流耐压试验同时做脉冲电流法局部放电检测的基本回路是怎样的？**

答：电缆终端的局部放电测试回路如图 4-1 所示，当被试电缆内部发生了局部放电时，耦合电容瞬时对电缆终端充电，形成高频的脉冲充电电流波形，脉冲电流的幅值、发生的频度反映了电缆内部局部放电的严重程度，通道 1、通道 2 两个传感器将局部放电信号传送至局部放电诊断系统进行分析处理。

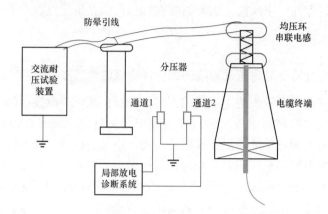

图 4-1　电缆终端的局部放电测试回路图

14 电缆停电开展交流耐压试验同时做脉冲电流法局部放电检测的技术难点有哪些？

答：（1）测试系统灵敏度要求高。高压电缆发生局部放电时产生的脉冲信号微弱，要求传感器及测试系统有相当高的检出灵敏度。

（2）现场干扰因素复杂。在现场实施电缆局部放电试验时干扰信号会严重影响电缆局部放电的检测和诊断，主要有临近试验现场的运行设备产生的电晕或者局部放电信号、交流耐压试验装置自身的局部放电信号、交流耐压试验回路的引线产生的电晕信号等三方面因素。

（3）对测试人员的要求高。高压电缆局部放电信号频带较宽且现场存在一定的干扰信号，需要测试人员通过信号抑制、识别、分类、提取、判断等技术手段，判断电缆的运行状态。这项技术要求测试人员熟练使用示波器、频谱仪、滤波器等电子设备，并具备高频电子信号分析判断能力。

（4）抗干扰处理。高压电缆交流耐压采用变频谐振装置产生试验电源，变频柜是装置的核心部件，变频柜通过晶闸管的整流和逆变获取试验所需的频率，在电源变换过程中会引入了大量的高频脉冲电流成分。变频谐振系统输出的电源不能直接作为电缆局部放电试验的电源直接施加于被试对象进行局部放电测试，必须采取有效措施对试验电源进行预处理，通过设置串联电抗、带屏蔽罩的防晕引线、均压环对试验电源质量进行改善，其电气原理如图 4-2 所示。

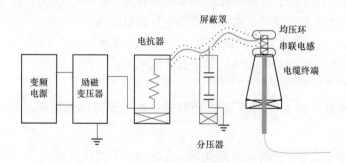

图 4-2　高压电缆交流耐压电气原理图

15 电缆停电开展交流耐压试验同时做脉冲电流法局部放电检测的局限性主要表现在哪几个方面?

答: 在电缆线路的现场测量时,IEC 标准方法即脉冲电流法有其局限性,表现为如下几个方面:

(1) 电缆局部放电检测时不能采用耦合电容的方式进行局部放电信号的耦合。即使在耐压试验情况下通用耦合电容,或在电缆施工过程中设计安装了耦合电容,也是不适合的。电缆线路特别是高压电缆线路,线路普遍较长,电缆的电容非常大,而耦合电容的容量相对要小几个数量级,根据下图 4-3(b)中的灵敏度曲线,在电缆端加耦合电容来进行局部放电测量的灵敏度非常低,而现场干扰又相对很大,所以局部放电信号很容易被干扰信号淹没。

(2) 局部放电信号沿电缆的传播衰减较大,当电缆线路中离检测点较远位置有局部放电时,传到检测点,信号已被大大衰减。所以,采用耦合电容在电缆终端检测局部放电的方法在现场检测中是不适合的。

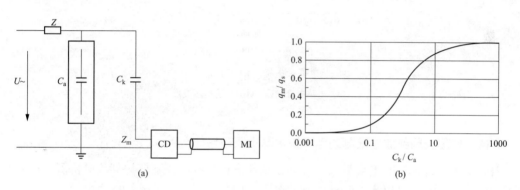

图 4-3　IEC 60270 标准测量回路及灵敏度曲线

(a) IEC 60270 标准测量回路;(b) 灵敏度曲线

C_k—耦合电容;C_a—试品电容;Z_m—测量阻抗;Z—调平衡元件;MI—测量仪器

16 振荡波试验的原理是什么?该如何进行?

答: 振荡波电压发生器用于橡塑电缆的耐压试验,也是一种替代直流耐压试验的选择方案。DL/T 849.5—2004《电力设备专用测试仪器通用技术条件　第 5 部分:振荡波电压发生器》规定了该设备的通用技术条件,其接线原理如图 4-4 所示。

振荡波电压试验方法的基本思路是利用电缆等值电容与电感线圈的串联谐振原理,使振荡电压在多次极性变换过程中电缆缺陷处会激发出局部放电信号,通过高频耦合器测量该信号从而达到检测目的。整个试验回路分为两个部分:一是直流预充电回路;二是电缆与电感充放电过程,即振荡过程。这两个回路之间通过快速关断开关实现转换。

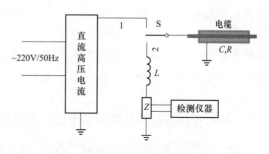

图 4-4　振荡波试验接线原理图

图 2-56 中 L 为高压电抗器，C、R 为电缆等效电容、电阻，Z 为测试阻抗，当开关 S 在 "1" 位时，直流高压给电缆充电，当充到电缆允许的试验电压时，检测仪器便控制 S 到 "2" 位，此时电抗器 L 与 C、R 等组成振荡电路，其波形如图 4-5 所示。根据波形可分析电缆绝缘情况。

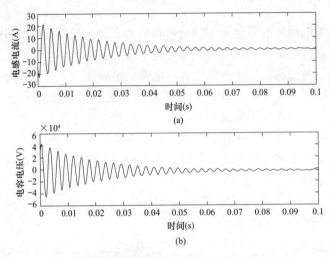

图 4-5 电感电流、电容电压波形图
（a）电感电流波形；（b）电容电压波形

17 振荡波局部放电检测的电源技术基本原理是什么？

答：电力电缆由于其电容量大，很难在现场进行工频电压下的局部放电检测。过去充油电缆采用直流试验，可以大大降低电源的要求。但是对于交联聚乙烯电力电缆，由于其绝缘电阻较高，且在交流和直流电压作用下的电压分布差别较大，直流耐压试验后，在电缆本体和缺陷处会残留大量的空间电荷，电缆投运后，这些空间电荷极容易造成电缆的绝缘击穿事故。而采用超低频（0.1Hz）电源进行试验，其测试时间较长，对电缆绝缘损伤较大，并可能引发新的电缆缺陷，而且超低频耐压试验考核不严格，通过试验的电缆仍然有可能在运行中爆炸，因为运行时频率 50Hz 高于试验的频率。交流变频谐振耐压试验效果最好，但是试验设备较笨重，开展试验一般需要动用吊车，不是很方便。振荡波试验是新兴试验，目前效果良好，值得进一步推广普及。

振荡波局部放电检测电源产生的基本原理是，首先由整流元件将 AC 220V 的交流电转换成所需的直流电，然后对直流电压幅值进行调整，最后对输出直流电压进行滤波和稳压调整，以确保输出精度和稳定性。实际检测时，根据测试加压的幅值要求，通过调整直流电压幅值和控制直流电源对被测电缆的充电时间来控制所产生振荡波的幅值，振荡波频率通过串入的空心电抗器进行调节，振荡波的衰减阻尼系数由电缆等效电容和空心电抗器确定。

18 振荡波局部放电检测定位技术的原理是什么？

答：局部放电源定位是在振荡波加压测试过程中，利用检测到的脉冲时差、电缆全长和脉冲在不同绝缘类型电缆中的传播速度计算出局部放电脉冲的产生位置。首先利用脉冲测距仪向电缆注入低压脉冲，该脉冲经过电缆末端短路点形成反射波，经过计算反射脉冲与发射脉冲的时间差得到电缆全长。其次，利用局部放电信号脉冲时域反射法（TDR）对局部放电源进行定位，定位的原理如图 4-6 所示，振荡波局部放电检测仪器通过对电缆加压诱发缺陷部位产生局部放电，同一局部放电脉冲同时向电缆两端传播，其中一个脉冲波直接传播到仪器接收端，称为入射波，另一个脉冲波经过电缆对端反射后传回仪器接收端，称为反射波，利用入射波和反射波到达的时间差、脉冲传播速度和电缆长度计算得到局部放电缺陷的精确位置。

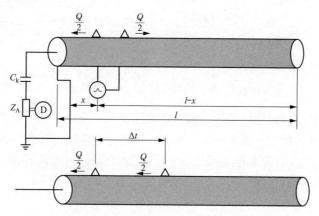

图 4-6　行波法定位原理

C_k—高压电容，Z_A—检测阻抗

设 t_0 时刻，在电缆 x 处发生放电，产生的两个脉冲波沿电缆方向传播，t_1 时刻第一个脉冲波到达测试仪，第二个脉冲波经电缆对端发射后在 t_2 时刻到达测试仪，如图 4-6 所示。由于电缆中脉冲的传播速度对于确定电缆绝缘类型是已知的常数，因此可以算出放电距离测试端的距离，即

$$t_2 = \frac{(l-x)+l}{v}$$

$$\Delta t = t_2 - t_1 = \frac{2(l-x)}{v}$$

$$x = l - \frac{v\Delta t}{2}$$

式中　l——电缆长度；

　　　　v——脉冲波在电缆中的速度。

19　振荡波局部放电检测仪器的组成及基本原理是什么？

振荡波局部放电检测仪器原理如图 4-7 所示，被试电缆线芯的一端接高压直流源的高压输出端，另一端悬空，电缆屏蔽层接地。测试时，高压直流电源通过一个电感对被测电缆充电，高压电子开关并联在高压直流源两端，从 0V 开始逐渐升压，当所加压达到预设值时闭合高压电子开关，同时直流源退出整个回路，被测电缆和电感形成 LC 阻尼振荡回路，产生振荡波电压，并以此振荡波电压信号来激发出电缆绝缘缺陷处的局部放电。测量回路分两路，一路为阻容分压器，用来测量振荡波电压信号；另一路为局部放电耦合单元，局部放电信号经放大器、滤波器放大、滤波后传给信号采集卡，信号采集卡与计算机通过信号电缆连接，测试人员通过计算机进行数据采集与分析。

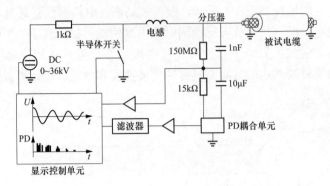

图 4-7　振荡波局部放电检测仪器原理图

振荡波局部放电检测仪器的关键参数包括输出电压、充电电流及波形匹配算法等。其中输出电压及充电电流参数均是越大越好。对于 10kV 电缆检测，其振荡波局部放电检测仪器的输出电压要高于 28kV，充电电流要大于 6mA。对于 110kV 电缆检测，其振荡波局部放电检测仪器的输出电压要高于 190kV，充电电流要大于 20mA。

20 振荡波局部放电检测技术的主要优点有哪些？

答：（1）相比于变频谐振交流交流电压下的局部放电测试，振荡波局部放电仪器为加压和测试一体化装置，具有系统容量小、接线及测试操作简单、仪器质量轻、移动搬运方便等优点。

（2）振荡波局部放电检测时，一次加压过程持续时间仅为几百毫秒，不会对电缆造成伤害，因此振荡波检测方法属于无损检测。

（3）由于采用振荡波法局部放电检测时没有使用额外的高压电源，所以从根本上避免了系统内部高压电缆产生的局部放电干扰。

（4）振荡波局部放电检测结果为确切的局部放电量，因此可准确评估电缆局部放电缺陷的严重程度。

（5）振荡波局部放电检测可精确定位电缆局部放电源位置。振荡波局部放电检测仪器采用脉冲传播时差定位局部放电源，并且采用统计学原理从成百上千局部放电源中选取数百个位置集中的点，因此有效避免了其他干扰源对监测和定位结果的影响。

因为振荡波试验定位精确，目前在现场成为电缆故障巡测的一种新兴手段，效果较好。

21 振荡波局部放电检测技术的主要缺点有哪些？

答：（1）振荡波局部放电检测时需要将电缆停电，并拆除电缆两端连接的其他电力设备，因此对供电可靠性产生一定的影响，并且对于 GIS 终端和变压器终端的高压电缆而言，测试流程较繁琐和复杂。

（2）振荡波局部放电检测对电缆长度有特定限制，被测电缆一般不超过 5km。

（3）振荡波检测方法对于绝缘完好的电缆属于无损检测，但是如果电缆本身存在受潮脏污以及有内部严重缺陷等情况，那么在试验时电缆仍然有击穿爆炸的可能性。

22 电力电缆振荡波试验典型案例。

答：详见附录 C.5。

第二节　电缆带电检测基础知识

1 高压电缆带电检测项目有哪些？有何效果作用？

答：（1）红外热像检测。

（2）外护层接地电流。

（3）电缆终端及中间接头高频局部放电检测。

（4）电缆终端及中间接头特高频局部放电检测。

（5）电缆终端及中间接头超声波局部放电检测。

带电检测可以综合评估电缆设备的运行状况，以及绝缘老化、工艺缺陷等潜伏性故障。

2 高压电缆的带电检测的实施方式有哪些？

答：可以根据设备状况有两种实施方式。对于正常设备，定期开展常规便携式带电检测。对于怀疑存在潜伏性故障的设备，可以增加重症监护在线式监测。例如目前现场电缆局部放电检测有下面几种常用的检测手段。

（1）便携式电缆局部放电检测：用于运行人员对电缆线路按计划周期进行巡视检测。

（2）电缆终端移动式局部放电在线监测：用于对有疑问的电缆终端进行定期的追踪监测，节省人力物力。

（3）分布式电缆局部放电在线监测系统：用于重要性等级最高的电缆线路，可以实现实时电缆运行状态的全掌控，但造价较高。

3 电缆局部放电的高频电流法的原理是什么？

答：高频电流法是基于电磁耦合的原理，通过宽带电流传感器采集电缆屏蔽层局部放电脉冲电流实现局部放电检测。当内部放电发生的瞬间，会产生一个高频的脉冲电流，高频脉冲电流通过线芯与金属护套（铠装）之间的电容，由高电位的线芯流到低电位的金属护套（铠装）上，并且通过电缆中间接头或终端处的接地线进入大地。因此，在中间接头或终端处的接地线接上一个高频电流互感器（TA），便可将高频脉冲局部放电电流耦合到高频 TA 中，通过高频 TA 与分析仪器之间的测试电缆传入分析仪器进行信号采集分析。该方法的检测原理图如图 4-8 所示。

该方法最常用于电缆附件或电缆终端的局放检测中。由于其检测频带内干扰信号小，在气体绝缘开关设备（Gas Insulated Switchgear，GIS）、电动机等电力设备的绝缘检测中也有应用。高频电流法通常采用外置式钳型电磁耦合传感器，因其外形小巧、现场操作方便、检测灵敏度高等优点在现场得到了广泛应用，如图 4-9 所示。

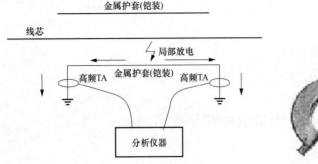

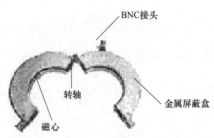

图 4-8　电缆局部放电的高频电流法原理图　　图 4-9　外置式钳型电磁耦合传感器

4 电缆高频电流法局部放电检测的检测范围和接线方式包括哪些?

答：见附录 A.5。

5 针对交叉互联系统的电力电缆的高频电流法局部放电检测，有何难点?

答：信号来源的判别是难点，在交叉互联系统中，局放信号会沿电缆传播，相邻接头上能检测到附近的局放信号。

6 高频局部放电检测结果的影响因素有哪些?

答：（1）信号线长度的影响：信号线长度会影响信号波形，检验信号在信号线内会产生振荡甚至发生畸变，但是首波的陡度没有发生变化。信号线长度越长，信号畸变越严重。

（2）高频电流互感器位置的影响：在相同的频率带范围内，从检测到的信号幅度上分析，发现越靠近被试品侧的信号强度越大。实际检测中，保证高频电流互感器尽量靠近被测品侧。

（3）电容臂跨接的影响：针对有保护层保护器的接地端，用电容臂进行跨接，在不同频率范围内测试分析，发现采用电容臂后，采集到的放电次数和放电量明显增加。在有保护层保护器的接地端检测时，宜采用电容臂。

7 检测人员现场分析的主要内容有哪些?

答：（1）相位图谱特征：测量信号是否具备 $180°$ 相位相关性，判断是否为可疑信号。

（2）外界环境干扰：排查相连电气设备（架空线等）或空间放电干扰、接地系统感应干扰等。

（3）信号频率特征：根据信号频率分布判断信号的来源（是测试点附近，还是远离测试点处）；根据被测点三相信号相位、幅值等特征，定位局部放电信号相别。

（4）相邻图谱对比：根据相邻被测点信号幅值、频谱宽度等特征，初步定位局部放电部位。

8 现场电缆脉冲电流法局部放电检测需要记录哪些数据?

现场局部放电检测需记录以下内容：检测日期、时间、电缆线路名称、传感器连接位置、交叉互联连接方式、相关照片、接头编号（可以每个接头建一个文件夹，存放相应的图谱、数据流文件)、检测图谱、波形、频谱(保存时应在文件名中体现检测频率、特殊参数)。

9 现场脉冲电流法局部放电检测干扰如何抑制?

在现场电缆线路的局部放电检测中,电缆无法采用试验室的屏蔽室等手段来抑制外部开扰,而且与电缆相连的各种电力设备也无法像试验室设备一样保证设备本身无干扰和无局部放电。因此要求现场检测的设备具有独特和抗干扰手段。选频技术是现场局部放电测量中的一个重要的抗干扰方法。通过测量频率的调节,避开干扰信号较大的频段,获得较高的信噪比。IEC 60270 标准规定测量频率为 800kHz 以下,此时信号传播衰减较小,但同时电缆外部各种干扰信号也能轻易地传入电缆中。这个频率是电缆线路中干扰信号较为强烈的频段。因此现场检测时,必须在较高的频率下进行,以避开低频干扰,但又不能太高,检测频率的选择应与电缆中局部放电信号频率及电缆线路中检测点位置之间的距离相匹配。

10 什么是测试灵敏度?

测试灵敏度是指在背景噪声存在的条件下由外部注入标准局部放电模拟信号,并在测试仪器上能观测和捕捉到的最低注入信号水平。通常,当背景噪声小于 10pC 时,高于此背景噪声 1pC 的信号即可以被捕捉和观测到。故此,也通常会将背景噪声水平称为测试灵敏度。换言之,背景噪声水平以下的局部放电信号会被淹没而难以捕捉和观测。

11 测试灵敏度与电缆长度的关系?

在现场电缆局部放电检测的过程中,由于局部放电的高频成分衰减比较快和大,低频信号衰减则相对慢和小,因此信号频率越高,在电缆中越容易衰减。如图 4-10 所示,长期电缆线路现场局部放电检测的经验表明:要在中间接头处获得 10~30pC 的局部放电测试灵敏度,检测频率就最好选择在 10MHz 以上,而在此频段的有效测试距离一般就是 500m 左右。

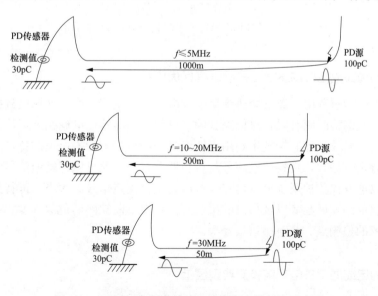

图 4-10　不同频率段局部放电检测与电缆长度对应图

故在现场检测中，选择在每一个接头位置（换位箱或接地箱）进行局部放电数据的采集，以此来确保现场测试的灵敏度。若每个交叉互联段只选一个测点，则灵敏度将降至100pC以上。

12 现场电缆脉冲电流法局部放电检测定位是如何实现的？

电缆的行波波速 v 通常是 $160\sim180\mathrm{m/\mu s}$。而为了精确定位，如图4-11所示，可以在已知电缆长 L 的条件下，在S1或S2处注入一个大脉冲信号，然后在另一个（侧）传感器上测出注入波与反射波的时间差，由公式 $v=L/\Delta t$ 求取该电缆的实际行波速度。随后依据时间差定位法或者反射时间定位法（见图4-12），设局部放电恒速传播，速度为 v，利用公式 $X=(L-\Delta t\times v)/2$ 或者 $X=L-(\Delta t\times v)/2$ 求取出局部放电点的位置。

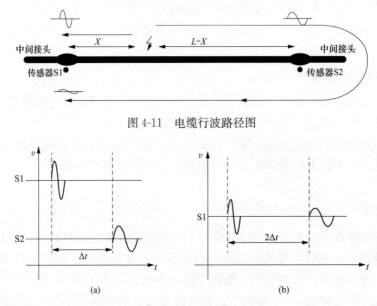

图4-11 电缆行波路径图

图4-12 电缆局部放电定位波形图
（a）时间差局部放电定位法；（b）反射时间局部放电定位法

13 高频局部放电检测重症监护系统有何优点？

答： 在局放巡检过程中，经常会遇到疑似放电信号的困扰，由于现场局放检测时收到背景噪声的影响，且巡检时间有限，对检测到的放电信号一时难以准确判断，检测报告多给出疑似放电的结论。局放重症监护技术利用固体绝缘缺陷所特有的不可逆的特点，在发现疑似信号的时间进行定时保存，观察放电信号是否长期存在。据此可以对疑似信号给出更加准确的结论。局部放电重症监护系统可以设定时段内各个检测点信号的大小，进行连续监测和分析，根据信号幅值的发展趋势以及预设的报警阈值可以判断缺陷的危险程度。有些系统还设有超过报警阈值的检测点、及时短信报警等。

14 电力电缆局部放电带电检测典型图谱。

答： 见附录B.5。

15 电力电缆终端局部放电检测典型案例。

答： 见附录 C. 6。

16 电缆接地电流检测使用哪些设备，如何选型?

答： 使用钳形电流表检测接地电流。钳形电流表的选型主要参考一下两种类型：平均响应型和真有效值型，如图 4-13 所示。钳形电流表电流环中心与被测电缆线芯的测试距离不同，会产生变化范围很大的误差。以两种常用型号的钳形电流表为例，当被测电缆芯线处于钳形电流表的 A 距离半径（平均响应型，12.7mm；真有效值型，35.6mm）内，两种型号电流表的误差是 $\pm 0.5\%$；当被测电缆芯线处于钳形电流表的 B 距离半径（平均响应型，20.3mm；真有效值型，50.8mm）内，两种型号电流表的误差是 $\pm 10\%$；当被测电缆芯线处于钳形电流表的 C 距离半径（平均响应型，35.6mm；真有效值型，63.5mm）内，两种型号电流表的误差是 $\pm 20\%$；

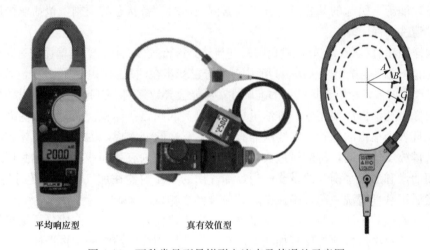

平均响应型   真有效值型

图 4-13 两种常见型号钳形电流表及其误差示意图

17 如何根据接地电流判断待测电缆运行状态正常?

答： 判断电缆是否处于正常状态，可用钳形电流表测量每条电缆的对地感应电流。正常运行的电缆，其金属护层产生的感应电流应满足如下全部条件：

（1）接地电流绝对值小于 50A；

（2）接地电流与负载比值小于 20%；

（3）单相接地电流最大值与最小值之比小于 3。

如不满足上述数值关系，则该待测电缆运行状态不正常。

第五章

油中气体色谱分析

第一节　油中溶解气体分析及变压器故障诊断

1 检测油中溶解气体的色谱分析技术要点有哪些？

答：（1）取样用注射器一定要清洗烘干，避免因高浓度残油（如有载调压开关室油、严重故障设备残油等）引起的某些组分分析数据偏高而对设备状态的误判，包括取样用软管也要反复用油清洗干净。

（2）取样用注射器密封完好，避免因漏气与外界进行气体交换。若运输途中有些样品进入空气，此气泡一定不能排出，这是因为油中各组分已初步在油气两相中进行分配，若排出气泡将导致测出数据偏低，影响分析结果的准确性，可能会导致漏判，引起不必要的设备损坏。

（3）取样时死油排放要充分，排油量是 4 倍以上的阀路死体积。而对于某些老式变压器在一根很长且管径很粗的油管上安装取样阀的，不宜在此处取样，因为管的死体积一般都有几升油，若排放 4 倍的话，排油量过大，不满 4 倍死体积则有死油残存，影响测试结果。

（4）用油量和加入平衡气的量要适当，加气用的小注射器在加气前应反复用空气清洗 6 次以上，然后用载气清洗一次，确保排除其他残样影响。

（5）取平衡气的小注射器也应该反复清洗多次，避免残样的引入造成分析结果的偏差。

（6）进样器每次进样前应反复抽洗 6 次以上，然后用样气清洗一次再进样。

（7）进样时滞空时间要短，进样要迅速，退针要快，防止样品气逸散和失真。

（8）数据处理时要观察每个峰的定性、定量是否正确和准确，必要时启用手动积分与识峰功能。

（9）若遇分析数据较高时，要查阅历史数据并比较，若有明显增长，要计算产气速率是否超标。若产气速率超标，应制定后续的跟踪分析周期。

2 色谱分析结果的误差来源有哪些？

答：（1）取油样的分散度。变压器油中溶解气体在变压器内的分布不均匀性，往往使油样缺乏代表整体变压器油的能力。

（2）取油样的操作和油样运输存放过程中油中溶解气体的变化。

（3）取油样时油温不同，影响油中溶解气体的含量，同一台变压器在不同温度下油中溶解气体含量是不相同的。

（4）从取样到分析时的温度发生了变化（一般是温度降低），溶解气体量随之变化，温度差别越大，则气体变化量也就越大。

（5）脱气过程中造成的误差，是油样进入实验室后造成误差的主要原因。不同脱气装置和操作方法、脱气用油量的不同以及测量油和气体体积的精确度不够等均可能造成明显的差异。

（6）气相色谱仪及记录仪的误差，以及进样分散性所造成的误差。

（7）定量及计算过程中的误差，如外标物浓度的误差，配气误差，峰高、峰面积测量误差，计算方法上的误差等。

3 油中溶解气体组分分析的对象有哪些？其目的是什么？

答： 变压器油纸绝缘材料热分解产生的可燃和非可燃气体达 20 种左右，因此，根据故障诊断的需要，选定必要的气体作为分析对象是很重要的。我国按 DL/T 722—2014 或 GB/T 7252—2001 要求一般分析 9 种，最少必须分析 7 种气体。一般包括永久性气体（H_2、O_2、N_2、CO、CO_2）及气态烃（CH_4、C_2H_6、C_2H_4、C_2H_2）共 9 个组分。表 5-1 列出了分析这些气体的主要目的。

表 5-1 分析 9 种气体的主要目的

组分	作为分析对象的理由
O_2	主要了解脱气程度和密封好坏，严重过热时 O_2 也明显减少
N_2	主要了解氮气饱和程度
H_2	主要了解热源温度或有没有局部放电或受潮
CO_2	主要了解固体绝缘老化或平均温度是否高
CO	主要了解固体绝缘有无热分解
CH_4	主要了解热源温度
C_2H_6	主要了解热源温度
C_2H_4	主要了解热源温度
C_2H_2	主要了解有无放电或高温热源

4 充油设备油中溶解气体的主要来源有哪些？

答： 充油设备中油中溶解气体的来源：

（1）空气的溶解。一般充油电气设备油中溶解气体的主要成分是 O_2、N_2（包括少量 Ar），空气在油中饱和含量在 101.3kP、25℃时约为 10%（体积）。但其组成和空气不一样，空气中 N_2 占 79%，O_2 占 20%，其他气体约 1%；油中溶解的空气则为 N_2 占 71%，O_2 占 28%，其他气体约 1%。这是因为氧气比氮气在油中的溶解度大的缘故。

油中总含气量和氧氮的比例与变压器的密封方式、油的脱气程度、注油时的真空度等因素有关。一般开放式变压器油中总含气量为 10%左右；充氮保护的变压器油总含气量为 6%～9%；隔膜密封的变压器，如果变压器经过了真空脱气注油，且密封良好时，总气量将可低于 3%（体积）。但是在密封不严密时，一般总气量为油的 4%～6%，其中 O_2 含量为 20% 左右。运行中超高压变压器或电抗器密封良好的，油中总含气量不超过油体积的 3%。

（2）正常运行下产生的气体。变压器等电气设备在正常运行下，绝缘油和固体绝缘材料由于受到电场、热、温度、氧的作用，随运行的时间而发生速度缓慢的老化现象，除产生一些非气态的劣化产物外，还会产生少量的氢气、低分子烃类气体和碳的氧化物等。其中，CO、CO_2 成分最多，其次是氢和烃类气体。这些气体大部分溶解在油中。

（3）故障运行下产生的气体。当变压器等电气设备内部存在潜伏性故障时，就会加速上述气体的产生速度，随着故障的持续发展，分解出的气体形成气泡在油中经对流、扩散，不断溶解在油中，使油中故障气体不断积累含量很高，甚至达到饱和状态，并析出气体进入气体继电器中。

（4）其他原因引入的气体。绝缘油在精炼或油处理过程中产生的气体；设备在制造中干燥、浸渍产生的气体；金属材料吸藏的气体；新变压器在运输或注油时充入的气体；油箱或辅助设备上进行焊接油分解产生的气体等，有可能与油接触溶解在油中。

5 绝缘油和绝缘纸材料在不同温度和能量作用下主要产生哪些气体？

答： 根据大量绝缘油、绝缘纸热分解模拟试验和实测经验，变压器油纸绝缘材料与热分解气体有如下关系：

（1）绝缘油在 140℃ 以下时有蒸发汽化和较缓慢速率的氧化。

（2）绝缘油在 140～500℃ 时油分解主要产生烷类气体（主要是甲烷、乙烷），随着温度的升高（500℃ 以上）油分解急剧增加，其中烯烃和氢气的增加较快，乙烯尤为显著，而温度（约 800℃）更高时，还会产生乙炔气体。

（3）绝缘油暴露于电弧（温度超过 1000℃）之中时，分解气体大部分是氢气和乙炔，并有一定量的甲烷、乙烯。

（4）局部放电时，绝缘油分解的气体主要是氢气和少量甲烷。火花放电时，除此之外，还有较多的乙炔。

（5）绝缘纸在 120～150℃ 长期加热时，产生 CO 和 CO_2，且后者是主要成分。

（6）绝缘纸在 200～800℃ 下热分解时，除产生碳的氧化物之外，还含有氢烃类气体，CO/CO_2 比值越高，说明热点温度越高。

（7）钢铁等金属材料等催化作用，水与铁反应产生氢气。

6 变压器油色谱分析判断有异常时如何进行综合分析判断？

答： 当变压器油色谱分析判断有异常时，应通过下面的一系列检测进行综合分析判断：

（1）检测变压器绕组的直流电阻。

（2）检测变压器铁心的绝缘电阻和铁心接地电流。

（3）检测变压器的空载损耗和空载电流。

（4）在运行中进行油色谱和局部放电跟踪监测。

（5）检查变压器潜油泵及相关附件运行中的状态。用红外测温仪器在运行中检测变压器油箱表面温度分布及套管端部接头温度。

（6）进行变压器绝缘特性试验，如绝缘电阻、吸收比、极化指数、介质损耗、泄漏电流等试验。

（7）绝缘油的击穿电压、油介质损耗、油中含水量、油中含气量（330kV 及以上时）

等的检测。

（8）变压器运行或停电后的局部放电检测。

（9）绝缘油中糠醛含量及绝缘纸材聚合度检测。

（10）交流耐压试验检测。

7 为什么要特别关注油中乙炔的含量？

答： 乙炔（C_2H_2）是变压器油高温裂解的产物之一。其他还有一价键的甲烷、乙烷，还有二价键的乙烯、丙烯等。乙炔是三价键的烃，温度需要高达 800℃ 以上才能生成。这表示充油设备的内部故障温度很高，多数是有电弧放电了，所以要特别重视。

8 根据色谱分析的数据诊断变压器故障时，判定设备是否存在异常情况的步骤有哪些？

答：（1）首先将分析结果的几项主要指标（总烃、乙炔、氢气含量）与规程中的注意值做比较。如果有一项或几项主要指标超过注意值时，说明设备存在异常情况，要引起注意。但规程推荐的注意值是指导性的，它不是划分设备是否异常的唯一判据，不应当作强制性标准执行，而应进行跟踪分析，加强监视，注意观察其产生速率的变化。

有的设备即使待征气体低于注意值，但增长速度很高，也应追踪分析，查明原因；有的设备因某种原因使气体含量超过注意值，也不能立即判定有故障，而应查阅原始资料，若无资料，则应考虑在一定时间内进行追踪分析；当增长率低于产气速率注意值，仍可认为是正常的。

在判断设备是否存在故障时，不能只根据一次结果来判定．而应经过多次分析以后，将分析结果的绝对值与导则的注意值做比较，将产气速率与产气速率的参考值做比较，当两者都超过时，才判定为故障。

（2）了解设备的结构、安装、运行及检修等情况，彻底了解气体真实来源，以免造成误判断。一般遇到非故障性质的原因情况及误判的可能参见本节表 5-2。另外，为了减少可能引起的误判断，必须按相关的规定：新设备及大修后在投运前，应做一次分析；在投运后的一段时间后，应做多次分析。因为故障设备检修后，绝缘材料残油中往往残存着故障气体，这些气体在设备重新投运的初期，还会逐步溶于油中，因此在追踪分析的初期，常发现油中气体有明显增长的趋势，只有通过多次检测，才能确定检修后投运的设备是否消除了故障。

（3）注意油中 CO、CO_2 含量及比值。变压器在运行中固体绝缘老化会产生 CO 和 CO_2 同时，油中 CO、CO_2 的含量既同变器运行年限有关，也与设备结构、运行负荷和油温等因素有关，因此目前导则还不能规定统一的注意值。只是粗略地认为，在开放式的变压器中，CO 含量小于 $30\mu L/L$，CO_2/CO 比值在 7℃ 左右时，属于正常范围；而密封式变压器中的 CO_2/CO 比值一般大于 7 时也属于正常值。

9 造成油色谱误判断的非故障原因有哪些？

答： 造成油色谱误判断的非故障原因如表 5-2 所示。

表 5-2 油色谱误判断的非故障原因

非故障原因		对油中气体组分变化的影响	误判的可能
属于设备结构上的原因	有载调压灭弧室油向本体渗漏	使本体油的乙炔增加	放电故障
	使用有不稳定的绝缘材料,造成早期热分解	产生 CO 与 H_2 等,增加它们在油中的浓度	固体绝缘发热或受潮
	使用有活性的金属材料,促进油的分解	增加 H_2 的含量	油中有水分
属于安装、运行维护上的原因	设备安装前,充 CO_2 安装注油时,未排尽余气	增加油中 CO_2 含量	固体绝缘发热
	充氮保护时,使用不合格氮气	氮气含 H_2、CO 等杂气	发热受潮
	油与绝缘中有空气泡	由于气泡性放电产生 H_2 和 C_2H_2	放电故障
	检修中带油补焊	增加乙炔含量	放电故障
	油处理中,油加热器不合格,使油过热分解	增加乙炔含量	放电故障
	充用含可燃烃类气体油,或原有过故障,油未脱气或脱气不完全	可燃性气体含量升高	发热、放电

10 充油电气设备的故障类型有哪些?

答:充油电气设备(变压器、电抗器等)的内部故障,可分为过热性故障和放电性故障两大类。过热按温度高低,可分为低温过热($T<300℃$)、中温过热($300℃<T<700℃$)与高温过热($T>700℃$)三种情况;放电又可分为局部放电(能量密度$<10^{-9}$C)、低能放电(火花放电、能量密度$>10^{-6}$C)和高能量放电(电弧放电,放电能量密度大,产气急剧)三种类型。

(1)热故障。油裂解产生的气体包括乙烯和甲烷,少量的氢和乙烷。若故障严重,或包括电的因素,也会产生痕量的乙炔。主要气体是乙烯,其数量可占总可燃气体的 60% 以上。

过热的固体纤维素绝缘会生成大量的一氧化碳和二氧化碳,若故障包括油浸结构,也会生成碳氢化合物,如乙烯、甲烷。主要气体是一氧化碳,其数量可占总可燃气体的 90% 以上。

(2)电故障。低能量放电产生氢、甲烷、乙炔和少量的乙烯。当涉及固体纤维素绝缘时,也可产生一氧化碳和二氧化碳,主要气体是氢气,其数量可占总可燃气体的 85% 以上。

高能量的电弧放电产生大量的氢气和乙炔,以及相当数量的甲烷和乙烯,若故障涉及了固体纤维素绝缘,也可生成一氧化碳和二氧化碳,油有可能被碳化。主要气体是乙炔,其数量可占总可燃气体的 30%,同时有相当数量的氢气。

局部放电产生的气体主要是氢气,其次是甲烷,一般总烃不高。通常氢气占氢烃总量的 90% 以上,甲烷与总烃之比大于 90%。当放电能量密度增高时也可以出现乙炔,但乙炔在烃总量中所占的比例一般不超过 2%。

11 变压器油中不同的气体组分分别对应哪些类型的故障?

答:利用油中溶解气体分析进行设备内部故障判断的原理是基于绝缘材料的产气特点。不同的故障,由于故障点的能量不同、温度不同以及涉及的绝缘材料不同,其产气情况也不同(不同的故障具有不同的特征气体),详见表 5-3。

表 5-3 　　　　　　　　　　　　故障类型及其特种气体组分表

故障类型	主要特征气体	次要特征气体
油过热	CH_4、C_2H_4	H_2、C_2H_6
油和纸过热	CH_4、C_2H_4、CO	H_2、C_2H_6、CO_2
油纸绝缘中局部放电	H_2、CH_4、CO	C_2H_4、C_2H_6、C_2H_2
油中火花放电	H_2、C_2H_2	
油中电弧	H_2、C_2H_2、C_2H_4	CH_4、C_2H_6
油和纸中电弧	H_2、C_2H_2、C_2H_4、CO	CH_4、C_2H_6、CO_2

注　1. 油过热：至少分为两种情况，即中低温过热（低于 700℃）和高温（高于 700℃）以上过热。如温度较低（低于 300℃），烃类气体组分中 CH_4、C_2H_6 含量较多，C_2H_4 较 C_2H_6 少甚至没有；随着温度增高，C_2H_4 含量增加明显。
　　2. 油和纸过热：固体绝缘材料过热会产生大量的 CO、CO_2，过热部位达到一定温度，纤维素逐渐碳化并使过热部位油温升高，才使 CH_4、C_2H_6 和 C_2H_4 等气体增加。因此，涉及固体绝缘材料的低温过热在初期烃类气体组分的增加并不明显。
　　3. 油纸绝缘中局部放电：主要产生 H_2、CH_4。当涉及固体绝缘时产生 CO，并与油中原有 CO、CO_2 含量有关，以没有或极少产生 C_2H_4 为主要特征。
　　4. 油中火花放电：一般是间歇性的，以 C_2H_2 含量的增长相对其他组分较快，而总烃不高为明显特征。
　　5. 电弧放电：高能量放电，产生大量的 H_2 和 C_2H_2 以及相当数量的 CH_4 和 C_2H_4。涉及固体绝缘时，CO 显著增加，纸和油可能被炭化。

12 变压器中不同的故障类型对应油中不同的气体组分特点及含量？

答： 变压器中不同的故障类型，因为故障发生的温度、能量、持续时间以及不同的绝缘材质的差异，对应油中不同的特征气体组分、产气速率也将不同，也就是说，设备发生不同故障对应特征气体特点及含量不同。根据气体的积累判定故障的发展趋势，根据气体的产气速率判定故障的严重性，根据特征气体组分及主次判定故障的类型。其故障性质及其特征气体组分特点详见表 5-4。

表 5-4 　　　　　　　　　　　故障性质及其特征气体组分特点表

序号	故障性质	特征气体特点
1	过热（<500℃）	总烃较高，$CH_4 > C_2H_4$
2	严重过热（>500℃）	总烃较高，$C_2H_4 > CH_4$、H_2 占氢烃总量的 27% 以下
3	局部放电	总烃较高，$H_2 > 100\mu L/L$，并占氢烃总量的 90% 以上，CH_4 占总烃 75% 以上
4	火花放电	总烃不高，$C_2H_2 > 10\mu L/L$，并占总烃 25% 以上，H_2 占氢烃总量的 27% 以上，C_2H_4 占总烃 18% 以下
5	电弧放电	总烃较高，C_2H_2 占总烃 18%～65%，H_2 占氢烃总量的 27% 以上
6	过热兼电弧放电	总烃较高，C_2H_2 占总烃 5.5%～18%，H_2 占氢烃总量的 27% 以下

案例：某 1000kV 特高压变电站Ⅰ线高压电抗器 A 相故障见表 5-5。

表 5-5 　　　　某 1000kV 特高压变电站Ⅰ线高压电抗器 A 相故障

取样时间	气体成分含量（$\mu L/L$）							
	甲烷（CH_4）	乙烯（C_2H_4）	乙烷（C_2H_6）	乙炔（C_2H_2）	氢气（H_2）	一氧化碳（CO）	二氧化碳（CO_2）	总烃
2008.12.9　15：00	0.37	0.01	0.02	0.02	5.2	12.9	150.5	0.42
2008.12.10　15：00	0.45	0.02	0.06	0.09	7.0	17.8	59.8	0.62

取样时间	气体成分含量（μL/L）							
	甲烷 （CH₄）	乙烯 （C₂H₄）	乙烷 （C₂H₆）	乙炔 （C₂H₂）	氢气 （H₂）	一氧化碳 （CO）	二氧化碳 （CO₂）	总烃
2008.12.11 18：00	0.50	0.03	0.09	0.12	11.7	19.2	62.0	0.74
2008.12.12 06：00	1.19	0.03	0.08	0.21	9.1	18.7	143.2	1.51
2008.12.12 09：00	1.09	0.05	0.01	0.25	7.3	17.1	63.2	1.40
2008.12.12 12：00	1.12	0.05	0.07	0.33	12.7	20.5	67.7	1.57
2008.12.12 15：00	0.94	0.10	0.12	0.43	12.8	19.9	86.7	1.59
2008.12.12 18：00	0.91	0.15	0.11	0.48	11.3	20.3	66.2	1.65

故障分析：

根据表 5-4 火花放电的特征气体法：总烃不高，$C_2H_2 > 10\mu L/L$，并且 C_2H_2 一般占总烃的 25% 以上，H_2 一般占氢烃总量的 27% 以上，C_2H_4 占总烃的 18% 以下。

以 2008.12.12 18：00 数据来分析。

（1）C_2H_2 占烃比例

$$\frac{C_2H_2}{总烃} = \frac{0.48}{1.65} \times 100\% = 29\% > 25\%$$

故障部位

图 5-1 磁屏蔽接地螺栓位置外壳烧黑处

（2）氢烃总量

氢气（H_2）+总烃

$= 11.3 + 1.65 = 12.95$

$$\frac{H_2}{氢烃} = \frac{11.3}{12.95} \times 100\% = 87.3\% > 27\%$$

（3）C_2H_4 占烃比例

$$\frac{C_2H_4}{总烃} = \frac{0.15}{1.65} \times 100\% = 9\% < 18\%$$

（4）因在试运行期间，C_2H_2 含量少，故此条 $C_2H_2 > 10\mu L/L$ 不用考虑。

因 C_2H_2 和总烃都比较小，所以判断故障类型为小火花放电。

故障的确切部位为：磁屏蔽接地引线螺帽松动（分段式，靠上部），如图 5-1 所示。

13 考察产气速率时应注意哪些事项？

答：（1）追踪分析时间间隔应适中，一般采用先密后疏的原则，且必须采用同一方法进行气体分析。

（2）产气速率与测试误差有一定的关系。如果两次测试结果的测试误差不小于 10%，增长也在同样的数量级，则以这样的测试结果来考察产气速率是没有意义的，计算出的绝对产气速率也不可能反映出真实的故障情况。只有当气体含量增长的量超过测试误差 1 倍以上时，才能认为"增长"是可信的。因此在追踪分析和计算产气速率时，更应减少测试误差，提高整个操作过程的试验系统的重复性，必要时应重复取样分析，取平均值来减少误差。这样求得的产气速率才是有意义的。

（3）由于在产气速率的计算中没有考虑气体损失，而这种损失又与设备的温度、负荷大小及变化的幅度、变压器的结构形式等因素有关，因此在考察产气速率期间，负荷应尽可能保持稳定。如欲考察产气速率与负荷的互相关系，则可以有计划地改变负荷，同时取样进行分析。

（4）考察绝对产气速率时，追踪的时间间隔应适中。时间间隔太长，计算值为这一长时间内的平均值，如该故障是在发展中，则该平均值会比实际的最大值偏低；反之，时间间隔太短，增长量就不明显，计算值受测试误差的影响较大。另外，故障发展往往并不是均匀的，而多为加速的。考察产气速率的时间间隔应根据所观察到的故障发展趋势而定。经验证明，起初以 1～3 个月的时间间隔为宜；当故障逐渐加剧时，就要缩短测试周期；当故障平稳或消失时，可逐渐减少取样次数或转入正常定期监测。

（5）对于油中气体浓度很高的开放式变压器，由于随着油中气体浓度的增加，油与油面上空间的气体组分分压差越来越大，气体的损失也越来越大，这时产气速率会有降低的趋势，或明显出现越来越低的现象。因此对于气体浓度很高的变压器，为可靠地判断其产气状况，可将油进行脱气处理。但要注意，由于残油及油浸纤维材料所吸附的故障特征气体会逐渐向已脱气的油中释放，在脱气后的投运初期，特征气体增长明显不一定是故障的象征。应待这种释放达到平衡后（有可能长达两三个月），才能考察出真正的产气速率。

（6）若确定为电弧放电故障，建议立即停电检查。并立即取样做试验，追踪周期定为 1 天或 1 天以内，此时如果产气速率增加缓慢，再逐渐增加周期的间隔时间。

若故障性质为高温过热，且总烃高，并有 C_2H_2 出现，此时如果负荷允许，建议停电检查。若条件不允许，追踪周期一般定为 3 天至 1 周。如果产气速率较快，再缩短间隔时间；产气速率较慢时，追踪周期可再延长。

若故障性质为火花放电，追踪周期一般定为 1～2 周。

若故障性质为中温过热、低温过热，追踪周期一般定为 15 天至 1 个月。

（7）考察产气速率时，如果变压器脱气处理，或设备运行时间不长以及油中气体含量很低，采用相对产气速率判据会带来较大误差，这时不宜采用此判据。

14 在识别设备是否存在故障时，除了考虑油中溶解气体含量的绝对值外，还应注意什么？

答：（1）注意值不是划分设备有无故障的唯一标准。当气体浓度达到注意值时，应进行追踪分析，查明原因。

（2）对于新投入运行或者重新注油的变压器，短期内气体增长迅速虽未超过气体含量注意值，但通过对比气体增长率注意值，也可以判定内部有异常。

（3）对 330kV 及以上的电抗器，当出现痕量（小于 $1\mu L/L$）乙炔时也应引起注意；若气体分析虽已出现异常，但判断不至于危及铁心和绕组安全时，可在超过注意值较大的情况下运行。

（4）影响电流互感器和电容式套管油中氢气含量的因素较多，有的氢气含量虽然低于注意值，但有增长趋势，也应引起注意；有的只是氢气含量超过注意值，若无明显增长趋势，也可判断为正常。

（5）注意区别非故障情况下的气体来源，进行综合分析。

15 何为改良三比值法？它在判断故障类型时有哪些不足之处？

答： 改良三比值法是根据充油设备内油、绝缘纸在故障下裂解产生气体组分含量的相对浓度与温度的依赖关系，从 5 种特征气体中选用两种溶解度和扩散系数相近的气体组分组成三对比值，以不同的编码表示；根据表 5-6 的编码规则和表 5-7 的故障类型判断方法作为诊断故障性质的依据。这种方法消除了油的体积效应影响，是判断充油电气设备故障类型的主要方法，并可以得出对故障状态较为可靠的诊断。

表 5-6 　　　　　　　　　　三比值法编码规则（DL/T 722—2014）

气体比值范围	比值范围编码		
	$\dfrac{C_2H_2}{C_2H_4}$	$\dfrac{CH_4}{H_2}$	$\dfrac{C_2H_4}{C_2H_6}$
<0.1	0	1	0
[0.1, 1)	1	0	0
[1, 3)	1	2	1
≥3	2	2	2

表 5-7 　　　　　　　　　　　故 障 类 型 判 断 方 法

编码组合			故障类型判断	故障实例（参考）
C_2H_2/C_2H_4	CH_4/H_2	C_2H_4/C_2H_6		
0	0	0	低温过热（低于 150℃）	纸包绝缘导线过热，注意 CO 和 CO_2 的增量和 CO_2/CO 值
	2	0	低温过热（150~300℃）	分接开关接触不良、引线连接不良；导线接头焊接不良，股间短路引起过热；铁心多点接地，矽钢片间局部短路等
	2	1	中温过热（300~700℃）	
	0, 1, 2	2	高温过热（高于 700℃）	
	1	0	局部放电	高湿、气隙、毛刺、漆瘤、杂质等引起的低能量密度的放电
2	0, 1	0, 1, 2	低能放电	不同电位之间的火花放电，引线与穿缆套管（或引线屏蔽管）之间的环流
	2	0, 1, 2	低能放电兼过热	
1	0, 1	0, 1, 2	电弧放电	绕组匝间、层间放电，相间闪络；分接引线间油隙闪络、选择开关拉弧；引线对箱壳或其他接地体放电
	2	0, 1, 2	电弧放电兼过热	

通过大量的实践，发现三比值法存在以下不足：

（1）由于充油电气设备内部故障非常复杂，由典型事故统计分析得到的三比值法推荐的编码组合，在实际应用中常常出现不包括表 5-7 范围内编码组合对应的故障。例如，编码组合 202 或 201 在表中为低能放电故障，但对于有载调压变压器，应考虑切换开关油室的油可能向变压器的本体油箱渗漏的情况，此时要用比值 C_2H_2/H_2 配合诊断；对编码组合 010，通常是 H_2 组分含量较高，但引起 H_2 高的原因甚多，一般难以做出正确无误的判断。

（2）只有油中气体各组分含量足够高或超过注意值，并且经综合分析确定变压器内部存在故障后，才能进一步用三比值法判断其故障性质。如果不论变压器是否存在故障，一律使用三比值法，就有可能对正常的变压器造成误判断。

（3）在实际应用中，当有多种故障联合作用时，可能在表中找不到相对应的比值组合。同时，在三比值编码边界模糊的比值区间内的故障，往往易误判。

（4）三比值法不适用于气体继电器里收集到的气体分析诊断故障类型。

（5）当故障涉及固体绝缘的正常老化过程与故障情况下的劣化分解时，将引起 CO 和 CO_2 含量明显增长，表 5-7 无此编码组合。此时要利用比值 CO_2/CO 配合诊断。

（6）由于故障分类存在模糊性，一种故障状态可能引起多种故障特征，而一种故障特征也可在不同程度上反映多种故障状态；因此三比值法不能全面反映故障状况。同时，对油中各种气体组分含量正常的变压器，其比值没有意义。

总之，由于故障分类本身存在模糊性，每一组编码与故障类型之间也具有模糊性，三比值法还未能包括和反映变压器内部故障的所有形态，所以它还在不断发展和积累经验，并继续进行改良，其发展方向之一是通过把比值法与故障类型的关系变为模糊关系矩阵来判断，以便更全面地反映故障信息。

16 变压器油色谱数据异常时应如何处理？

答：（1）对于新投入运行或者重新注油的变压器，短期内气体增长迅速但未超过注意值，也可以判定内部有异常。

（2）对 330kV 及以上的电抗器，当出现痕量（小于 $1\mu L/L$）乙炔时也应引起注意；若气体分析虽已出现异常，但判断不至于危及铁芯和绕组安全时，可在超过注意值较大的情况下运行。

（3）影响电流互感器和电容式套管油中氢气含量的因素较多［见本题（7）、（8）］，有的氢气含量虽然低于注意值，但有增长趋势，也应引起注意；有的只是氢气含量超过注意值，若无明显增长趋势，也可判断为正常。

（4）变压器本体油中气体色谱分析超过注意值时，应进行跟踪分析，根据各特征气体和总烃含量的大小及增长趋势，结合产气速率、综合判断。必要时缩短跟踪周期。

（5）当变压器内产气速率大于溶解速率时，会有一部分气体进入气体继电器或储油柜中。当气体继电器内出现气体时，分析其中的气体，有助于对设备的状况做出判断。同样分析溶解于油中的气体，尽早发现变压器内部存在的潜伏性故障，并随时监视故障的发展状况。

（6）根据油色谱含量情况，运用 GB/T 7252—2001《变压器油中溶解气体分析和判断导则》，结合变压器历年的试验（如绕组直流电阻、空载特性试验、绝缘试验、局部放电测量和油微水测量等）结果，并结合变压器的结构、运行、检修等情况进行综合分析，可判断故障的性质及部位。根据具体情况对设备采取不同的处理措施（如缩短试验周期、加强监视、限制负荷、近期安排内部检查或立即停止运行等）。

（7）在某些情况下，有些气体可能不是设备故障造成的。如油中含有水，可以与铁作用生成氢；过热的铁心层间油膜裂解也可生成氢：新的不锈钢中也可能在加工过程中或焊接时吸附氢而又慢慢释放至油中。特别是在温度较高、油中有溶解氧时，设备中某些油漆（醇醛树脂）在某些不锈钢的催化下，甚至可能产生大量的氢气；某些改型聚酰亚胺型的绝缘材料也可生成某些气体溶解于油中。油在阳光照射下也可以生成某些气体。设备检修时，暴露在空气中的油可吸收空气中的 CO_2 等。有些油初期会产生氢气（在允许范围左右），以后逐步下降。因此应根据不同的气体性质分别给予处理。

（8）当油色谱数据超注意值时还应注意：排除有载调压变压器中切换开关油室的油向变压器本体油箱渗漏，或选择开关在某个位置动作时，悬浮电位放电的影响；设备曾经有过故障，而故障排除后绝缘油未经彻底脱气，部分残余气体仍留在油中；设备带油补焊；原注入的油中就含有某些气体等可能性。

17 正常运行中的变压器本体内绝缘油的色谱分析中氢、乙炔和总烃含量异常超标的原因是什么？如何处理？

答：主要原因是分接开关油室和变压器本体油室之间发生渗漏。

一般处理方法是应停止有载分接开关的分接变换操作，对变压器本体绝缘油进行色谱跟踪分析，如溶解气体组分含量与产气率呈下降趋势，则判断为分接开关油室的绝缘油渗漏到变压器本体中。

将分接开关揭盖寻找渗漏点，如无渗漏油，则应吊出芯体，抽尽油室中绝缘油，在变压器本体油压下观察绝缘护筒内壁、分接引线螺栓及转轴密封等处是否有渗漏油。然后，更换密封件或进行密封处理，必要时对变压器进行吊罩检修。对有载分接开关放气孔或放油螺栓紧固，或更换密封圈（对变压器进行吊罩检修）。

18 变压器在什么情况下应进行额外的油中溶解气体分析？

答：当怀疑变压器有内部缺陷（如听到异常声响）、气体继电器有信号、经历了过载运行以及发生了出口或近区短路故障时，应进行额外的取样分析。

19 有载分接开关的切换开关，在切换过程中产生的电弧使油分解所产生的气体中有哪些成分？主要成分的浓度可能达到多少？

答：产生的气体主要由乙炔（C_2H_2）、乙烯（C_2H_4）、氢气（H_2）组成，还有少量甲烷和丙烯。切换开关油箱中的油被这些气体充分饱和。

切换开关油箱中的油分解产生这些气体充分饱和时，主要成分的浓度常见为：乙炔的浓度超过 $100000\mu L/L$、乙烯达到 $30000\sim40000\mu L/L$、氢气达到 $20000\sim30000\mu L/L$。

第二节 油中溶解气体分析方法在气体继电器中的应用

1 变压器集气室的作用和原理是什么？

答：从注、放油管路的蝶阀或连接变压器油箱管路的蝶阀注入绝缘油，必须经过集气室才能够进入储油柜或油箱内。集气室的内部结构能够将夹杂在绝缘油中的气体分离出来，并使其积聚在其上部而不会进入储油柜或油箱内。随着积聚的气体量增多，油标管内（透明玻璃管）的油面就会下降，当油面下降到油标管中部时，应通过排气管路下面的蝶阀排出气体，使油标管内充满绝缘油即可。集气室底部安装有排污管路及蝶阀，通过该管路的蝶阀可以排出储油柜中的污油。

2 何为平衡判据？它在判断故障上如何使用？

答： 在气体继电器中聚集有游离气体时，应使用平衡判据。

（1）所有故障的产气速率均与故障的能量释放紧密相关。对于能量较低、气体释放缓慢的故障（如低温热点或局部放电），所生成的气体大部分溶解于油中，就整体而言，基本处于平衡状态；对于能量较大（如铁心过热）造成故障气体释放较快，当产气速率大于溶解速率时可能形成气泡。在气泡上升的过程中，一部分气体溶解于油中（并与已溶解于油中的气体进行交换），改变了所生成气体的组分和含量。未溶解的气体和油中被置换出来的气体，最终进入继电器而积累下来；对于有高能量的电弧性放电故障，大量气体迅速生成，所形成的大量气泡迅速上升聚集在继电器里，引起继电器报警。这些气体几乎没有机会与油中溶解气体进行交换，因而远没有达到平衡。如果长时间留在继电器中，某些组分，特别是电弧性故障产生的乙炔，很容易溶于油中，而改变继电器里的游离气体组分，甚至导致错误的判断结果。因此当气体继电器发出信号时，除应立即取气体继电器中的游离气体进行色谱分析外，还应同时取本体油进行溶解气体分析，并比较油中溶解气体与继电器中的游离气体的浓度，以判断游离气体与溶解气体是否处于平衡状态，进而可以判断故障的持续时间和气泡上升的距离。

比较方法是首先要把游离气体中各组分的浓度值，利用各组分的奥斯特瓦尔德系数 k_i（见表5-8）计算出平衡状况下油中溶解气体的理论值，再与从油样分析中得到的溶解气体组分的浓度值进行比较。

计算方法如下

$$K = \frac{C_{o,i}}{C_i} = \frac{K_i \times C_{g,i}}{C_i}$$

式中　K——不平衡度或不平衡指数；

$C_{o,i}$——油中溶解组分 i 浓度的理论值，$\mu L/L$；

C_i——油中溶解组分 i 的浓度，$\mu L/L$；

$C_{g,i}$——继电器中游离气体中组分 i 的浓度，$\mu L/L$；

K_i——组分 i 的奥斯特瓦尔德系数。

表 5-8　　　　　各种气体在矿物绝缘油中的奥斯特瓦尔德系数

气体组分	K_i		
	IEC-60599—1999[1]		GB/T 17623—2017[2]
	20℃	50℃	50℃
H_2	0.05	0.05	0.06
O_2	0.17	0.17	0.17
N_2	0.09	0.09	0.09
CO	0.12	0.12	0.12
CO_2	1.08	1.00	0.92
CH_4	0.43	0.40	0.39
C_2H_4	1.70	1.40	1.46
C_2H_6	2.40	1.80	2.30
C_2H_2	1.20	0.9	1.02

[1] 这是从国际上几种最常用的牌号的变压器油得到的一些数据的平均值。实际数据与表中的这些数据会有些不同，然而可以使用上面给出的数据，而不影响从计算结果得出的结论。

[2] 国产油测试的平均值。

（2）判断方法。

1）如果理论值和油中溶解气体的实测值近似相等，可认为气体是在平衡条件下释放出来的。这里有两种可能：一种是故障气体各组分浓度均很低，说明设备是正常的。应搞清这些非故障气体的来源及继电器报警的原因。另一种是溶解气体浓度略高于理论值，则说明设备存在较缓慢地产生气体的潜伏性故障。

2）如果气体继电器内的故障气体浓度明显超过油中溶解气体浓度，说明释放气体较多，设备内部存在产生气体较快的故障，应进一步计算气体的增长率。

3）判断故障性质的方法，原则上与油中溶解气体相同，但是，应将游离气体浓度换算为平衡状况下的溶解气体浓度，然后计算比值。

4）也可采用下列经验值进行判断：如果 K 值接近 1，且故障气体各组分体积分数均很低，说明设备是正常的；如果 $1 \leqslant K < 2$，说明设备故障发展的缓慢；如果 $K > 3$，说明设备故障较严重，K 值越大，故障越严重，故障发展的越迅速。

3 **如何利用色谱分析法对气体继电器动作（报警）原因进行判断？**

答：正常情况下，轻气体报警是当其内部有气体压力（超过整定值时）气体继电器报警，报警的原因有三种：①当设备内部发生突发性故障（如电弧放电）时，由于巨大的能量使附近大量的油裂解，产生大量的气体，来不及溶解与扩散，涌入气体继电器而报警；②气体继电器内有自由气体（非故障特征组分），主要是 N_2、O_2、H_2、少量烃类以及 CO、CO_2 气体，其原因是油中含气量达到饱和状态，因油温或压力的改变而释放进入气体继电器，或因某处漏气及形成负压（由油流动时所产生）使其存在一定压力差；③属于误报，是由于继电器或振动引起，继电器内没有气体。无论是什么原因造成的轻瓦斯报警，都应及时查明原因。

当轻瓦斯报警时，应查看气体继电器内有无气体，若没有气体，很可能是误动，若有气体，应同时取气体继电器内气体及本体油进行色谱分析，若气体成分主要是 N_2、O_2、极少量氢和烃类气体（包括少量 CO 和 CO_2），且油中各组分浓度正常，则可能是油中含气量达到饱和后的释放以及有漏气的地方，若气体继电器气体中含有一定浓度（高于油中溶解气体注意值）且油浓度也比较高（或超过注意值）的特征组分，应执行平衡判据，计算出其换算到油中的理论值，若理论值与油中实测值近似相等。有两种可能：一是接近于 1，若故障气体各组分体积分数均很低，说明设备是正常的；二是略大于 1，则表明设备存在缓慢发展的故障。若比值大于 3 或更高，则表明设备存在发展较快的故障，应加强跟踪分析，观察特征气体产气速率，若产气速率也超过注意值（并大于 2 倍），说明故障产气迅速，应尽快停电处理，产气速率达到注意值，按其故障类型制定适当的跟踪分析周期。

4 **变压器轻气体继电器报警如何处理？**

答：变压器轻气体继电器动作发信号时，应立即对变压器进行检查，查明动作原因，进行相应的处理，包括：

（1）检查变压器油位、绕组温度、声音是否正常，是否由变压器漏油引起。

（2）检查气体继电器内有无气体，若有，用取气装置抽取部分气体，检查气体颜色、气味、可燃性，以判断是变压器内部故障还是油中溶解空气析出，并同时取油样和气样做气相色谱试验，以进一步根据有关规程和导则判断变压器的故障性质。若气体继电器内的气体为无色、无臭且不可燃，色谱分析判断为空气，则变压器可继续运行；若信号动作是因为油中剩余空气逸出或强油循环系统吸入空气而动作，而且信号动作时间间隔逐次缩短，将造成跳闸时，则应将气体保护改接信号；若气体是可燃的，色谱分析后其含量超过正常值，经常规试验给予综合判断，如说明变压器内部已有故障，必须将变压器停运，以便分析动作原因和进行检查、试验。轻瓦斯动作发信号后，如一时不能对气体继电器内的气体进行色谱分析，则可按气体的颜色来初步判断鉴别故障。若无气体，则应检查二次回路。

（3）检查储油柜、压力释放装置有无喷油、冒油，盘根和塞垫有无凸出变形。

（4）如果轻瓦斯动作发信号后经分析已判为变压器内部存在故障，且发信号间隔时间逐次缩短，则说明故障正在发展，这时应立即将该变压器停运。

5 如何根据气体的颜色来初步判断故障？

答：（1）灰黑色易燃，通常是铁质故障使绝缘油炭化分解造成，也可能是接触不良或局部过热产生的气体。

（2）灰白色可燃，有异常臭味，可能是变压器内纸质故障或烧毁所致，会造成绝缘损坏。

（3）黄色，可燃的是木质制件故障或烧毁产生的气体。

（4）无色，不可燃，无味，多为空气。

以上观点只是初步的分析判断手段，更加精确的判断措施需要进行气体成分分析试验。

6 新投入运行的变压器在试运行中轻瓦斯动作主要有哪些情况？应如何分析处理？

答：轻瓦斯动作主要有下面一些情况：

（1）在加油、滤油和吊芯等工作中，将空气带入变压器内部不能及时排出，当变压器运行后，油温逐渐上升，内部储存的空气被逐渐排出使轻瓦斯动作。一般气体继电器的动作次数与内部储存的气体多少有关。

（2）变压器内部确有故障。

（3）直流系统有两点接地而误发信号。

针对上述原因，应采取的分析处理方法如下：

（1）首先检查变压器的声响、温度等情况并进行分析，如无异常现象，则将气体继电器内部气体放出，记录出现轻瓦斯信号的时间，根据出现轻瓦斯时间间隔的长短，可以判断变压器出现轻瓦斯的原因。如果一次比一次长，说明是内部存有气体，否则说明内部存在故障。

（2）如有异常现象，应取气体继电器内部的气体进行点燃试验，以判断变压器内部是否有故障。

（3）如果油面正常，气体继电器内没有气体，则可能是直流系统接地而引起的误动作。

7 变压器气体继电器重瓦斯保护动作后如何处理？

答：重瓦斯保护动作后，应采取的分析处理方法如下：

（1）变压器跳闸后，立即停油泵，并将情况向调度及有关部门汇报，然后根据调度指令进行有关操作。

（2）若只是重瓦斯保护动作时应重点考虑是否呼吸不畅或排气未尽、保护及直流等二次回路是否正常、变压器外观有无明显反映故障性质的异常现象、气体继电器中积聚气体是否可燃，并根据气体继电器中气体和油中溶解气体的色谱分析结果，必要的电气试验结果和变压器其他保护装置动作情况综合判断。

（3）跳闸后外部检查无任何故障迹象和异常，气体继电器内无气体且动作掉牌信号能复归。检查其他线路上若无保护动作信号掉牌可能属振动过大原因误动跳闸，可以投入运行；若有保护动作信号掉牌，属外部有穿越性短路引起的误动跳闸，故障线路隔离后，可以投入运行。经确认是二次触点受潮等引起的误动，故障消除后向上级主管部门汇报，可以试送。

（4）跳闸前轻瓦斯报警时，变压器声音、油温、油位、油色无异常，变压器重瓦斯动作跳闸其他保护未动作，外部检查无任何异常，但气体继电器内有气体。拉开变压器各侧隔离开关，由专业人员取样进行化验分析，如气体纯净无杂质、无色（或很淡不易鉴别），只要气体无味、不可燃，就可能是进入空气太多、析出太快，此时查明进气的部位并处理，然后放出气体测量变压器绝缘无问题后，由检修人员处理密封不良问题。最后根据调度和主管生产领导命令试送一次，并严密监视运行情况；若不成功应做内部检查。

（5）色谱分析有疑问时应测量变压器绝缘及绕组直流电阻，必要时根据安全工作规程做好现场的安全措施，吊罩检查。在未查明原因或消除故障之前不得将变压器投入运行。

（6）现场有明火等特殊情况时，应进行紧急处理。

（7）按要求编写现场事故处理报告。

8 变压器有载分接开关重瓦斯动作跳闸如何检查处理？

答：有载分接开关重瓦斯保护动作时，在未查明原因或消除故障之前不得将变压器投入运行。此时，运维人员应进行下列检查：

（1）检查变压器各侧断路器是否跳闸，察看其他运行变压器及各线路的负荷情况。

（2）检查各保护装置动作信号、直流系统及有关二次回路、故障录波器动作等情况。

（3）储油柜、压力释放装置和吸湿器是否破裂，压力释放装置是否动作。

（4）检查变压器有无着火、爆炸、喷油、漏油等情况。

（5）检查有载分接开关及本体气体继电器内有无气体积聚，或收集的气体是空气或是故障气体。

（6）检查变压器本体及有载分接开关油位情况。

（7）检查有载分接开关气体继电器接线盒内有无进水受潮或异物造成端子短路。

分接开关重瓦斯保护动作后的处理包括：立即将情况向调度及有关部门汇报，并根据调度指令进行有关操作，同时根据《电力安全工作规程》做好现场的安全措施；现场有明火等特殊情况时，应进行紧急处理。

9 十八项电网重大反事故措施提出，对油浸式真空有载分接开关轻瓦斯报警后如何处理？油浸式真空有载分接开关油中乙炔高的主要原因是什么？

答：处理措施：

（1）暂停调压操作；

（2）对气体和绝缘油进行色谱分析，色谱数据是否合理需要参照各个厂家要求；

（3）根据分析结果确定恢复调压操作或进行检修。

主要原因：

（1）机械磨损的微量金属粉末放电引起的；

（2）主触头和通断触头的接触电阻差。

一般情况下，以上两种情况会产生小量放电，不会有电弧产生。

第三节　色谱综合分析判断

1　变压器油绝缘气的产气原理是什么？

答： 分析油中溶解气体的组分和含量是监视充油电气设备安全运行的最有效的措施之一。该方法适用于充有矿物绝缘油和以纸或层压纸板为绝缘材料的电气设备，其中包括变压器、电抗器、电流互感器、电压互感器和油纸套管等；主要监测对判断充油电气设备内部故障有价值的气体，即氢气（H_2）、甲烷（CH_4）、乙烷（C_2H_6）、乙烯（C_2H_4）、乙炔（C_2H_2）、一氧化碳（CO）、二氧化碳（CO_2）。定义总烃为烃类气体含量的总和，即甲烷、乙烷、乙烯和乙炔含量的总和。

绝缘油是由许多不同分子量的碳氢化合物分子组成的混合物，分子中含有—CH_3—CH_2和—CH化学基团，并由C—C键键合在一起。由电或热故障的结果可以使某些C—H键和C—C键断裂，伴随生成少量活泼的氢原子和不稳定的碳氢化合物的自由基，这些氢原子或自由基通过复杂的化学反应迅速重新化合，形成氢气和低分子烃类气体，如甲烷、乙烷、乙烯、乙炔等，也可能生成碳的固体颗粒及碳氢聚合物（X-蜡）。故障初期，所形成的气体溶解于油中；当故障能量较大时也可能聚集成游离气体。

低能量放电性故障，如局部放电，通过离子反应促使最弱的键C—H键（338kJ/mol）断裂，主要重新化合成氢气而积累。对C—C健的断裂需要较高的温度（较多的能量），然后迅速以C—C键（607kJ/mol）、C＝C键（720kJ/mol）和C≡C键（960kJ/mol）的形式重新化合成烃类气体，依次需要越来越高的温度和越来越多的能量。

乙烯是在高于甲烷和乙烷的温度（大约为500℃）下生成的（虽然在较低的温度时也有少量生成）。乙炔一般在800～1200℃温度下生成，而且当温度降低时，反应迅速被抑制，作为重新化合的稳定产物而积累。因此，大量乙炔是在电弧的弧道中产生的。当然在较低的温度下（低于800℃）也会有少量乙炔生成，故障温度下产生的气体成分如图5-2所示。油起氧化反应时，伴随生成少量CO和CO_2，并且CO和CO_2能长期积累，成为数量显著的特征气体。

纸、层压板或木块等固体绝缘材料分子内含有大量的无水右旋糖环和弱的C—O键及葡萄糖甙键，它们的热稳定性比油中的碳氢键要弱，并能在较低的温度下重新化合。聚合物裂解的有效温度高于105℃，完全裂解和碳化高于300℃，生成水的同时，生成大量的CO和CO_2及少量烃类气体和呋喃化合物，同时油被氧化。CO和CO_2的形成不仅随温度而且随油中氧的含量和纸的湿度增加而增加。

在变压器里，当产气速率大于溶解速率时，会有一部分气体进入气体继电器或储油柜中。当变压器的气体继电器内出现气体时，分析其中的气体，同样有助于对设备的状况做出判断。

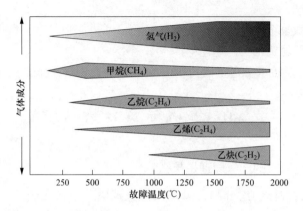

图 5-2 故障气体的产生和故障温度的关系

2 如何对用油设备进行色谱综合分析判断？

答：DL/T 722—2014《变压器油中溶解气体分析和判断导则》所规定的原则是带有指导性的一般规律，因此不能机械地照搬照用。通常设备内部故障的形式和发展总是比较复杂的，往往与多种因素有关，这就需要全面地进行分析。

首先要根据历史情况和设备的特点以及环境等因素，确定所分析的气体究竟来自外部还是内部。所谓外部原因，包括冷却系统潜油泵故障，油箱带油补焊，油流继电器触点火花，注入油本身未脱净气等。如果排除了外部的可能性，在分析内部故障时，要进行综合分析。例如绝缘预防性试验结果和检修的历史档案，设备当时的运行情况（温升、过载、过励磁、过电压等），设备的结构特点，制造厂同类产品有无故障先例，设计和工艺有无缺点等。

根据油中热解气体分析结果对设备进行诊断时，还应从安全和经济两方面考虑。对于某些热故障，一般不应盲目地建议吊罩、吊芯，进行内部检查修理，而应首先考虑这种故障是否可以采取其他措施，如改善冷却条件、限制负荷等来缓和或控制其发展。事实上，有些热故障即使吊罩、吊芯也难以找到故障源。对于这一类设备，应采取临时对策来限制故障的发展，只要油中热解气体未达到饱和，即使不吊罩、吊芯修理，也有可能安全运行一段时间，以便考虑进一步的处理方案。这样，既能避免热性损坏，又避免了人力物力的浪费。

关于脱气处理的必要性，要分几种情况区别对待：当油中气体接近饱和时，应进行脱气处理，避免气体继电器动作或油中析出气泡，发生局部放电；当油中含气量较高而不便于监视其产气率时，也可以考虑进行脱气处理，脱气处理后，从起始值进行监测。但是需要注意的是，油的脱气处理并不是处理故障的手段，少量的可燃气在油中并不危及设备的安全运行。因此在监视故障的过程中，过分频繁的脱气处理是不必要的。

在分析故障的同时，应广泛采用新的测试技术，例如电气或超声波法的局部放电测量和定位，铁心多点接地，油及固体绝缘材料中的微量水分测定，油中糠醛含量的测定，以及油中金属含量的测定等，以利于寻找故障的线索。

3 变压器内部有放电性故障时如何处理？

答：（1）若经色谱分析判定变压器内部存在放电性缺陷，首先应判断是否涉及固体绝缘（当涉及固体绝缘局部劣化故障时产生的 CO 比 CO_2 更加明显，且有突变性，CO_2/CO 比值会降低，有时 CO_2/CO 比值小于 3（开放式变压器），而密封设备由于没有气体逸散损失，CO_2/CO 比值小于 2 才可能表征设备内部故障涉及固体绝缘局部热裂解），有条件时可进行局部放电的超声波定位检测，初步判断放电部位。如果放电涉及固体绝缘，变压器应及早停运，进行其他检测和处理。

（2）若在判断变压器存在放电性缺陷的同时，发现变压器存在受潮或进空气等缺陷，在判明未损伤变压器绝缘的前提下，应首先对变压器进行干燥和脱气处理。

（3）不涉及固体绝缘的放电，可能来自悬浮放电、接触不良和磁屏蔽的放电等，应区别放电程度和发展速度，决定停电处理的时机。

（4）若经色谱分析判断变压器故障类型为电弧放电兼过热，一般故障表现为绕组匝间、层间短路、相间闪络、分接头引线间油隙间络、引线对箱壳放电、绕组烧断、分接开关飞弧、因环路电流引起电弧、引线对接地体放电等。对于这类放电，一般应立即安排变压器停运，进行其他检测和处理。

4 变压器内部有过热性故障时如何处理？

答：（1）对于高温过热故障，一旦查明且故障继续发展，在特征组分含量又严重超标，也应当立即停电处理。若故障发生在电路而又无法停电，应降负载运行，加强跟踪分析；若故障发生在磁路，短期又不好处理（如铁心内部环流），则应立即停电检查，防止铁心严重烧损，若是铁心多点接地，在接地电流不是非常大的情况下可采取措施，在接地引线中串入一大功率、阻值适当的电阻以限制接地电流，对于死接地点，大电流冲击又不能排除其故障的情况下，可临时断开正常的接地线，让该接地点代为接地，阻断外部环流通道，但这只是临时应急措施，且存在一定风险，等时机合适时还要停电处理。

（2）对于中、低温过热故障，可进行跟踪分析，跟踪周期刚开始时，根据情况定为 2 周一次，若故障发展缓慢要变为 1～3 个月一次，如果涉及固体绝缘加速老化或劣化，表现为 CO、CO_2 浓度很高，增长迅速，产气速率超标 3 倍以上（CO_2/CO 比值大于 10），油中糠醛含量也超标 2 倍以上，即使总烃含量增长缓慢，也应尽早停电处理，防止绝缘劣化到一定程度时演变成绕组匝、层间短路引发电弧放电故障。

5 根据色谱分析的数据着手诊断变压器故障时，应注意的问题有哪些？

答：（1）由于变压器内部故障的形式和发展是比较复杂的，往往与多种因素有关，这就特别需要进行全面分析。首先要根据历史情况和设备特点以及环境等因素，确定所分析的气体究竟是来自外部还是内部。所谓外部的原因，包括冷却系统潜油泵故障、油箱带油补焊、油流继电器接点火花、注入油本身未脱净气等。如果排除了外部的可能，在分析内部故障时也要进行综合分析。例如，绝缘例行试验结果和检修的历史档案、设备当时的运行情况，包括温升、过载、过励磁、过电压等，及设备的结构特点，制造厂同类产品有无故障先例、设计和工艺有无缺陷等。

（2）根据油中气体分析结果，对设备进行诊断时，还应从安全和经济两方面考虑，对于某些过热故障，一般不应盲目地吊罩、吊芯，进行内部检查修理，而应首先考虑这种故障是否可以采取其他措施，如改善冷却条件、限制负荷等来予以缓和或控制其发展，何况有些过热性故障即使吊罩、吊芯也难以找到故障源。对于这一类设备，应采用临时对策来限制故障的发展，只要油中溶解气体未达到饱和，即使不吊罩、吊心修理，仍有可能安全运行一段时间，以便观察其发展情况，再考虑进一步的处理方案。这样的处理方法，既能避免热性损坏，又能避免人力、物力的浪费。

（3）关于油的脱气处理的必要性，要分几种情况区别对待：当油中溶解气体接近饱和时，应进行油脱气处理，避免气体继电器动作或油中析出气泡发生局部放电；当油中含气量较高而不便于监视产气速率时，也可考虑脱气处理后，从起始值进行监测。但需要明确的是，油的脱气并不是处理故障的手段，少量的可燃性气体在油中并不危及安全运行，因此，在监视故障的过程中，过分频繁的脱气处理是不必要的。

（4）在分析故障的同时，应广泛采用新的测试技术，例如电气或超声波法的局部放电的测量和定位、红外成像技术检测、油及固体绝缘材料中的微量水分测定，以及油中金属微粒的测定等，以利于寻找故障的线索，分析故障原因，并进行准确诊断。

6 **220kV 主变压器综合诊断实例分析。**

（1）概述。某 220kV 主变压器产品型号为 SFSZ10-150000/220，额定容量为 150000kVA，冷却方式为 ONAN/ONAF 60%～100%，油重 44.2t，联结组标号 Y_n，y_{no}，d_{11}。该主变压器 2007 年 3 月投运，至 2009 年 3 月，定期电气试验正常，油质试验及油色谱分析试验数据符合导则标准。2009 年 3 月 20 日例行试验发现色谱总烃超标，达到 567.2μL/L。跟踪分析，根据色谱经验分析诊断为高温过热故障，并初步判断是磁路过热故障。利用回归分析法，在变压器空载运行情况下，考察产气速率，准确判定故障出现在磁路。主变压器吊开罩后，进行逐项检查。当在油箱内部打开所有磁屏蔽表面绝缘纸板露出磁屏蔽后，发现中低压侧箱壁上靠近中压 C 相套管升高座下部的最右边一块磁屏蔽板表面有四处明显灼热痕迹。

（2）色谱经验分析法。2009 年 3 月 20 日例行试验发现色谱总烃超标，达到 567.2μL/L。立即取样复查，试验数据与上次分析吻合。追踪分析，并考察其产气速率。从表 5-9 可看出主变压器总烃含量远超过注意值，且持续增长较快。进行了相关的色谱分析。

表 5-9 主变色谱分析数据

分析日期	油中溶解气体含量（μL/L）								备注
	H_2	CH_4	C_2H_4	C_2H_6	C_2H_2	CO	CO_2	总烃	
2009.3.20	179.1	216.8	267.5	82.5	0.37	460.1	2714	567.2	下部
2009.3.21	179.3	217.1	270.6	83.4	0.38	469	2787	571.5	复查
2009.3.23	158.5	229	292.3	90.1	0.36	447.2	2357	611.8	下部
2009.3.25	165.5	246.9	328.2	93.5	0.37	487.4	2534	669	下部

1）故障严重程度诊断。用总烃的绝对产气速率分析。绝对产气速率 γ_a 为

$$\gamma_a = \left[(C_{i2} - C_{i1})/\Delta t \right] \times (m/\rho)$$

$$= \left[(669 - 567.2)/5 \right] \times (44.2/0.89) = 1011 (mL/d)$$

γ_a 远大于国家标准（国家标准规定绝对产气速率不大于 $12mL/d$），且总烃大于 $150\mu L/L$，气体上升很快，可认为设备有异常。

2）故障类型诊断。

a. 用三比值法进行故障类型诊断（以 2019 年 3 月 25 日数据分析）。

$C_2H_2/C_2H_4=0.37/328.2=0.001$ 编码在 <0.1 编码取 0

$CH_4/H_2=246.9/165.5=1.49$ 编码在 $1\sim3$ 编码取 2

$C_2H_4/C_2H_6=328.2/93.5=3.5$ 编码在 $\geqslant3$ 范围   编码取 2

三比值编码组合为 022，故障性质为高温过热（高于 700℃）。每次主变压器测试数据的三比值均为 022，说明故障类型没有改变，也没有新的故障产生。

b. 以 CO、CO_2 为特征量诊断故障。

$CO_2/CO=2534/487.4=5.2>2$，并且 CO 无明显增长，所以不涉及绝缘纸分解故障，故障为磁路或裸金属过热。

3）故障状况诊断。

a. 热点温度估算

$$T = 322\lg\left(\frac{C_2H_4}{C_2H_6}\right)+525 = 322\lg\left(\frac{328.2}{93.5}\right)+525 = 701(℃)$$

其估算温度与三比值结论相符。

b. 故障源功率估算

$$P = \frac{Q_i\gamma}{\varepsilon H}$$

式中 Q_i——理论热值，$9.38kJ/L$；

    γ——故障时间内氢烃类的产气量，L；

    ε——热解效率系数；

    H——故障持续时间，s。

根据经验判断故障初步为磁路故障，所以 ε 值按铁心局部过热近似公式计算

$$\varepsilon = 10^{0.00988T-9.7}   （铁心局部过热）$$

$$\varepsilon = 10^{0.00988T-9.7} = 10^{0.00988\times701-9.7} = 0.0016822$$

式中 T——热点温度，℃，这里取 701℃。

故障时间从 2009 年 3 月 20 日至 25 日，油重 44.2t，由此可知

$$H = 5d = 5\times24\times60\times60 = 432000(s)$$

$$\gamma = (669+165.5-567.2-179.1)\times44.2\times1000/10^6 = 3.9(L)$$

$$P = \frac{Q_i\gamma}{\varepsilon H} = \frac{9.38\times3.9}{0.0016822\times432000} = 0.05(kW)$$

故障点功率不是很大，可跟踪分析。

c. 油中溶解气体达到饱和所需要的时间估算

$$t = \frac{0.2-\sum\frac{C_{i2}}{K_i}\times10^{-6}}{\sum\frac{C_{i2}-C_{i1}}{K_i\Delta t}\times10^{-6}}$$

计算时可按最大产气速率随时调整，$\Delta t=5/30$（月），K_i 查表 5-8 数据可知：$K_{CH_4}=$

0.39，$K_{C_2H_4}=1.46$，$K_{C_2H_6}=2.30$，$K_{C_2H_2}=1.02$，$K_{H_2}=0.06$，$K_{CO}=0.12$，$K_{CO_2}=0.92$。

$$t=\dfrac{0.2-\Sigma\left(\dfrac{246.9}{0.39}+\dfrac{328.2}{1.46}+\dfrac{93.5}{2.30}+\dfrac{0.37}{1.02}+\dfrac{165.5}{0.06}+\dfrac{487.4}{0.12}+\dfrac{2534}{0.92}\right)\times10^{-6}}{\Sigma\left[\begin{array}{c}\dfrac{246.9-216.8}{0.39}+\dfrac{328.2-267.5}{1.46}+\dfrac{93.5-82.5}{2.30}+\dfrac{0.37-0.37}{1.02}+\\[2mm]\dfrac{165.5-179.1}{0.06}+\dfrac{487.4-460.1}{0.12}+\dfrac{2534-2714}{0.92}\end{array}\right]\times\dfrac{10^{-6}}{5/30}}$$

$=216$（月）

如果该故障是等速的，则该变压器油中溶解气体达到饱和释放约需要216个月。如无其他情况发生，该变压器还可以有足够的时间继续运行，进行跟踪分析。但有关部门为了度夏安全考虑，还是决定停电检查。

如果 t 值比较小，此时若不能检修，则必须立即对油进行脱气处理。

d. 故障点面积估算

$$S=\frac{\gamma}{K}=\frac{0.5416}{3.8}=0.1425cm^2=14.25mm^2$$

式中　γ——实测单位时间氢烃产气量，mL/min；

$\quad\quad$ K——单位面积产气速率，mL/(cm² · h)。

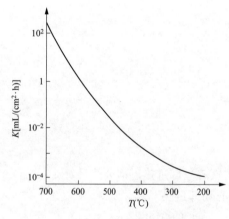

图 5-3　单位面积油裂解产气速率
与温度的关系

由 $T=701℃$，查图 5-3 得 $K=2.28\times10^2$mL/(cm² · h)，即 $K=2.28\times10^2/60$mL/(cm² · min)$=3.8$mL/(cm² · min)。

从 2009 年 3 月 20 日至 25 日，5 天内产生的氢烃类气体为

$(669+165.5-567.2-179.1)\times44.2\times1000/10^6=3.9$（L）

$\gamma=3.9\times10^3/(5\times24\times60)$

$\quad=0.5416$（mL/min）

对该变压器进行内部检查，在磁屏蔽上有四个故障点，面积共约15mm²，和计算结果基本相符。

4）故障部位估计。按2009年3月25日数据计算

a. CH₄/H₂=246.9/165.5=1.49

$$a.\ CH_4/H_2=246.9/165.5=1.49$$

根据经验判断，其比值接近1可诊断为磁路故障，比值大于3可诊断为电路故障，故初步诊断该变压器为磁路故障。

$$b.\ C_2H_4/C_2H_6=328.2/93.5=3.5$$

根据经验判断，其比值小于6可诊断为磁路故障，比值大于6可诊断为电路故障，故初步诊断该变压器为磁路故障。

c. 总烃的增长速率为1011mL/d，乙炔的增长速率为0。

根据经验，乙炔增加慢，总烃增加快，故障一般在磁路；乙炔和总烃增加都快，故障一般在电路。故初步诊断故障在磁路。

d. 乙炔占2%总烃以下。

根据经验，乙炔占2%总烃以下，故障一般在磁路；乙炔超过2%总烃，故障一般电路。

初步诊断故障在磁路。

总之，根据色谱经验分析，初步判断该主变压器过热故障在磁路。但是由于色谱经验分析法对有的故障准确，有的故障不太准确，故进行了相关的测试，3月25日当天对主变压器铁心和夹件的接地电流测试及红外测温均未发现异常；3月26日进行空载损耗和直流电阻以及绝缘电阻等项目检查试验，均未发现异常。进一步排除了铁心多点接地、铁心片间短接及穿心螺杆和连接片的绝缘故障、电路故障，铁心有可能是磁屏蔽漏磁问题造成的外壳或夹件漏磁环流发热。

5）拟采取的处理措施。从上述分析得出，虽然故障源功率不大，油中溶解气体达到饱和所需要的时间比较长，故障点面积不算大，但是热点温度较高，产气速率很快，故障发展的后果也不可轻视。为了确保该变压器能安全度夏，建议在适当的时候停电检查。

（3）色谱回归分析法。对于过热性故障，为了准确判断故障点在电路或磁路，可利用故障特征气体产气增量与负荷电流之间关系判断。在变压器空载运行情况下，在相同的间隔时间内取样进行色谱分析，要求操作条件完全一致，考察其产气速率，若产气速率增长较快，说明故障产气速率与负荷电流无相关性，则可判断故障部位在磁路。连续监视产气速率与负荷电流的关系，还可以获悉故障发展的趋势，以便及早采取对策。

为进一步确定故障部位，2009年3月27日开始改变其运行方式，变压器在空载运行下，跟踪考察产气速率。取样间隔时间相同，取样部位、取样方法及取样人员相同，色谱分析操作条件、试验人员相同（目的在于减少色谱试验误差对分析判断的影响），准确计算出试验数据。色谱分析数据见表5-10。由表5-10可知：空载运行下故障特征气体浓度仍不断增加，且增长速率基本相同，与负载电流无相关关系，故障部位应在磁路。

回归分析法的诊断与色谱经验分析法诊断一致，故障部位在磁路。并且主变压器空载运行时产气速率增加不是特别快（若主磁路故障空载运行时，5天内总烃增加有的甚至超过$500\mu L/L$），初步判断故障不在主磁路，故障在磁屏蔽、外壳或夹件部位，结合主变压器铁心和夹件的接地电流测试正常，故障不是铁心多点接地，综合诊断可能是磁屏蔽内部片间短接引起的涡流发热或铁心漏磁造成的发热。经主变压器解体检查，该变压器过热故障是磁屏蔽片间短路产生的涡流发热。

表 5-10　　　　　　　　　　主变压器空载运行色谱分析数据　　　　　　　单位：$\mu L/L$

分析日期	油中溶解气体含量								备注
	H_2	CH_4	C_2H_4	C_2H_6	C_2H_2	CO	CO_2	总烃	
2009.3.27	168.1	251.5	312.2	99.9	0.35	488.2	2484	664	下部
2009.3.28	170.3	254.9	318.6	100.9	0.36	457.1	2495	674.8	下部
2009.3.29	173.5	257.5	328.2	103.5	0.34	481.9	2562	689.5	下部
2009.3.30	183.2	282.5	343.3	110.5	0.34	479	2368	736.6	下部
2009.4.1	181.6	294.6	351.9	112.4	0.33	473	2339	758.9	下部

（4）故障的检查、原因分析及处理。

1）故障检查。4月15日，主变压器吊罩后，对铁心外观及分接开关进行了全面的检查，未发现螺钉松动和明显的放电痕迹，然后脱离了铁心三个油道短接螺钉，对油道间的绝缘情况进行了测量检查均无异常。当在油箱内部打开所有磁屏蔽表面绝缘纸板，露出磁屏蔽后,发现中低压侧箱壁上,靠近中压C相套管升高座下部的最右边一块磁屏蔽表面有两处明显过热痕迹;由厂家人员将磁屏蔽侧面固定卡爪打开后,拆下该位置整块磁屏蔽后,发现磁屏蔽靠近油箱一侧的表面有明显过热发黑痕迹;同时,可以看到油箱壁上也有明显发黑痕迹。检查其他位置未发现明显异常。至此,该主变压器故障位置已找到,如图5-4所示。

图5-4 烧坏的磁屏蔽

2)故障原因分析。对故障原因进行综合分析,属于变压器质量控制及制造工艺方面出现的问题。主变压器油箱焊缝局部处理不好,焊缝严重凸凹不平,造成磁屏蔽和箱体接触缝隙较大,电容量增大,在电容电压的作用下,局部小缝隙处产生放电击穿,造成磁屏蔽和油箱间形成多点接地的短路回路,从而造成磁屏蔽局部过热并逐渐发展,致使磁屏蔽片间绝缘也逐渐烧损,多片磁屏蔽间短路并产生涡流发热。由于仅和油箱壁局部接触,通过油箱壁散热的面积很小,造成故障位置高温过热。

3)故障临时处理。考虑到现场情况和条件,采取处理措施如下:将油箱壁上发黑的不平整位置进行打磨平整处理;将发黑的磁屏蔽硅钢片表面半导体漆去除,以和油箱壁良好接触;处理后重新将磁屏蔽安装固定好。当日下午,将主变压器重新扣罩完毕并安装部分附件,对主变压器进行真空处理。

为验证该主变压器问题处理临时措施是否有效,主变压器恢复投运后带大负荷运行,进行色谱跟踪分析。2009年4月23日投运,至7月29日,总烃由$28\mu L/L$增加到$512.6\mu L/L$(见表5-11),证明处理措施不是完全有效,故障没有完全排除。

表5-11　　　　　　　　　　初次处理后运行主变色谱分析结果　　　　　　　　　单位:$\mu L/L$

分析日期	H_2	CH_4	C_2H_4	C_2H_6	C_2H_2	CO	CO_2	总烃	备注
2009.4.23	5.93	9.76	14.5	3.77	0	5.03	193	28.03	下部
2009.4.26	9.06	13.85	18.69	5.5	0	8.33	266	38.14	下部
2009.4.29	15.4	33.2	42.74	13.96	0	15.6	270	89.9	下部
2009.4.2	18.6	40.8	50.6	17.2	0	19.3	371	108.6	下部
2009.4.5	21.3	49.3	61.1	21.2	0	23.7	404	131.6	下部
2009.7.29	28.8	171.5	256.5	84.6	0	29.9	489	512.6	下部

4)故障最终处理。2009年8月13日进行第二次吊罩,更换全部36块磁屏蔽,并对磁屏蔽处的油箱钟罩内壁表面进行处理。处理后,采取真空注油,进行变压器电气试验、油色谱分析试验及油质试验,一切试验正常。

第四节　油中溶解气体在线监测装置

① 什么是变压器油中溶解气体在线监测装置?

答: 变压器油中溶解气体在线监测装置是指安装在变电站油浸式高压设备(如油浸式电力变压器、油浸式电抗器等)本体或其附近,可对油中溶解气体信息进行连续或周期性自动监测的装置。一般由油样采集、油气分离、气体检测、数据采集与控制、通信及辅助等部分组成。

② 油中溶解气体在线监测装置是怎样分类的?

答: 油中溶解气体在线监测装置设备的分类可按监测方式、油气分离方式、检测器等进行分类。一般分类如下:

(1)按监测方式分:气相色谱法、传感器法、红外光谱法、光声光谱法;

(2)据监测气体组分分类:单(少)组分监测(少于6种)、全(多)组分独立监测(6种及以上)、可燃气体总量监测。

(3)油气分离方式分类:高分子聚合物薄膜渗透法、动态顶空分离法、抽真空分离法等;

(4)以检测器分类:热导检测器、红外分光光谱检测器、光声光谱检测器(半导体激光器法和红外宽谱光源法)、半导体热敏检测器。

③ 变压器油中溶解气体在线监测装置由哪些部分组成?

答: 变压器油中溶解气体在线监测装置主要由油样采集部分、油气分离部分、气体检测部分、数据采集与控制部分、通信部分和辅助部分等六个部分组成。其中,油样采集部分通过与变压器油箱相连的管路系统,完成对变压器本体油样的自动取样;油气分离部分实现溶解气体与变压器油的分离,采用的方法主要有真空分离法、动态顶空分离法、膜渗透分离法等;气体检测部分主要完成油气分离后的气体的气-电转换,采用的方法主要有气相色谱法、光谱法、传感器法等;数据采集与控制部分主要完成电信号的采集与数据处理,实现分析过程的控制等;通信部分用于实现与控制部分的通信及远程维护,应采用满足监测数据传输要求的标准、可靠的通信网络;辅助部分用于保证装置正常工作的其他相关部件,主要包括恒温控制、载气瓶、管路等。

④ 什么是动态顶空分离法?

答: 动态顶空分离法主要是用载气在色谱柱之前往油中充气,将绝缘油中的溶解气体置换出来,然后送入检测器检测,根据油中各组分气体的脱出率进行调整气体的响应系数来定量的技术。优点是脱气速度较快;缺点是因为要不断地通入载气,所以不能使用循环油样,以免载气进入变压器本体油箱,在脱气完毕后,还要把油样放掉,因此每次检测就必须消耗少量的变压器中的绝缘油。

5 什么是光声光谱的油中溶解气体在线监测技术？

答：光声光谱检测技术基于光声效应。光声效应是由气体分子吸收电磁辐射而产生的。特定气体吸收特定波长的红外线后，温度升高，但随即以释放热能的方式退激，释放出的热能使气体产生成比例的压力波。压力波的频率与光源的斩波频率一致，并可通过高灵敏微音器检测其强度，压力波的强度与气体的浓度成比例关系。

6 油中溶解气体色谱在线监测装置全（多）组分技术指标是什么？

答：一般地，依据 Q/GDW 536—2010《变压器油中溶解气体在线监测装置技术规范》规定，油中溶解气体色谱在线监测装置应满足的全（多）组分技术指标见表 5-12。

表 5-12 多组分在线监测装置技术指标

序号	检测参量	最低检测限值（μL/L）	最高检测限值（μL/L）	测量误差要求
1	H_2	2	2～2000	
2	CO	25	25～5000	
3	CO_2	25	25～15000	最低检测限值或±30%，测量误差取两者最大值
4	CH_4	0.5	0.5～1000	
5	C_2H_6	0.5	0.5～1000	
6	C_2H_2	0.5	0.5～1000	
7	C_2H_4	0.5	0.5～1000	
8	总烃	1	1～8000	

注 目前国家电网有限公司在实际招标时，各种招标文件对装置的总烃要求不多见，招标文件有要求的一般是 1～8000μL/L。

变压器在线色谱监测装置测量误差计算公式

测量误差＝[(在线监测装置检测数据－色谱仪检测数据)/色谱仪检测数据]×100%

实际上，国内有许多公司的油中溶解气体色谱在线监测装置的技术参数中的最低检测限值、最高检测限值以及测量误差（精度）均优于表中所列的技术指标，并且有的公司在线色谱监测装置还可检测 O_2 组分。

7 油中溶解气体色谱在线监测装置少组分的技术指标是什么？

答：一般地，依据 Q/GDW 536—2010《变压器油中溶解气体在线监测装置技术规范》规定，油中溶解气体色谱在线监测装置应满足的少组分技术指标见表 5-13。

表 5-13 少组分在线监测装置技术指标

序号	检测参量	最低检测限值（μL/L）	最高检测限值（μL/L）	测量误差要求
1	H_2	5	5～2000	
2	C_2H_2	1	1～200	最低检测限值或±30%，测量误差取两者最大值
3	CO	25	25～2000	

8 油中溶解气体色谱在线监测装置的其他技术指标是什么？

答：一般地，依据 Q/GDW 536—2010《变压器油中溶解气体在线监测装置技术规范》

规定，油中溶解气体色谱在线监测装置应满足的其他技术指标，见表 5-14。

表 5-14 其 他 技 术 指 标 要 求

序号	参量	要求
1	最小检测周期	≤120min
2	取油口耐受压力	≥0.34MPa
3	载气瓶使用时间	≥400 次
4	测量重复性	同一试验条件下对同一油样的监测结果间的偏差≤10%（以乙烯 C_2H_4 气体浓度 50μL/L 计算）

9 油中溶解气体色谱在线监测装置工作原理主要是什么？

答： 油中溶解气体色谱在线监测装置的工作原理主要是：装置系统在微处理器控制下，主机按照设定的周期开机后首先自检，整机稳定后进行油路循环，进行热油冷却、油中溶解气体分离、流路切换与清洗、柱箱与检测器温度控制、样气的定量与进样、基线的自动调节、数据采集与处理、定量分析与故障诊断等分析流程。由电路系统换算后的各组分浓度数据，通过无线或有线通信系统传输到后台监控工作站，工作站根据历史数据自动生成浓度变化趋势图，超过设定注意值时进行声光报警，同时工作站还可根据自带的专家智能诊断系统进行故障诊断。

10 油中溶解气体色谱在线监测装置主机脱气方式及其工作原理主要是什么？

答： 采用气相色谱分析技术原理，将油快速分离油中溶解气体，样气经过色谱柱分离，顺序进入气体检测器，实现油中溶解的故障特征气体（H_2、CO、CH_4、C_2H_4、C_2H_2、C_2H_6）的含量及其增长率（另可增加微水变送器来测量油中微水的含量），并通过故障诊断专家系统早期预报设备故障隐患信息，避免设备事故。

动态顶空脱气法采用的是溶解平衡法，其重复性和再现性能满足要求。该方法的原理是：在恒温条件下，油样在和洗脱气体构成的密闭系统内通过机械振荡，使油中溶解气体在气、液两相达到分配平衡。通过测试气相中各组分浓度，并根据平衡原理导出的奥斯特瓦尔德（Ostwald）系数计算出油中溶解气体各组分的浓度。采用此脱气方式的特点就是：脱气效率高、时间短、重复性好等。

11 变压器油色谱在线装置的日常维护有哪些？

答：（1）设备在无断电的情况下是全自动运行的，维护量很少。

（2）带有载气的设备。应定期记录监测系统内部气瓶上高压表的压力数据，比较两次的压力数据，发现压力数据变化量大时，说明系统存在气体的泄漏问题，需要检查漏电。

当气瓶上高压表的压力指示下降到厂家规定的压力及以下时，及时更换气瓶。

注意，请勿在系统采样时更换气瓶。如在系统采样运行时更换气源，会对数据造成不确定的影响，并可能产生错误警报。

（3）带有废油桶的设备。应定期检查油桶的液面高度，达到厂家规定的高度时，及时处理掉废液。

（4）循环油流速。定期检查循环油路系统的油流速度，按照厂家提供的检查方法，测试油流速度是否满足要求。

（5）组分测量结果。定期进行色谱数据的对比分析工作，发现数据重复性、再现性等异常时，及时查找原因。

（6）分离柱。各组分的分离度不能满足试验要求时，应进行活化或者更换工作。

第六章

红外热成像检测

1 **红外线从哪里来的?**

答:红外线是一种电磁波,它在电磁波连续频谱中的位置处于无线电波与可见光之间的区域。红外线是从物质的内部发射出来,产生红外线的根源是物质的内部运动,红外辐射的物理本质是热辐射。任何高于绝对零度(−273.15℃)的物体都会向外辐射红外线。红外线是一种电磁波,其频谱图如图 6-1 所示,不为人肉眼所见,它反映的是物体表面的能量场,即温度场。通常把波长大于红色光线波长 $0.75\mu m$,小于 $1000\mu m$ 的这一段电磁波称作"红外线",也常称作"红外辐射"。

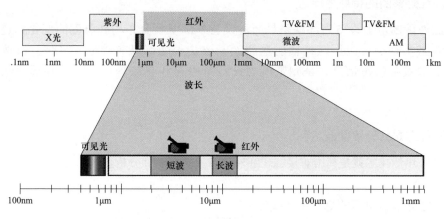

图 6-1 电磁辐射频谱示意图

同时,红外线是一种与可见光相邻的不可见光,具有可见光的一般性能,诸如:直线传播、反射、折射、干涉、衍射、偏振的特性,同时具有粒子性。

不同的材料、不同的温度、不同的表面光度、不同的颜色等,所发出的红外辐射强度都不同。

2 **红外线波长范围是多少?**

答:红外线是人肉眼看不见的一种电磁波。其波长范围在 $0.75\sim1000\mu m$。通常可进一步划分为四个更小的波段,这四个波段分别是:

近红外线 $0.75\sim3\mu m$;中红外线 $3\sim6\mu m$;远红外线 $6\sim15\mu m$;极远红外线 $15\sim1000\mu m$。

虽然波长以 μm（微米）表示，但仍可使用其他计量单位来测量此光谱范围内的波长，如纳米（nm）和 Ångström（Å）。

不同波长测量单位之间的换算关系如下

$$10000\text{Å} = 1000\text{nm} = 1\mu\text{m}$$

3 红外辐射峰值波长与对应的温度测量关系是什么？

答：红外辐射峰值波长与对应的温度测量关系见表 6-1。

表 6-1　　　　　　　　　　红外辐射峰值波长与对应的温度关系

类别	峰值波长范围（μm）	温度范围（℃）
近红外	0.76～1.5 或 0.76～3.0	3540～1658 或 3540～693
中红外	1.5～15	1658～－80 或 693～210
远红外	15～750	－80～－269 或 210～－80
极远红外	750～1000	－269～－270 或 －80～－270

4 红外诊断的特点是什么？

答：红外诊断电力设备内部缺陷是通过设备外部温度分布场和温度的变化，进行分析比较或推导来实现的。应用红外辐射探测诊断方法，能够以非接触、实时、快速和在线监测方式获取设备状态信息，是判定电力设备是否存在热缺陷，特别是外部热缺陷的有效方法。

5 什么是红外热像技术？

答：红外热像技术就是利用非接触式红外热像设备获取和分析热像信息的一门科学技术。

6 红外辐射常用的基本定律是什么？

答：

（1）基尔霍夫定律：在一定温度下，各种物体单位面积上的辐射通量 W 和吸收率之比，对于任何物体都是一个常数，并等于该温度下同面积黑体辐射通量 W。即"好的吸收体也是好的辐射体"。也就是说，吸收本领大的物体，其发射本领也大，如果该物体不能发射某一波长的辐射能，也绝不能吸收此波长的辐射能。

在给定的温度下，物体的发射率＝吸收率（同一波段）；吸收率越大，发射率也越大。物体的热辐射强度与温度的四次方成正比，所以，物体微小的温度差异就会引起红外辐射能量的明显变化。这种特征就构成了红外遥感的理论基础。

（2）普朗克辐射定律（Max Planck's law）：描述温度、波长和辐射功率之间的关系，是辐射的光谱分布规律，所有定量计算红外辐射的基础。一个绝对温度为 $T(\text{K})$ 的黑体，单位表面积在波长 λ 附近单位波长间隔内向整个半球空间发射的辐射功率（简称为光谱辐射度）$M_{\lambda b}(T)$ 与波长 λ、温度 T 满足下列关系

$$M_{\lambda b}(T) = C_1 \lambda^{-5} \left[e^{(C/\lambda T)^{-1}} \right]^{-1}$$

式中　C_1——第一辐射常数，$C_1 = 2\pi hc^2 = 3.7415 \times 10^8 (\mathrm{W \cdot m^{-2} \cdot \mu m^4})$；

　　　C_2——第二辐射常数，$C_2 = hc/k = 1.43879 \times 10^4 (\mu m \cdot K)$。

（3）斯蒂芬-玻耳兹曼定律（Stefan-Boltzmann's law）：即黑体总辐射通量随温度的增加而迅速增加，它与温度的四次方成正比。因此，温度的微小变化，就会引起辐射通量密度很大的变化。这是红外装置测定温度的理论基础

$$W = \int_0^\infty W_\lambda \, \mathrm{d}\lambda = \frac{2\pi^5 k^4}{15c^2 h^3} T^4 = \sigma T^4$$

式中　σ——斯蒂芬-波耳兹曼常数，$5.6697 \times 10^{-12} \, \mathrm{W/(cm^2 \cdot K^4)}$。

（4）维恩位移定律（Wien's displacement law）：随着温度的升高，辐射最大值对应的峰值波长向短波方向移动。

$$\lambda_m T = 2897.8 (\mu m)$$

这就是维恩公式，以算术形式表达随热辐射体温度的增大，颜色由红色到橙色或黄色变化的常见观测数据。颜色的波长与 λ_m 计算所得的波长相同。通过应用近似计算 $3000/T \mu m$，可得出指定黑体温度的一个有效近似值 λ_m。

7　什么是黑体？

答：黑体就是在理想状态下对一切波长的 λ 射辐射吸收率都等于 1 的物体。

8　影响红外线穿过大气的主要因素是什么？

答：由物体所发出的红外辐射在穿过大气到达测量系统时信号会受到衰减，其中：

（1）衰减主要来自气体分子（水蒸气等）和各种微粒（尘埃、雪、冰晶等）的吸收与散射。

（2）气体分子吸收辐射，而微粒散射辐射。

（3）不同物体吸收红外辐射的波段是不同的，如水气为 $6.3 \mu m$，二氧化碳为 $2.7 \mu m$，硫和氮的氧化物等为 $15 \mu m$。

（4）大气衰减与波长密切相关。在某些波长，数千米的距离也只有很少的衰减，而在另一些波长，经过几米的距离辐射就衰减得几乎没有什么了。

（5）人气衰减阻止了初始总辐射到达热像仪。如果不利用校正措施，那么随着距离增大，测量的温度读数会越来越偏小。

9　什么是红外探测器的分辨率（像素）？

答：探测器的分辨率（像素），就是排列在红外探测器上的敏感元的总数，通常以"水平像素×垂直像素"的表示方式来描述探测器像素。常见的红外热成像仪分辨率有 100×80，160×120，384×288，还有部分热像仪分辨率为 320×240，400×300，而高端的热像仪分辨率为 640×480，1024×768。如 P30、E63、Ti32 像素是 320×240，C400 像素是 400×300，G90(D300) 像素是 384×288，TP8 像素是 328×288，TH9100PMV 像素是 320×240。高端的有 G96(D600)、T630、C640(C640Pro) 像素是 640×480。

探测器分辨率越高，意味着探测器表面敏感像元越多，成像效果越清晰，测温精度越高。

10 什么是红外线的大气窗口？

答：红外线在大气中穿透比较好的波段，通常称为"大气窗口"。红外热成像检测技术，就是利用了所谓的"大气窗口"。短波窗口在 $1\sim5\mu m$（$1\sim3\mu m$、$3.5\sim5\mu m$），而长波窗口则是在 $8\sim14\mu m$ 之间。也就是说，在空气中，红外辐射只有三个波段的红外能透过大气窗口，如图 6-2 所示。

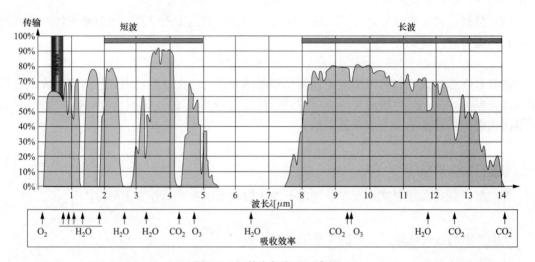

图 6-2　红外大气窗口示意图

11 什么是辐射率（发射率）？

答：辐射率（发射率）就是实际物体红外辐射的功率与相同条件下黑体红外辐射功率的比值。用符号 ε 表示，其比值是一个小于 1 的数。

12 如何理解物体的发射率？

答：某个物体向外发射的红外辐射强度取决于这个物体的温度和这个物体表面材料的辐射特性，用发射率（ε）这个参数描述物体向外发射红外能量的能力。发射率的取值范围可以从 0 到 1。通常说的"黑体"是指发射率为 1.0 的理想辐射源，而镜子的发射率一般为 0.1。如果用红外测温仪测量温度时选择的发射率过高，测温仪显示的温度将低于被测目标的真实温度——假设被测目标的温度高于环境温度。

13 如何设置检测目标的辐射率？

答：根据被测目标物体的属性，正确选择被测目标物体的辐射率，尤其要考虑金属材料表面氧化对选取辐射率的影响，具体可参照 DL/T 664—2016《带电设备红外诊断应用规范》

常用材料发射率的参考值。

14 辐射率与目标物体有什么联系？

答：辐射率与目标物体本身的材质、目标物体表面的光滑度有关。

15 什么是反射温度？

答：反射温度就是从目标发射进入热像仪的辐射叫作反射表象温度，即反射温度，也称作反射环境温度。

注意：在实际红外热成像检测中，反射总是存在的，反射是红外热像图谱错误分析的根源。

16 影响辐射率的因素有哪些？

答：影响辐射率的因素有物体的颜色、粗糙度、材质、温度、厚度、平整度。

17 如何利用简便的方法确定某个物体（材料）的发射率？

答：确定某物体的发射率请按照以下步骤：

（1）首先用热偶或接触测温仪测出被测物体的真实温度，然后用红外测温仪测量该物体，并边测边改变仪器的发射率，直到显示值与物体的真实温度一致。

（2）如果你所测量的温度达到76℃，你可以将一个特殊的塑料带缠绕在（或粘帖）在被测物体表面，使被测物体被塑料部分覆盖，将红外测温仪的发射率设置成0.95，测出塑料带的温度，然后测量塑料带周围的温度，调节发射率使显示值和塑料片的温度一致。

注意：

（1）此方法测得的辐射率不等于试件辐射率的真实值，但作为日常测温已经满足要求；

（2）测量过程要尽可能快；

（3）试件如不加热，在常温下辐射率测试不准。

18 现场测温通常有哪些测温方式？

答：按照测量体是否与被测介质接触，可分为接触式测温法和非接触式测温法两大类。

19 什么是接触式测温法？有什么优缺点？

答：接触式测温法是测温元件直接与被测对象接触，两者之间进行充分的热交换，最后达到热平衡。

优点：直观可靠，测温精度高。

缺点：

（1）感温元件影响被测温度场的分布；

（2）接触不良等会带来测量误差；

（3）另外温度太高和腐蚀性介质对感温元件的性能和寿命会产生不利影响。

20 什么是非接触式测温法？有什么优缺点？

答： 非接触式测温法是感温元件不与被测对象相接触，而是通过辐射进行热交换。

优点：

（1）避免接触被测目标；

（2）具有较高的测温上限；

（3）非接触式测温反应速度快，故便于测量运动物体的温度和快速变化的温度。

缺点：由于受物体的发射率、被测对象到仪表之间的距离以及烟尘、水汽等其他介质的影响，测温误差相对较大。

21 什么是红外检测（红外热成像）？

答： 红外检测就是用红外线热像仪来捕捉（接收）物体表面发出的红外辐射，显示物体表面辐射能量密度的分布情况。该检测方法是通过观察物体的红外热分布图，并测量所需位置的温度，来判断设备故障所在的位置及程度，是一种被动的、非接触式的检测。

22 红外线热像检测原理是什么？

答： 红外线热像检测原理是利用红外探测器、光学成像物镜接收被测目标的红外辐射信号，经过光谱滤波、空间滤波使聚焦的红外辐射能量分布图形反映到红外探测器的光敏元件上，对被测物的红外热像进行扫描并聚焦在单元或分光探测器上，由探测器将红外辐射能转换成电信号经放大处理，转换成标准视频信号通过电视屏或监视器显示红外热像图。

23 什么是红外热测温仪？

答： 红外测温仪是以被测目标的红外辐射能量与温度成一定函数关系的原理而制成的仪器。红外测温仪的组成包括：扫描—聚光的光学系统、红外探测器、电子系统和显示系统等。红外测温仪的特点是不接触被测设备、操作安全、不受干扰、不改变设备运行状态；精确、快速、灵敏度高，比蜡（片）试温准确；成像鲜明，能保存记录，信息量大，便于分析；发现和检出设备热异常、热缺陷的能力强；不受电磁场干扰；对于高架构设备测量方便省力。

24 什么是红外热成像仪？

答： 红外热成像仪是适用于工业领域使用的，通过红外光学系统、红外探测器及电子处理系统，将物体表面红外辐射转换成可见图像的设备。它具有测温功能，具备定量绘出物体表面温度分布的特点，将灰度图像进行伪彩色编码，简称热像仪。

也就是利用某种特殊的电子装置将物体表面的温度分布转换成人眼可见的图像，并以不同颜色显示物体表面温度分布的技术，称为红外热成像技术，这种技术的电子装置称为红外热成像仪。

25 工业检测红外热成像仪的构成有哪几部分？

答：工业检测（测温型）红外热成像仪由成像部分和测温校准系统构成。

26 红外热成像仪的有效检测距离能达到多远？

答：红外热成像仪的有效的检测距离与仪器空间分辨率、检测目标大小、目标温度等因素有关。

例如：空间分辨率为 1.3mrad 代表仪器（24°镜头）在 10m 远可分辨出大于或等于 13mm 的目标，100m 远可分辨出大于或等于 130mm 的目标。同理，空间分辨率为 0.65mrad 代表仪器（12°镜头）在 10m 远可分辨出大于或等于 6.5mm 的目标，100m 远可分辨出大于或等于 65mm 的目标。

27 什么是电力设备红外热像检测？

答：电力设备红外热像检测就是利用红外热像技术，对电力系统中具有电流、电压致热效应或其他致热效应的带电设备进行检测和诊断。

28 红外热成像仪与红外测温仪有什么区别？

答：红外热成像仪也就是红外热成像仪，红外热成像仪是一种非接触式的通过探测器探测红外（热）能的测温设备，并将其转化成电子信号加以处理，进而在视频显示器生成热图像。而红外测温仪是利用光电探测器，利用红外能量聚焦在光电探测器上并转变为相应的电信号，该信号再经换算转变为被测目标的温度值。这是两者测温原理的区别。相同点都是通过探测器使探测到的信号转变成电信号。

红外热成像仪是检测热量的，而红外测温仪是测试温度的。这是两者之间最根本的区别。红外热成像仪是通过非接触探测红外能量（热量），并将其转换为电信号，进而在显示器上生成热图像和温度值，并可以对温度值进行计算的一种检测设备。而红外测温仪由光学系统、光电探测器、信号放大器、信号处理及显示输出等部分组成。光学系统汇聚其视场内的目标红外辐射能量。

事实上，两者具有很多共性，都是对红外线进行处理的设备，只是应用不同而已。红外热成像仪偏重物体成像，比如军事上用的对人体成像的红外热成像仪。而红外测温仪偏重物体温度，寻找发热点、温度分布等。调节仪器温度检测上限和下限的不同来寻找所要温度的物体，一般在工业用途上比较多。

29 红外检测设备种类有哪些？

答：目前红外检测设备种类繁多，根据不同的功能已覆盖整个红外波段，按其性质可分为两大类：第一类是依据物体辐射特性进行测量和控制，第二类是依据材料的红外光学特性进行分析和控制。目前，我国电力系统及其相关行业所使用的红外检测设备可分为红外测温仪、红外热电视、红外热成像仪三种。

30 红外测温仪的基本工作原理是什么？

答： 红外测温仪亦称作红外点温仪，其基本原理是将目标的红外辐射能量经仪器透镜汇聚，并通过红外滤光片汇聚到探测器，探测器将辐射能转换成电能信号，经放大器放大电子电路处理，由液晶显示器显示出被测物体的表面温度。红外测温仪测量示意图如图 6-3 所示。

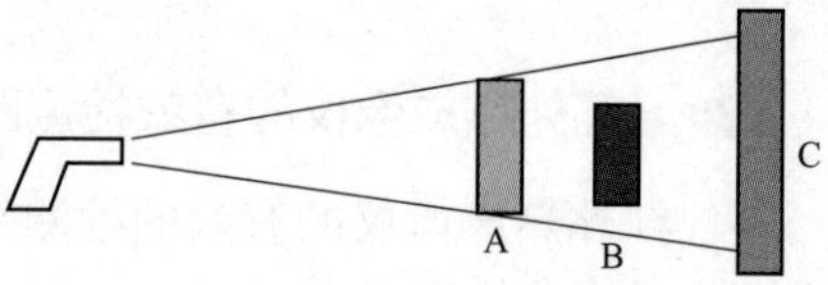

图 6-3　红外测温仪工作原理示意图

31 红外测温仪通常分为哪几类？

答： 红外测温仪根据其分类原则不同，其分类也有所差异。通常是：

（1）按其工作原理的不同，红外测温仪可分为：

1）单色测温仪；

2）全辐射测温仪；

3）比色测温仪。

（2）按其测量温度范围分类，红外测温仪可分为：

1）低温测温仪，测量温度 300℃以下；

2）中温测温仪，测量温度 300～900℃；

3）高温测温仪，测量温度 900℃以上。

（3）如果按照其结构形式分类，红外测温仪可分为：

1）便携式测温仪；

2）固定式测温仪。

32 红外热成像仪的基本工作原理是什么？

答： 红外热成像仪是利用光学系统收集被测目标的红外辐射能，经光谱滤波、空间滤波、使聚焦的红外辐射能量分布图形反映到红外探测器的光敏元上，利用光学系统与红外探测器之间的光机扫描机构对被测物体红外进行扫描，由探测器将红外辐射能转换成电信号、经放大处理转换成标准视频信号通过电视屏显示红外热像。

也就是说红外热成像仪可将肉眼不可见的红外辐射转换成可见的图像。物体的红外辐射经过镜头聚焦到探测器上，探测器将产生电信号，电信号经过放大并数字化到热像仪的电子处理部分，再转换成我们能在显示器上看到的红外图像。

红外热成像仪可在一定距离内实时、定量、在线检测发热点的温度，通过扫描，还可以绘出设备在运行中的温度梯度热像图，而且灵敏度高，不受电磁场干扰，便于现场使用。它可以在－20～2000℃的宽量程内以 0.05℃的高分辨率检测电气设备的热性故障（根据致热效应，通过专用设备获取从设备表面发出的红外辐射信息，进而判断设备状况和缺陷性质）揭示出如导线接头或线夹发热，以及电气设备中的局部过热点等。

33 红外热成像仪的功能是什么？

答： 红外热成像仪是一种成像测温装置，它的基本功能有两个：

（1）测温。每个单元接收红外辐射，将接收到的红外辐射转换成电信号，再将每个单元的电信号的大小用灰度等级的形式表示。

（2）生成热像。将灰度等级重组生成图像数据格式，并将其显示到显示器上，即成为热像。

34 目前常用的工业检测用热成像设备有哪几种？

答： 目前常用的工业检成测用热成像设备有：

（1）长波、非制冷热成像仪。

适用范围：由于仪器工作在长波段，不受太阳光干扰，特别适合白天在设备现场检测，如变电站及高压线路等设备检测。

（2）短波、制冷热成像仪。

适用范围：因仪器工作在短波段，所以主要用于需要看火焰的设备检测，如电厂的锅炉及石化系统设备的检测。

（3）在线检测热成像系统。

适用范围：主要用于需要 24h 不间断监测的设备。

（4）研究型热成像仪。

适用范围：由于仪器各项指标都比较高，所以主要用于研究及发展，多数用户是大学、研究所等。

（5）远距离追踪、检测热成像仪。

适用范围：国防军事、消防、安保等。

35 通用红外线术语和惯用词汇有哪些？

答： 通用红外线术语和惯用词汇见表 6-2。

表 6-2　　　　　　　　　　　　　**通用红外线术语和惯用语词汇解释表**

术语或惯用语	说　　　明
FOV	视场角：可通过红外镜头看到的水平角度
IFOV	瞬时视场角：红外照相机的几何分辨率的度量方法
Trefl	反射温度、反射环境温度
Tatm	环境温度、大气温度
Dst	距检测目标间的距离
FPA	焦平面阵列：一种红外探测器类型
Laser LocatIR（激光指示器）	照相机中的一种电动光源，可发射细长、集中的激光束以指向位于照相机前方的某个物体部位
NETD	温差的等量干扰：红外照相机图像干扰级别的一种度量方法
传导	热能导入材料的过程
估计大气透射值	由用户提供的透射值，取代计算所得的大气透射值
像素	表示"图像元素"，指图像中的单个点
光谱（辐射）发射度	物体每单位时间、面积和波长所发射的能量（$W/m^2/\mu m$）
参考温度	据以比较常规测量值的温度
双等温线	具有双色带而非一色带的等温线

术语或惯用语	说　　明
反射率	物体反射的辐射量与收到的辐射量之比，系数介于 0 和 1 之间
发射度	物体每单位时间和面积所发射的能量（W/m^2）
发射率（发射系数）	物体辐射量与黑体辐射量之比，系数介于 0 和 1 之间
可见光	指红外照相机的可见光模式，相对于普通模式——热像模式。当照相机处于视频模式时，可以捕捉一般的视频图像，而在红外模式下照相机捕捉的是热成像图像
吸收率（吸收系数）	物体吸收的辐射量与收到的辐射量之比，系数介于 0 和 1 之间
图像校准（内部或外部）	补偿活动物体图像不同部位的热敏差异并使照相机稳定的一种方法
外部光学器件	附加镜头、滤光片、挡热板等，可置于照相机与被测量物体之间
大气	介于被测量物体与照相机之间的气体，通常为空气
对流	使热气或液体上升的过程
干扰	红外图像中不希望受到的细微干扰
手动调节	通过人工更改某些参数来调节图像的一种方法
温宽	温标的间隔，通常以信号值表示
温差	两个温度值相减所得的值
温度范围	红外照相机目前的总体温度测量限制，照相机可具有数个温度范围，用限制当前校准的两个黑体温度值表示
温标	当前显示红外图像所采用的方法，以限定颜色的两个温度值表示
滤光片	仅对某些红外线波长透明的材料
灰体	对于每种波长发射固定比例的黑体能量的物体
热谱	红外图像
物体信号	照相机收到的与物体辐射量相关的未校准值物体信号
物体参数	描述测量物体所处的环境及物体本身（例如发射率、环境温度、距离等）的一组值
环境	向被测量物体发出辐射的物体和气体
电平	温标的中心值，通常以信号值表示
相对湿度	空气中的水分与物理可能达到的值的百分比，相对湿度与空气温度有关
空腔辐射体	具有内部吸收能力的，需通过瓶颈查看的瓶形辐射体
等温线	突出显示高于或低于某一温度间隔线，或介于多条温度间隔线之间的图像部分的一种方法
等温线空腔	需通过瓶颈查看并具有统一温度的瓶形辐射体
红外线	一种不可见的辐射光，其波长为 $2\sim13\mu m$
自动调色板	以不均匀的颜色分布显示红外图像，可同时显示低温物体与高温物体
自动调节	使照相机执行内部图像校正的功能
色温	黑体颜色用以匹配特定颜色的温度
计算所得大气透射值	根据空气的温度、相对湿度及与物体的距离计算所得的透射值
调色板	用于显示红外图像的颜色集合
辐射	物体或气体发射电磁能量的过程
辐射体	一件红外线辐射设备
辐射功率	物体每单位时间所发射的能量（W）
辐射度	物体每单位时间、面积和角度所辐射的能量（$W/m^2/sr$）
连续调节	一种调节图像的功能。此功能根据图像内容不断调节亮度和对比度
透射（或透射率）系数	气体和物质可具有不同程度的透明度。透射是透过气体和物质的红外辐射量，系数介于 0 和 1 之间

术语或惯用语	说　　明
透明等温线	显示颜色的线性分布特征的一种等温线，它不包括图像的突出显示部分
饱和色	温度超过现有平均值、量程设置值的区域将着以饱和色。饱和度颜色包含"上溢"和"下溢"色。 另外还有一种红饱和色，用于标记由探测器充满的所有区域，表示温度范围可能需要调整
黑体	完全没有反射能力的物体，所有辐射均源于其自身的温度
黑体辐射源	用于校准红外照相机的具有黑体属性的红外辐射装置

36　红外热成像检测特点是什么？

答：红外线热像系统的应用范围很广，主要用于预知维护、状态检测、目标搜索、研究发展、医学诊断和制造监控等。特别是用于检测电力设备，具有很大的优越性：

(1) 远离被检测设备，保证工作人员安全；

(2) 非接触测温，对被测物体没有损害；

(3) 大面积快速扫描检测，节省时间；

(4) 测温范围宽，准确度高；

(5) 检测到位，能准确、直观地检测出设备的故障点；

(6) 红外热成像是开展状态检修重要的、必需的手段。

37　红外热成像仪性能的重要参数有哪些？其具体含义各是什么？

答：(1) 温度分辨率：热灵敏度（NETD），也称噪声等效温差，指的是可分辨两点之间的温度差别的能力。这个温度差越小，说明其温度分辨率越高，灵敏度越高。

(2) 测温精度：仪器测量温度的精确性（如$\pm2℃$）。

(3) 空间分辨率（IFOV）：是红外测温仪器分辨空间尺寸能力的技术参数，仪器可分辨物体大小的能力，mrad。计算如下

$$空间分辨率 = \pi/180 \times 镜头度数 \div 像素数$$

(4) "有效"的检测距离：与仪器空间分辨率、检测目标大小、目标温度等因素有关。如 1.3mrad 代表仪器在 10m 远可分辨出 13mm 的目标。

(5) 辐射率-发射率（Emissivity，ε）：是描述被测物体辐射本领的参数。也是反映物体表面状况。在检测过程中，由于辐射率对测温影响很大，所以必须正确地选择辐射系数。对于电力设备，其发射率一般取 0.85～0.95。

(6) 自动校准功能：此功能保证仪器检测准确、工作稳定。

(7) 综合功能：检测仪器的探测器、辅助检测配套功能、仪器本身及后处理软件功能等。

38　带电设备红外诊断的几个基本概念如带电设备、温升、温差、相对温差、连续检测/监测指的是什么？

答：(1) 带电设备：传导负荷电流（试验电流）或加有运行电压（试验电压）的设备。

(2) 温升：通电设备表面温度与被测试区域的环境温度之差。

（3）温差：不同被测设备表面或同一被测设备不同部位表面温度之差。

（4）相对温差：两个对应测点之间的温升之差与其中较高温度点的温升之比的百分数。相对温差 δ_t 可用下式求出

$$\delta_t = \frac{(\tau_1 - \tau_2)}{\tau_1} \times 100\% = \frac{(T_1 - T_2)}{(T_1 - T_0)} \times 100\%$$

式中　τ_1 和 T_1——发热点的温升和温度；

　　　τ_2 和 T_2——正常相对应点的温升和温度；

　　　T_0——被测设备区域的环境温度——气温。

（5）连续检测/监测：在一段时间内连续检测某被测设备，以便观察设备表面温度随负载电流、持续时间、环境等因素影响的变化趋势，把握缺陷发展的轻重缓急。

39 带电设备的红外热成像检测周期如何规定？

答： 检测周期原则上要求根据电气设备在电力系统中的作用及重要性、被测设备的电压等级、负载容量、负载率、投运时间和设备状况等综合确定。

一般地，可参照 DL/T 664—2016《带电设备红外诊断应用规范》Q/GDW 1168—2013《输变电设备状态检修试验规程》及《国家电网有限公司十八项电网重大反事故措施（修订版）》中对各类电力设备规定检测周期。

1. 变（配）电设备的检测周期

（1）正常运行变（配）电设备，应遵循设备状态（或计划检修）的检测和高峰负载等特殊情况下的特殊检测相结合的原则。建议：

1）1000kV 和 ±800kV 交、直流特高压变电（换流）站全站设备，每年宜不少于 3 次检测，其中一次宜做诊断检测。

2）330～750kV 交、直流超高压变电（换流）站全站设备，每年宜不少于 2 次检测，其中一次宜做诊断检测。

3）220kV 及以下变（配）电站、换流站设备，每年不少于 1 次检测，重要枢纽站或重要供电用户设备可增加检测次数和诊断检测。

（2）对于运行环境差、运行年久或有缺陷的设备，大负载运行期间、系统运行方式改变且设备负荷陡增等情况下，应增加检测次数。

（3）新建、改扩建、大修后或停运超过半年的设备，应在投运带负载后不超过 1 个月内（但至少在 24h 以后）进行一次检测。

（4）有条件检测单位均宜至少对主要电气设备做一次红外诊断性检测，并建立红外数据（图）库。

2. 输电线路的检测周期

（1）正常运行的 500kV 及以上架空线路和重要的 220（330）kV 架空线路接续金具，每年宜不少于检测一次；110（66）kV 线路和其他的 220（330）kV 线路，宜不超过两年检测一次。配电线路根据需要，如重要供电用户、重负载线路和认为必要时，宜每年检测一次，其他宜不超过三年检测一次。

（2）新投产和大修改造后的线路，可在投运带负载后不超过 1 个月内（但至少 24h 以后）检测一次。

（3）对于线路上的瓷绝缘子和合成绝缘子，建议有条件的（包括检测设备、检测技能、检测要求以及检测环境允许条件等）也可进行周期检测。

（4）对电力电缆，主要是检测电缆终端和中间接头，对于大直径隧道施放的电缆宜全线检测。110kV 及以上每年不少于两次；35kV 及以下每年至少一次。

（5）串联电抗器，线路阻波器的检测周期与其所在线路检测周期一致。

（6）对重负荷线路，运行环境较差时应适当缩短检测周期；重大事件、节日、重要负荷以及设备负荷陡增等特殊情况应增加检测次数。

40 **红外热成像仪使用注意事项有哪些?**

答：在使用红外热成像仪中要注意的主要问题：

（1）发射率的变化；

（2）窗口材料；

（3）反射/背景温度补偿；

（4）调焦；

（5）调色板的选择。

41 **如何保证红外成像检测结果的正确性?**

答：（1）应防止太阳照射与背景辐射影响。户外设备检测应选择阴天、日出前或日落后一段时间内，最好在晚上。户内设备检测时，应关闭照明灯。当附近有高温设备时，应进行遮挡或选择合适的检测方向。

（2）应防止运行状态的影响。检测和负荷电流有关的设备时，应选择在大负载下检测；检测和电压有关的绝缘时，应保证在额定电压下进行检测；检测温度时，应使设备达到稳定状态为宜。

（3）应防止大气中物质的影响。由于红外线在传输路径大气中存在水汽、CO、CH_4 和悬浮微粒，使其衰减，因此检测应尽量安排在大气较干燥的季节，并且湿度不超过 85％。在保证安全条件下，检测距离应尽量缩短。

（4）应防止辐射率的影响。检测时应正确设定辐射率，并在处理检测结果时，进行辐射率修正。

（5）应防止气象条件的影响。检测应该选择在阴天、多云天气为宜，夜间最佳。不应在雷、雨、雾、霜等气象条件进行。

在一些特殊情况下，也可以在下雨的天气进行测量，可以发现设备的一些疑难问题，但是测量时需要注意与带电设备保持足够的安全距离，详见附录 C.7。

42 **电力设备热故障主要有哪几类?**

答：电力设备热故障主要有电流致热型、电压致热型和综合致热型三类，其中电流致热型设备是由电流效应引起发热的设备；电压致热型设备是由电压效应引起发热的设备；综合致热型设备是既有电压效应，又有电流效应，或者电磁效应引起发热的设备。对于磁场和漏磁引起的过热可依据电流致热型设备的判据进行处理。

43 带电设备红外诊断的判断依据是什么？

答：带电设备红外诊断的判断依据是：根据 DL/T 664—2016《带电设备红外诊断应用规范》的规定，判断依据规定分别如下：

（1）电流致热型设备缺陷诊断判据详见《带电设备红外诊断应用规范》附录 H；

（2）电压致热型设备缺陷诊断判据详见《带电设备红外诊断应用规范》附录 I；

（3）旋转电机类设备缺陷诊断方法与判据《带电设备红外诊断应用规范》详见附录 E。

以上三项诊断判据可作为进行智能检测和智能故障诊断时的参考依据。

44 电力设备热故障三类缺陷的发热机理是什么？

答：电力设备热故障三类缺陷的发热机理分别如下：

（1）电流致热型缺陷：各种高压电力设备连接接头、隔离开关动静触头和触头座、T 型线夹和高压电气设备内部导流回路连接处、输电线路连接处等部位的导流回路连接处存在导电回路电阻，发热功率 P 与回路电阻 R、通过电流 I 的平方成正比。即

$$P = K_f I^2 R$$

式中　P——发热功率，W；

　　I——电流强度，A；

　　R——设备或载流导体的直流电阻，Ω；

　　K_f——附加损耗系数。

由于各种因素使导电回路电阻异常，流过负载电流越大，发热量激增导致温升异常，这种因电流通过才具有致热效应的部位，称为电流致热型缺陷。

（2）电压致热型缺陷：电气设备内部绝缘由于绝缘介质老化，介质损耗增大或密封不良、进水受潮、油质劣化，会产生致热效应。发热功率 P 与运行电压 U 的平方成正比，与负荷电流 I 大小无关。即

$$P = U^2 \omega C \tan\delta$$

式中　U——施加的电压，V；

　　ω——交变电压角频率，rad/s；

　　C——介质的等值电容，F；

　　$\tan\delta$——介质损耗角正切值。

这种因电压才具有致热效应的部位，形成的缺陷称为电压致热型缺陷。

（3）综合致热型缺陷。

1）铁磁损耗或涡流引起的缺陷：由于各类具有磁回路的高压电设备，因设计不合理或运行不正常而造成漏磁，或者由于铁心质量不佳或片间局部绝缘破损，引起短路环流和铁损增大，可分别导致铁制箱体涡流发热或铁心局部过热，发热异常时会形成缺陷。

铁磁损耗

$$P \propto K B_0^2$$

式中　B_0——漏磁通。

2）电压分布异常和泄流电流增大缺陷：当避雷器内部元件受潮后，并联分路电阻老化

和断裂等内部故障本身并不产生过热，但这些缺陷出现后会改变正常运行时电压分布或增加泄漏电流，产生致热效应型缺陷。交流输电线路绝缘子串中的绝缘阻值劣化及污秽瓷瓶，运行中分布电压及泄漏电流异常，会出现发热或变凉的特征。这些特征可以通过红外热成像检测发现（这类效应可称为电压致热效应，但是发热功率只与电压和泄漏电流乘积有关）。

3）油浸式电气设备缺陷：各种油浸式高压电气设备（如油断路器、耦合电容器、电流互感器、电压互感器、变压器套管和油枕的充油部分），因漏油会造成缺油或假油位。由于油面上下介质热物性参数差异较大，会在设备表面产生与油位对应的明显温度梯度，也可以用红外监测方法发现。

45 在红外诊断中什么是电力设备的外部缺陷和内部缺陷？

答：通常情况下，电力设备的故障按缺陷存在部位的位置，可划分为外部缺陷和内部缺陷两种：

（1）外部缺陷是指致热效应部位裸露，能够利用红外热成像仪直接检测出的缺陷；

（2）内部缺陷是指致热效应部位被封闭，不能用红外仪器直接检测出，与内部缺陷则相反，只能通过设备表面的温度场进行比较、分析和计算才能确定的缺陷。

46 按照红外诊断的方式看设备外部缺陷有什么特点？

答：按照红外诊断的方式分析，设备外部缺陷的特点是：局部温升高，易用红外热成像仪发现，如不能及时处理，情况恶化快，易形成事故，造成损失。外部热缺陷占热缺陷比例较大。

47 按照红外诊断的方式看设备内部缺陷有什么特点？

答：按照红外诊断的方式分析，设备内部缺陷的特点是：故障比例小，温升小，危害大，对红外检测设备、检测环境条件、检测水平要求高，根据相关单位提供的长期实测数据及大量案例的综合统计，电力设备外部热缺陷一般占设备缺陷总数的 $90\%\sim93\%$，内部热缺陷仅占 $7\%\sim10\%$。

48 什么是红外检测一般缺陷？

答：一般缺陷：当设备存在过热，比较温度分布有差异，但不会引发设备故障，一般仅作记录，可利用停电（或周期）检修机会，有计划地安排试验检修，消除缺陷。

对于负载率低、温升小但相对温差大的设备，如果负载有条件或有机会改变时，可在增大负载电流后进行复测，以确定设备缺陷的性质，否则，可视为一般缺陷，记录在案。

49 什么是红外检测严重缺陷？

答：严重缺陷：当设备存在过热，或出现热像特征异常，程度较严重，应早做计划，安排处理。未消缺期间，对电流致热型设备，应有措施（如加强检测次数，清楚温度随负载等变化的相关程度），必要时可限负载运行；对电压致热型设备，应加强监测并安排其他测试手段进行检测，缺陷性质确认后，安排计划消缺。

50 什么是红外检测紧急缺陷？

答：紧急缺陷：当电流（磁）致热型设备热点温度（或温升）超过指设备最高温度超过GB/T 11022—2011 规定的最高允许温度的缺陷。这类缺陷应立即安排处理。对电流致热型设备，应立即降低负荷电流或立即消缺；对电压致热型设备，当缺陷明显时，应立即消缺或退出运行，如有必要，可安排其他试验手段，进一步确定缺陷性质。

51 如何进行红外检测的故障特征与诊断判别？

答：主要应研究各种电力设备在正常运行状态和产生不同故障模式时的状态特征及其变化规律，以及故障属性、部位和严重程度分等定级的不同判断方法与判据、逻辑诊断的推理过程与方法。另外，还应熟悉电力生产过程、各种电力设备的基本结构、功能与运行工况。

52 电力设备的主要故障模式有哪些？

答：电力设备的主要故障模式有：
（1）电阻损耗（铜损）增大故障；
（2）介质损耗增大故障；
（3）铁磁损耗（铁损）增大故障；
（4）电压分布异常和泄漏电流增大故障；
（5）缺油及其他故障。

53 带电设备红外诊断主要分析方法有哪几类？主要适用范围是什么？

答：带电设备红外诊断主要分析判断方法有以下六种：
（1）表面温度判断法：主要适用于电流致热型和电磁效应致热型设备。
（2）相对温差判断法：主要适用于电流致热型设备，尤其是对于检测时电流（较小），且按照表面温度判断法未能确定设备缺陷类型的电流致热型设备。
（3）图像特征判断法：主要适用于电压致热型设备。
（4）同类比较判断法：根据同类设备之间对应部位的表面温差进行比较分析判断。
（5）综合分析判断法：主要适用于致热型设备。
（6）实时分析判断法：在一段时间内使用红外热成像仪连续检测/监测一被测设备，观察、记录设备温度随负载、时间等因素的变化，并进行实时分析判断。

54 电力设备红外热成像检测主要有哪些特点？

答：电力设备红外热成像检测诊断技术的主要特点是：
（1）安全、快速，检测效率高。可实现非接触式大面积快速扫描成像，状态显示快捷、灵敏、形象、直观、准确，精确度高。
（2）不停电，非接触；不取样，不解体。可以做到不停电，不改变系统运行状态，从而可以监测到设备在运行状态下的真实状态信息。

（3）检测采用被动式，简单方便。不需要辅助信号源和各类检测装置。

（4）实时便捷、灵敏度高。监测效率高，劳动强度低。

（5）容易实现计算机分析，便于向智能化发展管理。

（6）应用范围广，效益、投资比高。能够适用于发电厂和变电站、输电、配电等高压电气设备中各种故障的检测；利用红外热成像仪配备的计算机图像分析系统及各种功能处理软件，不仅可以对监测到的设备运行状态进行分析处理，并可根据对设备红外图像有关参数进行计算和分析处理，快速准确地给出设备故障的属性、故障部位及严重程度。

（7）便于生产指挥系统的管理。可以对管辖的电力设备运行状态实施温度管理，根据每台设备的状态演变情况进行有目的维修，并且通过红外诊断可以评价设备维修质量；利于实现电力设备的状态管理和向状态检修体制的过渡。

55 影响电力设备红外测试的因素有哪些？

答： 影响电力设备红外测试的因素有：

（1）被测目标物体的辐射率；

（2）测量者与被观测目标间的距离；

（3）被测目标物体周围环境的自然状况（诸如太阳光、风力）；

（4）被测设备所带负载的大小；

（5）被测目标物体环境周围的环境温度及空气的相对湿度；

（6）被测目标物体周围邻近物体的热辐射；

（7）粉尘散射；

（8）红外热成像仪不同工作波段（红外辐射的特点是温度高的物体辐射波长短）等。

56 拍摄红外图谱最为快捷、最简单的操作方法是什么？

答： 最为快捷、最简单摄取一幅红外图谱的操作方法：

（1）对准目标，按住 A 键保持 1~2s，自动调焦，或用操纵杆手动调焦，使图像清晰；

（2）按一下 A 键，自动调整图像的对比度和明亮度，使图像层次分明，即高低温清晰可辨，或者手动调节对比度和明亮度；

（3）按一下 S 键冻结图像，查看目标温度；

（4）按住 S 键保持 1s，保存图像即可。

以上四个步骤就可以完成一幅图像的拍摄。

57 如何获得一幅清晰准确的红外热图谱呢？

答： 若想获取一幅清晰准确的红外热图图谱，则应按照下列步骤摄取图谱：

（1）正确地调整焦距；

（2）选择正确的测温量程；

（3）估测最大的测量距离；

（4）尽量使得工作背景单一，即图谱背景最简洁；

（5）保证拍摄的时候热象仪的平稳，不得晃动或抖动；

（6）多角度全方位拍摄图谱。

特别要注意的是，如果因为上述操作的失误而引起的图像质量下降，将无法通过软件进行后期的调整、修复。

58 如何使摄取的红外图像最佳化？

答： 红外图像最佳的摄取，应从以下三点实现：

（1）选择不同的调色板。根据图谱的性质选取铁红、彩虹、黑白（灰）、彩虹 900 等；

（2）选择合适的温度范围。即在不超过测量范围的情况下，尽可能选用低的温度范围；

（3）选择合适的电平值和温宽值，也就是图像的亮度和对比度。也就是选取调节适当的电平和温宽值，使摄取的图像层次感更好。

59 红外热成像一般检测的环境要求是什么？

答： 红外热成像检测对一般检测的环境要求：

（1）被检设备是带电运行设备，应尽量避开视线中的封闭遮挡物，如门和盖板等；

（2）环境温度一般不低于 5℃，相对湿度一般不大于 85％；天气以阴天、多云为宜，夜间图像质量为佳；不应在雷、雨、雾、雪等气象条件下进行，检测时风速一般不大于 5m/s；

（3）户外晴天要避开阳光直接照射或反射进入仪器镜头，在室内或晚上检测应避开灯光的直射，宜闭灯检测；

（4）检测电流致热型设备，最好在高峰负荷下进行。否则，一般应在不低于 30％的额定负荷下进行，同时应充分考虑小负荷电流对测试结果的影响。

60 红外热成像精确检测的环境要求是什么？

答： 红外热成像检测对精确检测的环境要求是，除满足一般检测的环境要求外，还满足以下要求：

（1）风速一般不大于 1.5m/s；

（2）设备通电时间不少于 6h，宜大于 24h；

（3）户外检测期间天气以阴天、夜间或晴天日落以后时段为佳，避开阳光直射；

（4）被检测设备周围背景辐射均衡，尽量避开附近能影响检测结果的热辐射源所引起的反射干扰；

（5）周围无强电磁场干扰。

61 如要精确地测量物体的温度，应设置哪些参数？

答： 因为红外热成像仪可对物体上发射的红外线辐射进行测量和成像。根据辐射与物体表面温度成一函数的原理，热像仪可计算并显示出该温度。但是，热像仪所测量的辐射值不仅取决于物体的温度，还会随辐射率变化。周围环境也会产生辐射，并在物体中进行反射。物体的辐射以及被反射的辐射还会受到空气吸收作用的影响。

因此，为了精确地测量被测物体温度，必须将各种不同辐射源的影响考虑在内。虽然补偿操作一般是由热像仪自动联机完成的，但必须为热像仪设置提供下列被测物体的参数：

(1) 物体的辐射率；

(2) 反射温度；

(3) 物体与热像仪之间的距离；

(4) 相对湿度。

62 提高电力设备定量诊断准确性的方法有哪些？

答： 通常提高电力设备定量诊断准确性的方法有：

(1) 物体参数修正，即对辐射率、距离、大气温度、环境温度、湿度进行修正。

(2) 负载的修正，$\Delta T_n = \Delta T_1 (I_n/I_1)^2$。

(3) 对电流型设备裸露接头内部温升系数不是平方关系，而是 $k(1.5-1.8)$；n 为额定状况，1 为实际值。

(4) 风速的修正，$\Delta T_0 = \Delta T f e^{f/w}$。

在风速＞0.05m/s 时适用，其中 f 为检测时的现场风速，ΔT_0 为 $f=0$ 时的标准温升，w 为风速衰减系数，迎风为 0.904m/s，背风为 1.31m/s。

63 为什么线路红外检测中会出现目标温度过低或负数？

答： 线路检测出现这种特殊现象的原因有：

(1) 仪器空间分辨率不够；

(2) 检测环境温度影响；测温距离过远，被测物体在图像中比例过小，天空背景过大，天空的红外线极少，且无法大量进入仪器，导致天空实际红外测温所得的温度远远低于实际温度，一般趋近于负无限大，一般仪器的最终测试结果是将被测物体的温度和天空背景温度平均，所以最后导致被测物体温度过低；

(3) 检测角度；

(4) 仪器本身问题；

(5) 仪器调整。

64 线路红外检测出现目标温度过低或负数应如何处理？

答： 线路红外检测出现目标温度过低或负数这一特殊现象，一般应采取如下措施：

(1) 检查仪器的参数设定；

(2) 调整焦距达到最清楚；

(3) 调整检测距离或加长焦镜头增加空间分辨率；

(4) 改变检测角度尽量正对目标，减少天空各种反射对目标的影响；

(5) 三相比较判断；

(6) 如果测温距离过远，被测物体在图像中比例过小，天空背景过大。可以将测试仪器背景温度的参数调节为最小；

(7) 上传检测热图，寻求协助。

65 红外检测对检测人员的要求是什么？

答：红外检测属于设备带电检测，现场检测人员应具备以下条件：

（1）熟悉红外诊断技术的基本原理和诊断程序，了解红外热像仪的工作原理、技术参数和性能，掌握热像仪的操作程序和使用方法。

（2）基本了解被检测设备的结构特点、工作原理、运行状况和导致设备故障的基本因素。

（3）熟悉和掌握本标准，接受过红外热像检测技术培训，并经相关机构培训合格。

（4）上述要求应经电气红外检测技术专业培训。有一定的现场工作经验，熟悉并能严格遵守电力生产和工作现场的有关安全管理规定。

66 如何对红外热成像仪的维护与保养？

答：红外热成像仪应进行如下的维护与保养：

（1）红外热成像仪应由专人保管维护，保存在保险柜内，并采取防火、防潮、防盗措施；

（2）开机时按一下电源按钮，不要反复按电源按钮；

（3）安装存储卡时要注意方向的正确性，用力要适当；

（4）现场使用仪器时，注意挂好仪器的背带、环带，注意不要刮伤镜头，不使用时应及时盖上镜头盖；

（5）对仪器充电充满后应拔掉电源，如要延长充电时间，不要超过 30min；

（6）仪器使用完毕后，要关闭电源，取出电池，盖好镜头盖，把仪器放入便携箱内保存；

（7）禁止用手或纸巾直接擦镜头，也不要用水清洗镜头，应用镜头纸轻轻擦拭；

（8）仪器的机身和附件可用软布擦拭清洁，清除污垢时，应用浸有温和清洁液并拧干的软布擦拭，然后用干的软布擦净；

（9）仪器长时间放置时，应定期开机运行一段时间，以保持性能稳定；

（10）仪器不可对着太阳、高温热炉、人眼睛等直射，在污染、潮湿、寒冷的环境检测，应做好相应的防尘、防潮、保温等防护措施。

67 如何进行户外变压器油枕真实油位的检测？

答：变压器油枕往往与变压器一起直接安装在户外，其受外部环境干扰因素较多，因此在检测时应当：

（1）应注意尽量避免油枕处于阳光直射，特别是避免正午进行检测，因为这时油枕外壳容易被阳光全面加热，导致油位线模糊，甚至完全无法分辨；

（2）若仪器在自动模式下油位线不清晰，可先使用自动模式测量油枕的温度范围，然后手动调节水平及跨度，将温度范围设置在最小，并使其温度范围的中间值置于先前测量的温度处；

（3）拍摄到油位线后，尽量与变压器上的油位计进行比较，这样可及时发现有问题的油位计；

（4）若现场有多台变压器，且工作状态相似，应相互对比油枕的油位及外壳温度，这样可及时发现变压器油进行冷却循环时发生的故障（如堵塞、油量不足、变压器油泄漏等）。

68 电气设备通常需要重点检测的部位有哪些?

答: 一般地,需要重点检测的电气设备部位见表 6-3。

表 6-3 重点检测的电气设备部位

序号	设备名称	重点检测部位	常见故障类型
1	变压器	油枕	油枕缺油或假油位;隔膜脱落;油枕内有积水
		高压套管及将军帽接头、中低压套管及接线夹	套管缺油;介质损耗增大;导电回路连接部位接触不良
		高压套管末屏(根部)	电容型套管末屏接地不良(精确测温)
		外壳及、箱体螺钉及连接片	变压器漏磁通产生的涡流损耗引起箱体或部分连接螺杆发热
		冷却装置及油路系统异常	潜油泵过热;管道堵塞或阀门未开
2	高压断路器	外部接线夹	外部连接部位接触不良
		内部触头部分	动静触头、中间触头及静触头座接触不良
3	电磁型电压互感器	本体	内部异常;缺油
4	电容式电压互感器	分压电容器	整体或局部有明显发热;上中部出现明显的温度梯度,可能是内部缺油;tanδ 增大
		电磁单元(中间变压器)	内部损耗异常;缺油;匝间短路
5	电流互感器	本体	缺油外壳发热
		顶部接线端	内部连接部位接触不良,表现在出线头或顶部油位处
6	避雷器	本体	阀片受潮、老化;裂纹
7	电力电容器	本体	缺油;tanδ 增大
		连接端子	连接松动
8	耦合电容器	本体	整体或局部有明显发热
9	隔离开关	动静触头、接线夹、转动端头	合闸位置不当;导电组件装配不当;压接质量差
		支撑外绝缘	见本表20;支柱绝缘子
10	母线导线	连接头、压接头	连接部位接触不良
11	穿墙套管	连接头、套管支撑板	导电回路连接部位接触不良;大电流穿墙套管的支撑铁板未开口,引起涡流损耗发热
12	绝缘子	瓷绝缘子	低值绝缘子;零值绝缘子;劣化、裂纹;污秽严重
		合成硅橡胶绝缘子	伞裙劣化破损或芯棒受潮;球头松动、进水
13	GIS组合电器	穿墙套管处	涡流发热;污秽
		隔离开关处	局部有明显发热
		简体器身及其他	发热
14	电缆	出线接头	接触不良
		电缆头(中间接头)	局部、整体绝缘不良,气隙,绝缘受损,分相处电容放电
		电缆头出线套管	绝缘不良
		电缆整体	整体发热
		屏蔽接地线(如可测)	接触不良
15	二次回路	端子排	接触不良、锈蚀等
16	直流回路蓄电池	直流母线接线端	发热
		蓄电池内部及接线端、熔断器	缺电解液、内部、接线端发热

序号	设备名称	重点检测部位	常见故障类型
17	各种屏柜	空气开关、熔断器、继电器等	接触不良、压接螺钉松动，容量不足发热
18	电抗器	接头	接触不良发热
		绕组	内部损耗发热
		固定支架	漏磁损耗发热
19	输电线路	导线（接续）线夹	连接部位接触不良
		绝缘子	低值绝缘子，零值绝缘子，污秽严重
		硅橡胶复合绝缘子	绝缘（伞裙）破损劣化，芯棒局部受潮；球头松动
20	支柱绝缘子	瓷柱本体	裂纹；表面污秽
		合成硅橡胶	伞裙劣化破损或芯棒受潮
	瓷质外绝缘	柱体、沟槽	表面裂纹；表面及沟槽污秽
21	阻波器	出线接头、避雷器	接触不良发热、受潮
22	防雷接地体	接地引下线	——	接触不良发热、引下线质量低劣

69 电力电缆红外现场检测应如何进行？

答：红外检测时，电缆应带电运行，且运行时间应该在 24h 以上，并尽量移开或避开电缆与测温仪之间的遮挡物，如玻璃窗、门或盖板等；需对电缆线路各处分别进行测量，避免遗漏测量部位；最好在设备负荷高峰状态下进行，一般不低于额定负荷 30%。与电缆终端相连接的避雷器的红外检测可参照 DL/T 664—2016 要求执行。

（1）正确选择被测设备的辐射率，特别要考虑金属材料的氧化对选取辐射率的影响，辐射率的选取具体可参见常用材料辐射率的参考值；金属导体部位一般取 0.90，绝缘体部位一般取 0.92。

（2）在安全距离允许的范围下，红外仪器宜尽量靠近被测设备，使被测设备充满整个仪器的视场，以提高仪器对被测设备表面细节的分辨能力及测温精度，必要时，应使用中、长焦距镜头；户外终端检测一般需使用中、长焦距镜头。

（3）将大气温度、相对湿度、测量距离等补偿参数输入，进行修正，并选择适当的测温范围。

（4）一般先用红外热像仪对所有测试部位进行全面扫描，重点观察电缆终端和中间接头、交叉互联箱、接地箱、金属套接地点等部位，发现热像异常部位后对异常部位和重点被检测设备进行详细测量。

（5）为了准确测温或方便跟踪，应事先设定几个不同的方向和角度，确定最佳检测位置，并做上标记，以供今后复测用，提高互比性和工作效率。

（6）记录被检设备的实际负载电流、电压、被检物温度及被检测区域的环境温度值等。

70 电力电缆红外检测的诊断依据是如何规定的？

答：高压电缆线路红外诊断依据见表 6-4。

表 6-4   高压电缆线路红外诊断依据表

部位	测试结果	结果判断	建议策略
金属连接部位	相间温差＜6℃	正常	按正常周期进行
	6℃≤相间温差＜10℃	异常	应加强监测，适当缩短检测周期
	相间温差≥10℃	缺陷	应停电检查
终端、接头	相间温差＜2℃	正常	按正常周期进行
	2℃≤相间温差＜4℃	异常	应加强监测，适当缩短检测周期
	相间温差≥4℃	缺陷	应停电检查

71 电缆导体最高允许温度是如何规定的？

答：电缆导体最高允许温度规定见表 6-5。

表 6-5   电缆导体最高允许温度表

电缆类型	电压（kV）	最高运行温度（℃）	
		额定负载时	短路时
聚氯乙烯	≤6	70	160
黏性浸渍纸绝缘	10	70	250*
	35	60	175
不滴流纸绝缘	10	70	250*
	35	65	175
自容式充油电缆（普通牛皮纸）	≤500	80	160
自容式充油电缆（半合成纸）	≤500	85	160
交联聚乙烯	≤500	90	250

* 铝芯电缆短路允许最高温度为 200℃。

72 变压器套管红外测温图图谱见附录 C.8，分析图中设备状态是否正常，如有问题给出处理建议。

答：左侧电容型高压套管上部温度明显低于右侧套管，红外图谱显示该套管上部温度较低，且高低温界面明显，应判断为套管缺油。电容型套管缺油会导致电容芯暴露在空气介质中，绝缘强度降低，会导致电容屏端部场强过于集中，可能造成放电、击穿甚至爆炸，属于紧急缺陷。建议立即停电处理。

73 隔离开关红外测温图图谱见附录 C.9，环境温度 26℃，正常相温度 42℃，判断缺陷性质，并给出判断过程，分析可能造成发热的原因，并给出相应处理建议。

答：根据已知条件，环境温度 26℃，正常相温度 42℃，异常相温度 173℃计算。

依据 DL/T 664—2016 电流致热缺陷诊断判据关于隔离开关内容进行判断，当热点温度＞130℃，应判断为紧急缺陷。

可能造成发热的原因为弹簧出现过热现象造成接触压力降低，隔离开关握手触指压力不足，或握手接触面脏污所致。

处理建议：停电检修，检查弹簧是否出现过热现象造成接触压力降低，如果热应进行更换，并对接触面进行打磨，擦拭干净，涂导电膏，然后紧固螺钉。

74 案例1：某供电局110kV变电站主变压器用红外测温，发现V相套管发热（U相57℃，W相45℃，V相87℃）。停电用砂纸打磨套管头接线处接触面；复测V相为80℃，再次停电检查变压器引出线与套管联络处有严重烧伤痕迹，处理后，V相温度为50℃，正常。

75 案例2：某供电局330kV变电站主变压器用红外测温，发现W相套管头部发热，温度为105℃，负载电流为980A。停电检查发现，将军帽与变压器引出线接触处有烧伤痕迹，处理后，温度为45℃，正常。

76 案例3：某供电公司对一台220kV变压器套管进行测试。发现有三支套管内部均有一个温度界面，对比有关图谱，初步断定是套管缺油。又进行一次复测，环境温度为2℃，220kV侧负载电流 $I=188A$，110kV侧负载电流 $I=338A$。发现220kV侧W相套管的温度在离帽顶约1/4处有明显分层现象，上侧温度为2.3℃，下侧温度为18℃；V相套管温度上侧8.3℃，下侧18℃，也有分层现象。为此，进行了真空补油（停电），220kV W相套管补油20kg以上，110kV侧U相套管补油3kg，V相1kg以上。补油后正常。事实证明，检测套管温度分层，是检测套管缺油的好办法，从而避免套管缺油而引起爆炸。

77 某试验人员甲在对某隔离开关刀口测温时，发热点最高温度 T_1 为60℃，正常相温度 T_2 为30℃，环境参考体温度 T_0 为20℃，在同样环境及运行条件下试验人员乙对此闸刀刀口测温，在测发热点温度时误将辐射率调为0.3（正常为0.9），试通过计算分析乙会产生怎样的误判断。

答：（1）根据甲的测温结果，此热点的相对温差 $\delta=(T_1-T_2)/(T_1-T_0)\times100\%=(60-30)/(60-20)\times100\%=75\%$，属于一般缺陷。

（2）由于错将辐射率调为0.3，根据斯蒂芬—波尔兹曼定律 $W=\varepsilon\sigma T^4$，有

$$0.9\times(273.16+60)^4=0.3\times(273.16+T)^4$$

$$0.9\times(273.16+60)^4=0.3\times(273.16+T)^4$$

$$T=\sqrt[4]{\frac{0.9\times(273.16+60)^4}{0.3}}-273.16$$

$$T=\sqrt[4]{\frac{0.9\times333.16^4}{0.3}}-273.16$$

$$T=\sqrt[4]{\frac{0.9\times1.23\times10^{10}}{0.3}}-273.16$$

$$T=438.46-273.16=165.3(℃)$$

根据乙的测温结果，此热点的相对温差 $\delta=(T_1-T_2)/(T_1-T_0)\times100\%=(165-30)/(165-20)\times100\%=93\%$，热点温度为 $165℃>130℃$，属于紧急缺陷。乙会将一般缺陷误判为紧急缺陷。

78 某 110kV 隔离开关红外测温图图谱见附录 C.10。发热点最高温度 T_1 为 120℃，正常相温度 T_2 为 34℃，环境参考体温度 T_0 为 30℃。请描述缺陷部位、热像特征、发热原因、缺陷性质，并给出处理意见。

答：(1) 缺陷部位、隔离开关刀口。

(2) 热像特征、以刀口弹簧为中心的热像。

(3) 发热原因、弹簧压接不良。

(4) 缺陷性质、相对温差 $\delta=(T_1-T_2)/(T_1-T_0)\times100\%=(120-34)/(120-30)\times100\%=95.6\%$，属于紧急缺陷。

最高点温度 T_1 为 120℃，属于严重缺陷。

因此，此缺陷最终属紧急缺陷。

(5) 处理建议，降低负荷或立即消除缺陷。

79 某 220kV 变压器套管热谱图见附录 C.11。请描述缺陷部位、热像特征、发热原因、缺陷性质，并给出处理意见。

答：(1) 缺陷部位：高压套管端部及套管本体。

热像特征、套管上下部分界明显，以线夹为中心的热像特征明显。

(2) 发热原因：线夹接触不良、套管缺油。

(3) 缺陷性质：A 相套管缺油，紧急缺陷。

(4) 处理建议：立即消除缺陷，停电补油。

80 电缆终端引线接头温升异常案例。

答：见附录 C.12。

81 电气设备红外检测报告应包含哪些内容？

答：红外检测报告应包含仪器型号、出厂编号、检测日期、检测环境条件、检测地点、检测人员、设备名称、缺陷部位、缺陷性质、负载（率）、图像资料、诊断结果及处理意见等内容。

82 电气设备红外检测目前常采用哪些方式？各自的优缺点是什么？

答：目前电气设备红外检测常采用的方式有：

(1) 按检测模式分手持式人工检测，变电站智能红外成像在线监测监控预警系统，机器人巡检、车载、无人机载检测四种方式。

(2) 按移动模式分离线型，在线监测型，机载、车载型三种方式。

（1）手持式人工检测。

优点：①不停电、不接触、远距离，快速、直观地对设备热状态分布进行成像。②可随时随地进行检测，测温准确度高，对被测设备运行状态下热状态及温度分布有精确直观的描述。③具备故障诊断功能，通过对检测得到的红外热成像图谱分析，可准确地分析出设备存在的缺陷性质及其隐患。④克服了定期计划检修的盲目性。⑤不受被检测设备场地限制，方便检测。

缺点：①对检测人员有一定的技能要求，尤其是精确检测。②人为因素导致检测数据的差异（差错）。③存在漏检设备。④对变电站、发电厂等正上方的设备不能检测。

（2）变电站智能红外成像在线监测监控预警系统。

优点：①可以对变电站主要设备进行间接测温并可以达到监控效果的测试系统，该系统是红外测温技术与可见光结合，可以自动报警，并可以智能分析，无须人工手动调节，实现准确、快速地发现变电站缺陷。②无须人员干预，可自动检测，红外监控视频流温度数据能显示在监控室显示屏，包括自动探测（最高、最低）温度。③可以查看红外数据库里面的所有格式的历史红外热图，不受其他不同厂商热像仪的热图谱格式的限制，方便对比设备故障。④可与使用单位的系统融合，通过使用单位提供的接口，系统就可以开放性地融合于使用单位已具备的任意系统，包括五遥（红外遥控、声控、无线遥控、对节能设备的遥调和视频的遥视）。⑤实时温度报警，软件上可实现系统与变电运维班人员的手机连接。⑥不停电、不接触、远距离，快速、直观地对设备热状态分布进行成像；

缺点：①首次投入费用较大。②对监测设备的检测部位有一定的限制。③系统复杂，需要厂商专业技术人员维护。④红外热成像仪云台必须安置在被检测设备的距离有效范围内。

（3）机器人巡检。

优点：①节省大量的人工资源。②具有自动调焦和图像无线传输功能。③定时按标准路径巡检设备。④无人为差错，无漏检设备。⑤不停电、不接触，快速、直观地对设备热状态分布进行成像。

缺点：①可靠性与在线监测系统无法比拟；首次投入费用较大。②监测设备的检测部位有一定的限制。③故障率较高，维修频繁。④操控程序有时紊乱，不能进行正常工作。⑤有的型号对镂空的围栏、电缆沟空洞无法识别。⑥变电站发电厂等扩建、改建后，需要厂商专业技术人员重新编排新巡检路径。⑦维护技术复杂，需要厂商专业技术人员进行专业维护。

（4）车载、机（无人机）载检测。

优点：①可快速、准确地进行大地域检测。②节省大量的人工资源。③对被测设备的检测部位限制较少。④可对某些手持式人工检测无法到达的地域进行巡检。⑤具备宽视场镜头和远距离窄视场镜头。

缺点：①对检测人员使用操作技术要求高。②系统复杂，现场检测人员不愿意使用。③检测时段有限制，夜间不能巡检。④无人地域有限制，对变电站、发电厂等正上方不能巡检；⑤无人机机载巡检耗费大。

83 各类电力设备发热类型图例。

答：见附录 B.6。

第七章

紫 外 成 像 检 测

1 什么是紫外线？紫外线波长范围是多少？

答：紫外线（UV）是由原子的外层电子受到激发后产生的，是电磁波谱中波长从100～400nm辐射的总称，不能引起人们的视觉反应。太阳是自然界的主要紫外线光源。高压电气设备上的局部放电也可以产生紫外线。其波长范围在100～400nm，既可见光紫端到X射线间的辐射。又分为：

（1）短波紫外线：200～280nm，简称UVC；

（2）中波紫外线：280～315nm，简称UVB；

（3）长波紫外线：315～400nm，简称UVA。

2 何谓高压电气设备紫外检测？其原理是什么？

答：高压电气设备紫外检测是指高压电气设备由于某些原因出现电晕等放电现象，放电的同时辐射出紫外线，通过紫外成像技术对放电部位、特征和强度进行检测，分析判别设备缺陷。

当高压带电体周围空气电离，继而发生电气放电时，根据电场强度的不同，会产生电晕、闪络或电弧。在放电过程中，空气中的电子不断获得和释放能量，而当电子释放能量（放电），便会放出紫外线。紫外成像技术就是利用这个原理进行的。紫外探测器收到放电时产生的紫外线，经后端处理电路处理后与可见光影像重叠，显示在紫外成像仪屏幕上，达到确定电晕的位置和强度的目的。

3 红外热成像仪和紫外成像仪有什么区别？

答：红外热成像仪与紫外成像仪区别在于：红外检测通常是在电流致热型、电压致热型或综合致热型缺陷处产生热点。而紫外成像仪检测的是电晕放电过程引起的微小热量。红外热成像仪可以看到的现象往往紫外成像仪不能看到。而紫外成像仪可以看到的现象往往红外热成像仪不能看到，因此红外热成像和紫外成像检测是一种互补性而非冲突性技术。即：

（1）紫外成像检测的作用与红外热成像是互补的；

（2）红外热成像检测的是物体温度场的分布；

（3）紫外线成像检测的是空间电场的分布。

4 紫外成像仪主要有哪几种?

答：按照使用类型分类，紫外成像仪有以下两类：

（1）夜晚型紫外成像仪；

（2）日盲型紫外成像仪。

5 什么是太阳盲区?

答：由于短波（波长 200～280nm）紫外线在经过地球表面同温层时被臭氧层吸收，不能达到地球表面，实际上辐射到地面上的太阳紫外线波长大都在 300nm 以上，因此，低于 300nm 的波长区间被称为太阳盲区（Solar Blind）。

6 简述日盲型紫外成像仪的工作原理。

答：电晕自身辐射的紫外光与环境背景光混杂在一起，进入仪器窗口。成像光束经过分光镜分成两束，一束进入紫外成像镜头，被滤光片滤除背景光，聚焦成像在紫外成像器件上，形成电晕紫外图像输出；另一束光束聚焦在可见光通道焦平面上，形成环境背景和电气设备的图像输出。两路图像信号处理后以合成的方式输出到仪器显示屏上。日盲型紫外成像仪具有光子计数、增益调节、视频和图像抓拍存储等功能。

7 请对比分析，论述日盲型紫外成像仪和普通型紫外成像仪的差异。

答：日盲型紫外成像仪是利用日盲紫外波段 240～280nm 范围以内的电晕紫外辐射进行检测的紫外成像设备，它工作波段为日盲紫外波段，无环境光干扰，可在日光下进行检测。该仪器利用影像合成技术将紫外成像与可见光影像进行叠加，显示设备放电位置。普通型紫外成像仪是将高压电气设备外部放电所产生的紫外光进行放大直接成像的紫外成像设备，因放电所产生的紫外线光谱部分与日光紫外光谱重叠，为避免日光中紫外线的干扰此类仪器只能在光线昏暗的夜间环境下使用。但由于工作波段覆盖了电晕放电较强的近紫外波段，电晕紫外信号更强，相对前一类仪器放电图像更为逼真，细节更为丰富。

8 什么是紫外成像仪光子数?

答：表征放电强度的主要指标之一，它是紫外成像仪在一定增益下单位时间内观测到的光子数量（个/min）。

9 紫外成像仪的配置及选用原则是什么?

答：紫外成像仪的配置应根据电压等级、设备容量、设备数量和输电线路里程进行配置。

目前使用的紫外成像仪包括采用直接紫外成像技术的紫外电子光学成像仪和采用影像合成技术的数字式紫外成像仪。紫外电子光学成像仪适用于昏暗条件下的检测，同时具有更高的图像分辨率；数字式紫外成像仪适用于各种光线条件下的检测。

对于变电站/换流站内设备的检测，可选择紫外电子光学成像仪，也可选择数字式紫外成像仪；对于输电线路的检测，一般宜选择数字式紫外成像仪。

10 紫外成像仪基本技术要求是什么?

答: 紫外成像仪基本技术要求如下:

(1) 有效检测距离一般在 2~50m 范围。

(2) 紫外电子光学成像仪工作波谱范围应包括 280~400nm;数字式紫外成像仪工作波谱范围在日光紫外线盲区(240~280nm)之间,应能完全抑制日光紫外线的干扰。

(3) 最低紫外光检测灵敏度应不小于 $8×10-12\mu W/cm^2$。

(4) 允许使用温度一般应在 $-10~50℃$ 范围。

(5) 应具有出厂合格证、使用说明书、操作手册等相关技术文件。

11 紫外成像的检测应用特点是什么?

答: 紫外成像仪虽然原理和功能都很简单,但应用却相当广泛,也比较复杂,通常有以下特点:

(1) 任何高压设备,只要有一定强度的放电,就能用紫外成像仪看得到;

(2) 高压设备产生放电,有的是正常的,有的虽然不正常,但是几乎不影响系统的正常运行;

(3) 根据设备放电异常来判断设备的故障,尚缺乏明确的经验、标准和理论依据,目前检测使用客户正在进行这方面的经验积累及努力。

12 紫外成像检测的高压电气设备外部放电的机理是什么?

答: 正常运行的高压设备一般不会形成放电,但若设备存在设计、制造上的缺陷,或者运行中发生故障等,可能会导致局部场强增加,导致空气分子电离而形成放电。放电一方面会加速绝缘介质的老化和劣化速度,形成无线电干扰和产生可听噪声等,另一方面也是表征设备运行状态的重要征兆信号。放电的过程中伴随有紫外光信号辐射,日盲紫外成像法检测的是其中 240~280nm 波段的紫外光信号。对紫外成像检测而言,其放电实际上是空气介质中的放电。无论是自由空间放电还是沿面放电,其放电的本质上是相同的,即带点质点在电场作用下的形成、运动、发展和复合的过程。高压设备的表面放电有多种的分类方法,针对高压设备的常见放电现象和紫外检测的特点,根据放电的外形可大致将其分为四类:辉光放电、电晕放电、火花放电和电弧放电。其放电模式与电源的功率、电极形状、电场分布、气体压力等相关。高压设备的表面放电的发展趋势和过程与电压大小、场的均匀度和分布情况、大气条件等参数都有关。

13 紫外成像检测在电力系统中应用主要有哪些?

答: 紫外成像检测在电力系统中应用主要有:

(1) 支柱绝缘子上的细微裂纹;

(2) 悬式瓷绝缘子中的低值或零值绝缘子;

(3) 检测运行中电力设备外绝缘的闪络痕迹;

(4) 对高压带电设备的布局、结构、安装工艺、设计是否合理进行评估验收;

（5）对电力设备绝缘表面的污秽程度进行评估；

（6）清晰观察到由于高压输电线路断股及线径过小而引起的电晕放电；

（7）快速检测发现高压输变电设备上可能搭接的导电物体，如金属丝；

（8）采取的均压、屏蔽措施不当；

（9）设备接地不良等。

14 简要说明紫外成像检测时，通常采用哪些方法分析判别放电类缺陷的存在？

答：（1）同类对比法。

1）在相同环境下，同类设备不同相间相同部位放电强度比对；

2）在相同环境下，同类设备相同相间相同部位放电强度比对；

3）在相同环境下，同一设备相同部位不同测试时段放电强度比对；

4）在不同环境下，同一设备相同部位放电强度比对。

（2）图谱分析法。根据同类设备在正常状态和异常状态下的图谱的差异来判断设备是否正常。

1）根据设备异常放电图像与同类设备典型缺陷放电图谱的比对来判定设备是否存在缺陷；

2）分析同一设备不同时期的紫外图像，找出设备放电特征的变化，判断设备是否存在异常放电。

（3）归纳法。每种高压电气设备都有各自典型的故障部位和故障类型，可以根据这些放电特征对设备的放电缺陷进行识别和判定。

（4）综合分析法。将紫外线成像检测结果与红外检测或其他手段检测结果进行综合分析，判定缺陷类型及严重程度。

在适当条件下，部分引起放电的缺陷可能导致设备局部温度高于环境温度，这时可结合红外检测结果判断设备缺陷，也可以利用其他检测手段对紫外检测发现的缺陷进行验证。

15 紫外成像检测分析判断主要有哪些难点？

答：通常紫外成像检测分析判断主要难点有：

（1）标定比较困难。因为准确度受环境条件（如气象条件等）的影响较大，因此，当需要对设备状态做绝对测量时，必须认真解决正确标定问题。这是因为：根据电晕发生的机理，温度、湿度、海拔高度等环境因素对电晕的起晕电压、电晕能量有较大的影响，如果在其他相同条件下，潮湿环境下电晕产生的光电子数是干燥环境下的 2～4 倍。

（2）分析判断的准确性仍需进一步提高。因为电晕放电并不是都会产生严重的后果。在检测过程中，环境因素的作用对电晕检测仪看到的电晕放电变化很大。

（3）只能检测到可以产生异常电晕的部分故障。

16 对于紫外检测人员的要求是什么？

答：紫外检测人员应熟悉高压电气设备类型和放电规律，了解被检测设备的结构特点、外部接线、运行状况和导致设备缺陷的各种因素。

紫外检测人员应了解紫外成像仪的基本工作原理、技术参数和性能，掌握仪器操作方法，具有一定的现场工作经验，并经培训后方可从事检测工作。

紫外检测人员应熟悉并严格遵守《国家电网公司电力安全工作规程》变电部分和线路部分的要求。

17 带电设备紫外检测周期是如何规定的？

答： 运行带电电气设备的紫外检测周期应根据电气设备的重要性，电压等级及环境条件等因素确定；

（1）一般情况下，宜对 500kV（330kV）及以上变电设备检测每年不少于 1 次，重要的 500kV（330kV）及以上运行环境恶劣或设备老化严重的变电站可适当缩短检测周期。500kV（330kV）及以上输电线路，视重要程度，在有条件的情况下，宜 1～3 年 1 次。

发电厂、重要枢纽变电站和换流站、环境恶劣或变化异常地区的输电线路和设备，应缩短检测周期；对检测中发现问题的设备，可根据问题严重程度缩短检测周期。

检测应与设备状态检修周期相结合，一般应尽量安排在设备维护与检修前进行，以便发现的问题在设备维护与检修时得到处理，并为设备状态检修提供诊断信息。

（2）重要的新建、改扩建和大修的带电设备，宜在投运后 1 个月内进行检测，以便及时发现设计、制造及安装缺陷。

（3）特殊情况下，如带电设备出现电晕放电声异常、冰雪天气（特别是冻雨）、在污秽严重且大气湿度大于 90％时，宜及时检测。

18 电气设备的紫外检测环境条件是如何规定的？

答： 检测最佳环境为度 5～40℃。

空气湿度一般不宜大于 80％，风速不宜大于 4 级。禁止在有雷、雨和大风等恶劣气象环境下检测。

在阴天、多云、雾（霾）等天气条件下或雨（雪）后 24h 内，一些设备缺陷引起的放电现象更加明显，更适合进行检测。

使用紫外电子光学成像仪夜间检测时，应关闭检测场所的照明，避开环境光线对仪器物镜的直射。环境可见光照度应低于 3.5lx，背景紫外线照度低于 0.05lx。在记录影像时，为使设备轮廓分明，检测场所应有适度的可见光。

采用数字式紫外成像仪应尽可能在白天进行检测，检测过程中应注意防止焊接电弧或其他光源所产生的紫外线干扰，还应通过调整仪器参数尽量消除外部环境中散射紫外线对检测的影响。在夜间或昏暗情况下，检测场所应有适度照明。

19 紫外检测的检测步骤应如何进行？

答：（1）检测前后应记录温度、气压、相对湿度、风速、天气状况等外部环境条件。

（2）应对仪器设备的相关功能和参数进行设置，并通过试验获得最佳检测效果。

（3）按照检测方案和预定的检测线路实施检测，以保证检测到所有受检设备。

（4）对于悬式绝缘子应逐片检测绝缘子串，查找放电部位。应特别注意检测最邻近导线的绝缘子表面。

（5）变换观测位置，从多个方向对同一设备进行检测，避免检测盲区和防止放电点被视线前方设备遮蔽造成漏检。

（6）采用数字式紫外成像仪检测时，如放电图像光斑面积较大，可通过调整仪器增益等方法适当减少光斑面积，以便对放电点进行准确定位。

（7）使用紫外电子光学成像仪检测时，当设备上存在自然光或照明光源的反光时，可采用改变观测点位置及使用仪器频闪及滤光器等方式来区分设备表面放电或背景干扰光亮。

（8）根据选用检测仪器的不同，可采用目测光亮度、光亮度与仪器视场中设置的标准光源对比以及测量紫外成像光子数等方法对放电强度进行评估。应注意排除视场中观测点周围其他无关放电对测量数据的影响。

（9）发现明显放电后，在满足安全距离的前提下，应尽可能缩短检测距离，以便对放电位置、特征及光强进行细致观察和记录。

（10）使用望远镜对设备放电部位进行观察，进一步查找可能引起放电的原因。

（11）应采用可靠的记录装置详细记录设备缺陷放电准确位置、放电特征、放电强度及放电图像信息，必要时还应对放电动态过程进行记录。

（12）根据检测结果分析设备缺陷及严重程度和危害性，出具内容完整的检测报告。

20 影响紫外检测的因素有哪些？

答： 因为紫外计数是紫外电晕检测仪每分钟内测得的紫外光子数，所以可作为表示电晕活动强度。而紫外计数与距离、仪器增益、气压、温度、湿度等因素密切相关。因此，这些因素就是对紫外监测结果的影响。

（1）检测距离：通过比较不同拟和曲线，以距离平方为参量的一次线性式可以很好地反映距离与紫外计数间的变化关系，同时符合一定距离外无法检测出电晕的实际情况。当拟和曲线建立后，比较不同距离条件下的电晕强度时可进行一定的强度修正。

（2）仪器增益：紫外光谱在电晕所发出的光谱中所占比例较小，并且经过光学系统的传输损耗，最终到达 CCD 板的紫外光子数大为减少，仅约为镜头接受到总数量的 3％。为提高仪器的灵敏性，仪器内部对进入光学系统的紫外光子进行增益处理。了解紫外计数与增益间的关系，有助于检测仪器的实际应用。

1）当紫外计数小于 200 时，一般可选择高的增益（大于 150），便于发现较弱的电晕源；

2）当紫外计数大于 200 小于 5000 时，一般可在 90～150 区间选取增益，方便进行比较；

3）当紫外计数大于 5000 时，选取小的增益（小于 80），以便避免紫外图像相互叠加，准确定位电晕源。

（3）气压和温度：综合检测仪器等各种因素，现场测试时可不考虑气压和温度的影响，对紫外计数不进行修正。

（4）大气湿度：湿度对紫外计数的影响比较复杂。有时，湿度的增加可降低电晕强度，而多数情况下，湿度的增加往往引起电晕强度的增长。注意，由于污秽物成分和湿润情况的不确定性，目前还没有办法对此进行修正，故要着重紫外监测的建档，当一定数量实例的积累，即可充分认识湿度对紫外计数的影响。

21 紫外光检测电晕放电量与其检测距离如何校正?

答: 电晕放电量与紫外光检测距离校正关系如下:

取 5.5m 标准距离检测,换算公式为

$$y_1 = 0.033 x_2^2 y_2 e^{(0.4125-0.075 x_2)}$$

式中　x_2——检测距离,m;

　　　y_2——在 x_2 距离时紫外光检测的电晕放电量;

　　　y_1——换算到 5.5m 标准距离时的电晕放电量。

显然,根据这个公式,我们知道,当发现异常时,在安全距离内,离设备越近,观测效果越好。

22 当设备上存在自然光或照明光源的反光时,如何采用方法区分设备表面放电或背景干扰光亮?

答: 通过以下三种方法区分放电及环境光在设备表面形成的光点图像:

(1) 变换观测点位置。随着观测点位置的变换,背景光亮图像相对于绝缘子图像"移动",而绝缘子放电图像位置不会改变。

(2) 以频闪方式工作。仪器在频闪方式工作时,屏幕上放电图像亮度随着仪器供电脉冲频率同放电频率之间的差数波动,而背景光亮恒定不变。

(3) 加滤光器。仪器加滤光器后,背景光亮降低,而放电光亮几乎保持不变。

23 放电光强的目测评估可以采用几个等级进行划分?

答: 放电光强的目测评估可以采用 3 个等级:

(1) 低光强(或者无光):绝缘子状态正常。

(2) 中光强:绝缘子串中存在零值绝缘子,可靠性有所降低。

(3) 高光强:绝缘子串已接近闪络状态。

在检测记录上,放电光强的定性评估可以用 1、2、3 数字形式记录,即分别代表上述 3 个等级。

对于数字式紫外成像仪,可以一定时间内多个相差不大的光子数极大值的平均值作为光强指标来衡量电晕放电强度。

24 为何要使用望远镜对设备放电部位进行观察?

答: 放电通常由设备表面宏观缺陷引起,同时放电会使缺陷附近吸附污染物或造成材料表面锈蚀和老化,因此,采用望远镜观察对缺陷的识别和判断非常重要。

25 为何应对放电动态过程进行记录?

答: 放电通常具有间歇性,有时瞬间拍摄的静止画面无法全面反映放电过程的全部信息,因此,有必要对放电过程的动态影像及其他特征进行记录。

26 带电设备紫外检测的内容是什么？

答： 导电体表面电晕放电有下列情况：

(1) 由于设计、制造、安装或检修等原因，形成的锐角或尖端；

(2) 由于制造、安装或检修等原因，造成表面粗糙；

(3) 运行中导线断股（或散股）；

(4) 均压、屏蔽措施不当；

(5) 在高电压下，导电体截面偏小；

(6) 悬浮金属物体产生放电；

(7) 导电体对地或导电体间间隙偏小；

(8) 设备接地不良。

绝缘体表面电晕放电有下列情况：

(1) 在潮湿情况下，绝缘子表面破损或裂纹；

(2) 在潮湿情况下，绝缘子表面污秽；

(3) 绝缘子表面不均匀覆冰；

(4) 绝缘子表面金属异物短接；

(5) 发电机线棒表面防晕措施不良、绝缘老化、绝缘机械损伤等。

27 隔离开关支柱瓷绝缘子在运行后最容易在哪些部位产生裂纹，采用紫外成像检测时应注意些什么？

答： 在支柱式瓷绝缘子的上下法兰结合面最容易产生裂纹。检测时应注意对法兰边缘产生的放电、胶装水泥缺陷产生的放电以及异物产生的放电加以区分。检测时应借助望远镜等辅助工具观察放电部位表面，以确定可能引起放电的原因，还应利用其他检测手段对缺陷进行验证。

28 应用紫外成像检测技术可以发现悬式绝缘子上的何种缺陷？

答： ①检查悬式瓷绝缘子中的零值绝缘子；②检查绝缘子水泥胶合剂裂纹及钢脚和球窝锈蚀；③检查玻璃绝缘子的鳞状剥落和微裂纹；④检查合成绝缘子老化、破损、碳化道、芯棒暴露、脏污等设备缺陷；⑤检查无均压环、均压环结构不合理及缺陷引起的放电。

29 悬式绝缘子紫外检测典型缺陷是什么？

答： 悬式绝缘子缺陷类型包括以下三个方面：

①瓷绝缘子串中的零值绝缘子；②绝缘子表面污秽、异物附着、裂纹、破损，钢脚胶装水泥开裂，连接部位松脱及腐蚀；③复合绝缘子伞裙破损、开裂、穿孔、芯棒碳化、护套开裂和端部连接装置损坏等。

悬式绝缘子包括瓷绝缘子、玻璃绝缘子和复合绝缘子三类，考虑到不同种类绝缘子上的同类型缺陷具有相同或相近的放电规律和特征，为了避免标准中出现过多的重复内容，依照评审专家的建议将三类绝缘子放电类缺陷按其性质进行了划分，对其放电特征集中进行表述。

30 零值绝缘子紫外检测的放电特征是什么？如何判别？

答： 瓷绝缘子串中存在一定数量的零值绝缘子时，可引起其余绝缘子两端电压增大。

瓷绝缘子串中存在零值绝缘子会导致靠近导线的第一片绝缘子产生放电或使其放电光强增大。绝缘子串中的零值绝缘子位置越靠近导线，第一片绝缘子表面放电光强越大；存在零值绝缘子数量越多，第一片绝缘子表面放电光强越大。

按照绝缘子串上各绝缘子电压分布规律，靠近导线的第一片绝缘子两端承受的电压最大，最易产生放电。但如果连接部位安装有均压环，由于均压环的作用，放电可能不在第一片绝缘子上产生。

通过检测一定数量且具有代表性的绝缘子串（不少于 20 串）的第一片绝缘子表面放电光强平均值。在相同的外部环境条件（温度、湿度、海拔、是否降雨雪等）下，检测其他绝缘子串第一片绝缘子表面放电光强，将二者进行比对，其比值大于 1.3，则绝缘子中可能存在零值绝缘子。

在空气湿度较大的环境下，如大雾、结露、雨雪等天气，绝缘子串中可能存在数个或全部绝缘子表面放电，若在放电绝缘子之间存在不放电的绝缘子，则此绝缘子可能为零值绝缘子。

31 绝缘子本体缺陷紫外检测的放电特征及判别方法。

答： 当绝缘子表面存在裂纹等缺陷时，在潮湿环境下缺陷处会产生局部放电。

由于绝缘子破口、微裂纹和玻璃绝缘子鳞片状剥离而导致的放电，表现为放电沿绝缘子盘面向外扩张，利用高倍望远镜观察，在缺陷周围可能会出现因放电而吸附的污染物。

复合绝缘子的电晕放电通常发生在均压环及高压端连接装置上，主要由均压环设计缺陷、安装错误、外表损伤、腐蚀、变形等原因造成，不会造成绝缘子本身的迅速损坏，但会造成绝缘子合成材料表面污染和老化。由放电产生的臭氧和氮氧化物会对复合绝缘子产生氧化和腐蚀作用，加速复合绝缘子的老化及损伤。

复合绝缘子表面固定不动的局部放电可能是由自身缺陷或表面局部严重污染引起的，必须高度重视，应对其放电原因进行认真分析，并对放电光强进行评估，必要时应当借助望远镜进行观察验证。

这种放电通常由以下原因造成：①内部放电造成玻璃纤维树脂芯棒碳化，在碳化部位末端橡胶外套孔洞或裂缝处产生电晕放电，通常伴随有明显的温度升高；②橡胶外套的破损使玻璃芯棒暴露于空气中，在潮湿环境条件下产生电晕放电；③橡胶外套的老化、破裂引起电晕放电；④电弧及污染物在护套表面形成碳化通道引起放电；⑤伞裙穿孔引起的放电。

当绝缘子表面形成导电的碳化通道或者侵蚀裂纹时，复合绝缘子的使用寿命大大降低。严重时可能会在短期内发展成击穿故障。

32 绝缘子表面污秽紫外检测的放电特征及判别方法。

答： 当空气湿度较大时，绝缘子表面被高电导率物质污染部位会产生强烈的局部放电，可利用高倍望远镜观察确认此类污染。

沿绝缘子表面移动的放电，通常是由于绝缘子表面污染造成的。运行在某些特定污染区域的绝缘子沿面放电会比较严重，为了有效地检出此类放电，应在空气湿度较大的环境下进行检测。

使用紫外电子光学成像仪检测时，可采用色散滤镜将不同波长的可见光分离成像，通过对比蓝光区及红光区影像的光强度来评价绝缘子表面污秽程度，红光区影像的光强度越高，则绝缘子表面污染程度越严重。

33 绝缘子连接部位紫外检测缺陷放电特征及判别方法。

答： 在绝缘子与钢脚连接部位，如果胶装材料出现裂纹或局部脱落时，在潮湿环境下产生电晕放电。

绝缘子胶装部位缺陷放电一般集中在连接部位，不会沿绝缘子盘表面移动。胶装材料破损会造成钢脚腐蚀并影响绝缘子机械强度。

绝缘子钢脚与铁帽连接部位锈蚀造成接触电阻增大，引起连接部位放电。放电会引起连接部位温度升高，加速金属表面的氧化和腐蚀，严重时可导致铁锈覆盖于绝缘子表面，造成绝缘下降引起闪络。

未安装均压环的复合绝缘子，通常会在芯棒与端部附件结合部位发生严重的放电，加速复合绝缘子老化。

复合绝缘子均压环放电通常存在于复合绝缘子带电端，如果放电发生在复合绝缘子末端，通常是由于电弧等因素使得末端配合装置损坏造成的。

34 支柱式绝缘子及套管紫外检测缺陷类型。

答： 支柱式绝缘子缺陷类型包括以下三个方面：①瓷绝缘子及瓷套管表面裂纹及法兰连接部位裂纹；②瓷绝缘子及瓷套管法兰胶装材料裂纹等；③瓷绝缘子及瓷套管表面污秽及复合材料老化引起放电。

35 支柱式绝缘子紫外检测缺陷放电特征及判别方法。

答： 瓷与金属法兰胶装部位可能由于瓷体、法兰和胶合剂三者材料热膨胀差异以及外力作用等原因产生裂纹，对绝缘子及套管的机械强度产生很大影响，但通常只有靠近带电端的上法兰部位裂纹会产生放电，这种放电位于法兰与瓷质的结合部位，应与结构形状改变引起的放电加以区别。

在无均压环的支柱绝缘子上部金属法兰边缘，可能会出现尖端放电，如果连接部位胶合剂填充与法兰及瓷柱外形过渡不圆滑或法兰边缘留有异物则更容易引起放电。应对放电部位及放电形状特征进行仔细观察和辨认，将这种尖端放电与填充物缺陷及裂纹产生的放电加以区分。

支柱式瓷绝缘子及瓷套管表面裂纹及其他缺陷的放电特征是表面放电点固定不动，而表面污染引起的电晕放电会沿着表面移动。

在多元件绝缘结构上，由于电压分布不均匀，只能发现接近带电端耐压绝缘子上的表面裂纹。但是如果上部瓷柱存在竖向裂纹或整体绝缘性能下降，可导致其下部法兰处产生较强的电晕放电。

复合绝缘子硅橡胶污垢和老化引起的电晕放电通常发生在接近带电端表面，以多个分散点状放电形式存在，污垢和老化较严重时，放电可沿绝缘子表面移动。

36 导线及金具紫外检测缺陷类型。

答：导线及金具缺陷类型包括以下三个方面：
(1) 导线线径过小、断股、散股等；
(2) 金具设计、制造、安装缺陷及外部损伤等；
(3) 导线及金具表面污秽、覆冰、异物搭接等。

37 导线及金具紫外检测缺陷放电特征及判别。

答：由导线线径过小引起的放电通常在整个导线上均匀分布。

均压环、金具等带电设备尺寸及外形设计不合理引起的放电通常发生在结构突变部位及设备尖端。

由于导线及金具安装错误、外部损伤等引起的放电通常在同类设备中的个体上出现，从外观及望远镜观察结果可以帮助分析判别此类缺陷。

由于外部环境所引起的放电，如导线及金具表面污秽、覆冰、异物搭接等，可采用望远镜观察帮助判别。污秽、覆冰、异物搭接导致输电线路故障前，表现出明显的放电现象，通过紫外成像检测发现放电现象和部位并及时处理，可以有效降低输电线路故障率。

由于长期运行而产生的设备缺陷，如连接松动，金具断裂、破损，导线断股、散股等引起的放电通常发生在设备局部区域，可采用望远镜观察帮助判别。

设备接地不良会引起电位升高，导致其局部发生放电。接地设备如出现放电，应进一步检查其接地是否良好。

38 电缆、发电机线棒及配电设备紫外检测的缺陷类型。

答：电缆、发电机线棒及配电设备缺陷类型包括以下三个方面：
(1) 电缆绝缘缺陷以及电缆接头加工工艺不良；
(2) 发电机线棒局部绝缘缺陷；
(3) 配电设备在设计、制造、安装、运行、检修过程中出现的缺陷。

39 电缆、发电机线棒及配电设备紫外检测的缺陷放电特征及判别。

答：电缆可能出现的放电多发生于电缆接头以及电缆交叉搭接、弯曲、绑扎及机械损伤等部位。应分别从不同角度进行观测，防止遗漏可能存在的放电点。电缆接头内部放电可能会因外表绝缘材料的遮蔽而无法检出。

发电机线棒表面防晕措施不良、绝缘老化、绝缘机械损伤等可引起局部电晕放电，检测只能在发电机打开端盖进行电压试验时进行。

配电设备电压等级较低。在保证安全的前提下，可以在相对较近的距离内采用紫外成像仪对设备进行检查。

40 紫外检测的缺陷的评价和处理原则是什么？

答：根据放电类缺陷对带电设备运行安全及周围环境的影响程度，可分为一般缺陷、严重缺陷、危机缺陷三类：

（1）一般缺陷是指设备存在异常放电使设备产生老化，或对周围环境构成明显影响，但还不会引起事故，一般要求记录并注意观察缺陷的发展；

（2）严重缺陷是指设备存在的放电异常突出，导致设备加速老化或对周围环境构成严重影响，但还不会马上引起事故，应缩短检测周期并利用停电检修机会及时安排检修，消除缺陷；

（3）危机缺陷是指设备存在严重放电，可能导致设备迅速老化或影响设备正常运行，在短期内可能造成设备事故，应尽快安排停电处理。

紫外检测发现的设备放电类缺陷同其他设备缺陷一样，应纳入设备缺陷管理制度范畴，按照设备缺陷管理流程处理。

41 紫外检测的检测结果管理是如何规定的？

答：高压电气设备紫外检测作为设备缺陷检测的重要手段之一，其检测记录和诊断报告应详细、全面，记录数据和图像应及时编号存档，妥善保管。

紫外检测报告应包含检测日期、气象条件、检测地点、检测人员、设备名称和编号、缺陷部位、缺陷性质、距离、仪器信息、图像资料、诊断结果及处理意见等内容。

42 根据下列案例提供的信息，试分析一下事故原因。

案例：在对雨后比较潮湿的环境下对某 500kV 变电站进行紫外成像检测，发现龙门架上某线路悬式瓷绝缘子张力串均未安装均压环，三相绝缘子串均存在放电现象，但放电情况有所不同。其中 A 相和 C 相从靠近导线侧数有 5 片绝缘子表面出现放电，其中第一片绝缘子表面放电紫外成像光子计数分别为 320 个/min 和 315 个/min；B 相绝缘子串靠近导线第一片绝缘子放电紫外成像光子计数为 410 个/min；第二片绝缘子不放电，第三片到第七片绝缘子均放电。试分析：此三相绝缘子放电是否正常？可能在哪一相的哪一片存在什么类型缺陷？

答：在相对潮湿的环境下，未安装均压环的悬式瓷绝缘子靠近导线侧可能有多片绝缘子产生表面放电，其中第一片绝缘子放电最强，其他绝缘子放电依次减弱。对于具有同样数量完好绝缘子的绝缘子串，在同样条件下放电规律基本相同。如果绝缘子串中出现零值绝缘子，其他绝缘子两端的电压会增加从而导致放电绝缘子数量增加，且每片绝缘子放电强度也有所增加，而零值绝缘子自身因两端等电位而不产生放电。由此判断，B 相绝缘子串中第二片绝缘子应该是零值绝缘子。

43 电气设备紫外成像检测典型图谱。

答：见附录 B.7。

44 电气设备紫外成像检测典型案例。

答：见附录 C.13。

第八章

含 SF_6 设备检测

第一节 SF_6 气体基础知识

1 **SF_6 气体的基本特性是什么？**

答：（1）物理性质：六氟化硫（SF_6）分子量为 146.06，密度 6.16g/L，约为空气的 5 倍，常态下为无色、无味、无毒、不易燃烧、并且透明的惰性气体，非常稳定，通常情况下很难分解，具有优良的绝缘性能，且不会老化变质。在标准大气压下，$-62℃$ 时液化，既不溶于变压器油也不溶于水。

（2）化学性质：SF_6 化学成分稳定，惰性与氮气相似，是一种极不活泼的惰性气体，一般情况下根本不发生化学变化，是已知化学稳定性最好的气态物质之一。因此与氧气之类的各种气体、水分以及碱性之类的化学品均不反应；同时它还具有极好的热稳定性，纯态下即使在 500℃ 以上高温也不分解，在 800℃ 以下很稳定。在 250℃ 时与金属钠反应。没有腐蚀性，不腐蚀玻璃。因此在常规使用情况下，完全不会使材料劣化。但是在高温和放电情况下，就可能发生化学变化，产生含有 S 或 F 的有毒物质，与各种材料起反应。

（3）灭弧性能：SF_6 气体是一种理想的灭弧介质，具有优良的灭弧性能，绝缘强度较高，且恢复快，约比空气快 100 倍，即它的灭弧能力相当于相同条件下空气的 100 倍；同时 SF_6 气体开关的弧柱电导率高，燃弧电压很低，弧柱能量较小。

（4）传热性能：SF_6 气体的热传导性能较差，其导热系数只有空气的 2/3，但 SF_6 气体的比热是氮气的 3.4 倍，对流散热能力比空气大得多，即实际导热能力比空气好，接近于氦、氢等热传导较好的气体，因此 SF_6 断路器的温升问题不会比空气断路器严重。

（5）SF_6 气体具有优良的电气绝缘性能，在相同的气压下，均匀的电场中，其绝缘强度约为空气的 $2.5\sim3$ 倍，在 3 个大气压左右时就与变压器油大致相当，在高电场作用下才会被击穿。SF_6 气体的击穿电压与频率无关，故是超高频设备中理想的绝缘气体。

（6）SF_6 气体具有负电性，即有捕获自由电子并形成负离子的特性。这是它具有高击穿强度的主要原因，因此也能促使弧隙中绝缘强度在电弧熄灭后快速恢复。

2 **解释 SF_6 气体的热化学性与强负电性。**

答：SF_6 气体有优良的灭弧特性主要是由于 SF_6 气体具有优良的热化学特性，以及 SF_6 气体分子有很强的负电性。

（1）热化学性：SF_6 气体有良好的热传导特性。由于 SF_6 气体有较高的导热率，电弧燃烧时，弧芯表面具有很高的温度梯度，冷却效果显著，所以电弧直径比较细，有利于灭弧。同时，SF_6 在电弧中热游离作用强烈，热分解充分，弧芯存在着大量单体的 S、F 及其离子和电子等，电弧燃烧过程中，注入弧隙的能量比空气和油等做灭弧介质的开关低得多。因此，触头材料烧损较少，电弧比较容易熄灭。

（2）强负电性：SF_6 气体分子或原子生成负离子的倾向性强。由电弧电离所产生的电子，被 SF_6 气体和由它分解产生的卤族分子和原子强烈地吸附，负离子与正离子极易复合还原为中性分子和原子。因此，弧隙空间导电性的消失过程非常迅速。弧隙电导率很快降低，从而促使电弧熄灭。SF_6 气体的强负电性决定了它具有很高的绝缘性能。在比较均匀的电场中，压力为 0.1MPa 时，其绝缘强度约为空气的 2~3 倍；在 0.3MPa 时绝缘强度可达绝缘油的水平，这个比率随着压力的增大还会增大。

3 **SF_6 气体的临界常数是如何定义的？**

答：SF_6 气体的临界常数有临界温度和临界压力。临界温度表示气体可被液化的最高温度。在临界温度时，使气体液化所需的最小压力称为临界压力。SF_6 气体的临界压力和临界温度较高，临界压力为 3.84MPa，临界温度为 45.54℃。

4 **SF_6 气体主要有哪些缺点？**

答：（1）SF_6 气体密度较大，当人吸入高浓度 SF_6 时可出现呼吸困难、喘息、皮肤和黏膜变蓝、全身痉挛等窒息症状。

（2）SF_6 气体在电弧作用下的分解物是有害的，对环境有很大的影响。为了保证使用的安全性，对其管理、回收、处理等都比较严格。

（3）SF_6 气体的纯度和杂质是影响其绝缘和灭弧性能的重要指标，对纯度、杂质和水分含量的控制特别严格，处理方法复杂，难度大。工作区域最高允许含量 $1000\mu L/L$。

（4）SF_6 气体的绝缘性能受电场强度均匀程度的影响较大。

5 **SF_6 气体对人体和设备的危害有哪些？**

答：纯净的 SF_6 是一种十分稳定的气体，本身没有毒性，它对人体的危害主要表现在：

（1）SF_6 是重气体（密度约为空气的 5 倍），是一种窒息性物质，在故障泄漏时往往积聚在地面附近，不易稀释和扩散，容易造成工作人员缺氧，特别是在室内有可能引起人员窒息。

（2）由于制造中含有各种杂质，新 SF_6 气体可能混有一些有毒物质，校验的有效方法是生物试验，一般气体都必须经过检验合格才能出厂。

（3）在电弧高温作用下，SF_6 气体分解物与水分和空气等杂质反应会分解出 SOF_2（氟化亚硫酸）、SO_2F_2（氟化硫酸）、S_2F_{10}（十氟化二硫）、SO_2（二氧化硫）、S_2F_2（氟化硫）、HF（氢氟酸）等近十种气体，这些氟、硫化物气体不但有毒（S_2F_{10} 有剧毒），对皮肤和呼吸系统有强烈的刺激和毒害作用，可引发肺水肿、肺炎等。

（4）SF_6 发生电弧分解，虽然也能在一定程度上降低 SF_6 气体的纯度，但这种降低对其绝缘性能影响是微小的。主要体现在：在有水分存在的条件下，因为易形成强腐蚀性的氢氟酸（HF），能损坏铝合金、瓷绝缘子、玻璃环氧树脂等绝缘材料的结构。

因此，检修维护中应结合实际情况，严格执行有关规程规定，加强人身防护，防止发生中毒事故。

6 **SF₆ 气体的毒性来源？**

答： 从有关部门的试验及研究结果可知，SF₆ 气体的毒性主要来自 5 个方面。

（1）SF₆ 产品不纯，出厂时含高毒性的低氟化硫、氟化氢等有毒气体。大家知道，目前化工行业制造 SF₆ 气体的方法主要是采用单质硫磺与过量气态氟直接化合反应而成；即 $S + 3F_2 \longrightarrow SF_6 + Q$（放出热量）。在合成的粗品中含有多种杂质，其杂质的组成和含量因原材料的纯度、生产设备的材质、工艺条件等因素的影响而有很大差异，杂质总含量可达 5%。其组成有硫氟化合物，如：S_2F_2、SF_2、SF_4、S_2F_{10} 等；硫氟氧化合物如 SOF_2、SO_2F_2、SOF_4、S_2F_{10} 等以及原料中带入的杂质如 HF、OF_2、CF_4、N_2、O_2 等。

（2）电器设备内的 SF₆ 气体在高温电弧发生作用时而产生的某些有毒产物。

例如：SF₆ 气体在电弧中的分解和与氧的反应：

$$2SF_6 + O_2 \longrightarrow 2SOF_2 + 8F（氟化亚硫酰）$$
$$2SF_6 + O_2 \longrightarrow 2SOF_4 + 4F（四氟化硫酰）$$
$$SF_6 \longrightarrow 2F + SF_4（四氟化硫）$$
$$SF_6 \longrightarrow 6F + S（硫）$$
$$2SOF_4 + O_2 \longrightarrow 4F + 2SO_2F_2（氟化硫酰）$$

（3）电器设备内的 SF₆ 气体分解物与其内的水分发生化学反应而生成某些有毒产物。

例如：SF₆ 气体分解物与水的继发性反应：

$$SF_4 + H_2O \longrightarrow SOF_2 + 2HF（氢氟酸）$$
$$SOF_4 + H_2O \longrightarrow SO_2F_2 + 2HF（氢氟酸）$$
$$SOF_2 + H_2O \longrightarrow 2HF + SO_2（二氧化硫）$$
$$SO_2F_2 + 2H_2O \longrightarrow 2HF + H_2SO_4（硫酸）$$

（4）电器设备内的 SF₆ 气体及分解物与电极（Cu-W 合金）及金属材料（Al、Cu）反应而生成某些有毒产物。

例如：SF₆ 气体及分解物与电极或其他材料反应：

$$3SF_6 + W \longrightarrow WF_6（气态）+ 3SF_4$$
$$3F + Al \longrightarrow AlF_3（固态粉末）$$
$$3SOF_2 + Al_2O_3 \longrightarrow 2AlF_3（固态粉末）+ 3SO_2$$
$$SF_6 + Cu \longrightarrow CuF_2（固态粉末）+ SF_6$$
$$4SF_6 + W + Cu \longrightarrow 2S_2F_2（气态）+ 3WF_6（气态）+ CuF_2（固态粉末）$$

（5）电器设备内的 SF₆ 气体及分解物与绝缘材料反应而生成某些有毒产物。如与含有硅成分的环氧酚醛玻璃丝布板（棒、管）等绝缘件；或与石英砂、玻璃做填料的环氧树脂浇注件、模压件以及瓷瓶、硅橡胶、硅脂等起化学反用，生成 SiF_4、$Si(CH_3)2F_2$ 等产物。

7 **SF₆ 气体的使用现状及存在的问题。**

（1）环境保护意识淡薄。目前，尚有相当一部分人缺乏环境保护知识，对 SF₆ 气体的理化性能了解不够，对其给环境所造成的危害认识不深，环境保护意识淡薄。在生产、使用 SF_6 气体的环节中由于使用、管理不当所造成的泄露及人为的排放相当严重。

（2）回收再利用或回收处理得不好。从国内的 SF_6 气体回收装置的生产及需求数量上来看，每年约 70 台左右。而销售量最大的还是简易的抽真空、充气装置。究其原因，一是由于 SF_6 气体回收装置的价格昂贵，每台在 15 万～30 万元人民币，而国外进口的价格更高，使其普及受到限制；二是除电器制造行业外，该装置的利用率很低，一般只在设备安装或检修时使用，闲置时间长。作为 SF_6 气体使用量很大的高压电器制造行业的电力部门，其 SF_6 气体回收装置的使用和管理并不理想；尤其一些中、小企业根本没有配备 SF_6 气体回收装置。在电力行业，35kV 以下变电站几乎没有 SF_6 气体回收装置，有的地区是几个变电站共用一台。SF_6 气体的回收处理更差，废气几乎都是一放了之或经过简单的过滤吸附而排放到大气中。因为，目前国内还没有一家生产的 SF_6 气体回收装置可对 SF_6 气体进行再生处理。SF_6 气体回收装置的功能均是对电器设备进行抽真空，将设备内的 SF_6 气体回收至气腔压力为负 133Pa，同时将废气压缩到储气罐中，储气罐的容量最大为 500kg。而这些回收的"废气"一般用于电器设备中零部件检漏，很少有送回生产厂家对其进行再生处理的。

（3）管理制度不到位。对 SF_6 气体的使用、管理没有建立完整的规章制度。SF_6 产品的装配厂房、检修间及检修现场等工作场所均没有健全的通风设施和监控设备。对长期接触或短期接触 SF_6 气体的人员在劳动保护方面欠考虑且没纳入安全生产的管理程序。

8　什么是 SF_6 气体的预防措施？

答：由于 SF_6 气体分解产生的这些有毒气体和粉末对人及动物上呼吸道有强烈的刺激和腐蚀作用；并对环境造成污染和破坏，产生"温室效应"。因此，为尽量减少危害，将其所带来的不利影响降到最小程度。我们可采取以下行之有效的措施加以控制和防范。

9　SF_6 气体的预防措施有哪些？

答：（1）规定空气中 SF_6 气体及其毒性分解物的允许含量。对空气中 SF_6 气体及其毒性分解产物的允许含量各国均做了相应规定。我国在 GB/T 8905—2012《六氟化硫电气设备中气体管理和检验导则》中等效采用了 IEC 60480—2004《电气设备中六氟化硫气体导则》和 IEC 60376—2005《新六氟化硫气体的规范和验收》。并明确规定，操作间空气中 SF_6 气体浓度极限值为：空气中 SF_6 气体的允许浓度不大于 $1000\mu L/L(6g/m^3)$ 或空气中氧含量应大于 18％；短期接触，空气中 SF_6 气体的允许浓度不大于 $1250\mu L/L(7.5g/m^3)$。

（2）减少和控制 SF_6 气体中的水分含量。对充以 SF_6 气体作为绝缘或灭弧的电气设备，为减少和控制其内部的水分含量，在产品装配前，除要将零部件放在相应的烘干间内进行烘干处理外，同时还要求在其内部装设吸附剂。常用的吸附剂有活性氧化铝和分子筛两种，由于它们的吸附性不同，可将两种吸附剂混合使用，吸附剂应放置在气流通道或容器的上方，用量为 SF_6 气体总重量的 10％左右。正确地使用吸附剂，不但可吸收 SF_6 气体中的水分及 SF_6 气体分解物，减少 SF_6 气体中的水分含量及分解物的产生与排放。还能提高电器设备的绝缘性能和开断性能。

（3）加强 SF_6 气体及分解物的回收和处理。以 SF_6 气体作为绝缘和灭弧的电器设备，在下列四种情况下必须对其内的 SF₆ 气体及分解物进行回收或中和处理。

1) 在新产品开发时，做过绝缘试验和开断试验的试品；

2) 检修进行过的电器设备；

3) 处理发生故障的电器设备；

4) 淘汰、更换掉的电器设备。

(4) 提高产品设计水平，降低泄漏率。在产品设计上采用新技术、新工艺，提高制造水平，力争将年漏气率由 1% 降到 0.5% 以下，主要从如下三点入手。

1) 应尽量不用 SF₆ 气体或减少 SF₆ 气体的使用量，通过改变产品结构，减少充气隔室或空间，开发空气绝缘、固体绝缘的电器设备，如环氧树脂绝缘的（干式）变压器、电压互感器、电流互感器、真空断路器，空气断路器，负荷开关；将断路器的灭弧室充以 SF₆ 气体，绝缘拉杆部分采用空气绝缘；将罐式断路器改为瓷柱式等。

2) 在保证产品电气性能的前提下，尽量降低充气压力。这样不但有利于密封，还可能减少漏气点。

3) 在产品的密封结构及材料上下功夫，采用新材料、新工艺、减少 SF₆ 气体的泄露。如电器设备动力输入处的直动密封或转动密封采用波纹管结构，靠波纹管的蠕变来提供直动所需的行程或转动所需的转角。

(5) 采用其他代替气体或混合气体。目前，还未发现一种完全代替纯 SF₆ 气体的单一替代气体，从环保方面考虑，唯一有可能的替代气体是纯 N₂ 气体；但要使纯 N₂ 气体的绝缘强度与纯 SF₆ 气体的绝缘强度等同，须将纯 N₂ 气体的压力提高到纯 SF₆ 气体的 3～4 倍。因此，从安全角度考虑，电器设备的容器刚度、强度及其使用有待提高。

鉴于使用纯 N₂ 气体的难以操作性，国内外的研究人员将目标转向 N₂/SF₆ 混合气体，在纯 N₂ 气体中混入一定百分比的纯 SF₆ 气体后，发现可显著地提高绝缘强度，并接近于 SF₆ 气体的绝缘性能。关于使用 N₂/SF₆ 混合气体来替代 SF₆ 气体的研究很多，虽然可减少纯 SF₆ 气体的使用量，但其应用范围受到限制，如在 GCB（断路器）和 GIS（封闭组合电器）中使用的绝缘介质，不但要求有绝缘性能，还要求有灭弧性能，而 N₂/SF₆ 混合气体要想获得与原有设备同等的性能是极其困难的，要想直接使用是不可能的。如西门子公司为解决高寒地区（−40℃）断路器的使用问题，将 N₂/SF₆ 混合气体的压力提高到 0.75MPa（表压），同时也对灭弧室进行了修改。在 GIL（管道母线）中由于除故障时以外，均无电弧产生，且对绝缘气体没有灭弧要求，使采用 N₂/SF₆ 混合气体成为可能，在这方面法国、德国已做了尝试。但由于 N₂/SF₆ 混合气体在分离回收技术方面还有一些问题尚待解决，还难以保证 SF₆ 气体不被排入大气中，因此，安全、可靠地进入实际应用阶段还需一个过程。

10 在冬天温度较低时对 SF₆ 电气设备现场补气有啥要求？

答： 对 SF₆ 电气设备现场补气，在冬天温度较低时为保持合适的充气速度，可采用明火方式对六氟化硫钢瓶进行加热，但加热温度保持在 40℃ 以下。

11 设备中 SF₆ 气体如何管理？

答： 充气前必须确认 SF₆ 气体质量合格，每批次具有出厂质量检测报告，每瓶具有出厂合格证，并按照 GB/T 12022—2014 中有关规定进行抽样复检。室内的 SF$_6$ 设备应安装通风换气设施，运行人员经常出入的室内设备场所每班至少换气 15min，换气量应达 3～5 倍的空间体积，抽风口应安置在室内下部。对工作人员不经常出入的设备场所，在进入前应先通风 15min。运行设备如发现表压下降，应分析原因，必要时应对设备进行全面检漏，若发现有漏气点应及时处理。当出现设备压力过高、设备构件需要更换，或对设备进行维护、检修、解体时，须对设备中 SF$_6$ 气体进行回收处理。应采用气体回收装置、专用存储罐或存储钢瓶回收 SF$_6$ 气体。

12 **SF$_6$ 电气设备解体检修时如何进行安全防护？**

答：检修人员在对故障设备解体前，应穿耐酸原料的衣裤相连的专用工作服，戴塑料式软胶手套和专用防毒呼吸器或正压式呼吸器。SF$_6$ 设备解体后，检修人员应立即撤离作业现场到空气新鲜的地方，并对作业现场采取强力通风措施以清理残余气体，在通风换气 30～60min 后再进入现场工作。解体检修中使用的防护用品都应作为有毒废物处理。

13 **对 SF$_6$ 气体气瓶的存放有何要求？**

答：（1）要有防晒、防潮的遮盖措施；
（2）储存气瓶的场所必须宽敞，通风良好，且不能靠近热源及有油污的地方；
（3）气瓶安全帽、防震圈要齐全，气瓶要分类存放，注明明显标志；
（4）存放气瓶要竖放、固定，标志向外；
（5）使用后的气瓶应留存余气，关紧阀门，盖紧瓶帽。

第二节 SF$_6$ 气体泄漏检测

1 **SF$_6$ 电气设备气体泄漏的主要原因是什么？**

答：根据 SF$_6$ 电气设备制造、安装、运行维护等现场气体泄漏的检测，归纳出气体泄漏的主要原因及部位如下：
（1）设备及部件的焊缝质量不佳，有砂眼；
（2）法兰胶装面不严密；
（3）密封面连接不佳，密封圈、垫有划伤或密封槽与其圈、垫尺寸不配合等；或密封面上落有大于 20μm 的固体颗粒物。
（4）接口（接头）密封不严等；
（5）支柱瓷套根部有裂纹。
（6）设备附件（如充气阀门、管路等）密封连接不好；
（7）互感器二次接线端子；
（8）气室母管等。

2 **什么是 SF$_6$ 检漏仪？**

答：SF$_6$ 检漏仪又称为卤素检漏仪、卤素定性检漏仪、SF$_6$ 气体检漏仪等。SF$_6$ 检漏仪是指用含有卤素（氟、氯、溴、碘）气体作为示漏气体的检漏仪器。用于检测多种开关、全封闭组合电器等装置中 SF_6 气体的渗漏，仪器测试为定性分析。操作员只需打开开关，该检漏仪就会启动，可以搜索多种气体。当渗漏的气体靠近检漏仪探头时，报警器就给出报警信号，报警速度和频率随泄漏量增大而增强。在污染的大气环境中，应对检漏仪重新标定（复位），可防止给出错误读数。

3 **SF_6 气体检漏仪的主要工作原理是什么？**

答： SF_6 气体检漏仪的工作原理主要是：一般地，SF_6 检漏仪气体分两类：一类为传感器（探头）与被检件相连接的称为固定式（也称内探头式）检漏仪；另一类为传感器（吸枪）在被检件外部搜索的称为便携式（也称外探头式）检漏仪。示漏气体有氟利昂、氯仿、碘仿、四氯化碳等，其中检测效果属氟利昂最好。灵敏度可达 $3.2×10^{-9} \text{Pam}^3/\text{s}$。

通常，SF_6 气体检漏仪的传感器是个二极管，加热丝、阴极（外筒）、阳极（内筒）均用铂材制成。阳极被加热丝加热后发射正离子，被阴极接收的离子流由检流计（或放大器）指示出来，且有声响指示。电气部分由加热电源、直流电源、离子流放大器、输出显示及便携式的吸气装置电源等组成。

4 **现场如何使用检漏仪进行检漏？**

答： 气体密封试验是通过检测 SF_6 气体的泄漏量，来判定隔（气）室的年漏气率是否合格，其控制标准是每一独立隔（气）室的年漏气率不大于 0.5%；使用灵敏度不低于 $1×10^{-6}$（体积比）的 SF_6 气体检漏仪对各隔（气）室密封部分、外壳焊缝、密封面、转动密封、管道接头等部位，以不大于 2.5mm/s 的速度在检测部位均匀缓慢移动进行检测时，SF_6 检漏仪未发生报警认为合格，也就是认为各部位密封性良好。

5 **进行 SF_6 气体密封检漏时，检漏、密封对应图 TC、压力降法、扣罩法、挂瓶法、局部包扎法这几个名词的内容是什么？**

答：

（1）检漏：检测泄漏点和泄漏气体浓度的手段。

（2）密封对应图 TC：说明整台高压开关设备或隔室与分装部件、元件间的密封要求的相互关系图。

（3）压力降法：通过对设备、隔室在一定时间间隔内测定的压力降，计算年漏气率的方法。

（4）扣罩法：将试品置于密封的塑料罩或金属罩内，经过一定时间后，测定罩内六氟化硫气体的浓度，并通过计算确定漏气率的方法。

（5）挂瓶法：用软胶管连接试品检漏孔和挂瓶，经过一定时间后，测定瓶内六氟化硫气体的浓度，并通过计算确定漏气率的方法。

（6）局部包扎法：试品的局部用塑料薄膜，经过一定时间后，测定包扎腔内六氟化硫气体的浓度并通过计算确定漏气率的方法。

6 **SF_6 气体泄漏检测通常方法有哪几种？**

答： 目前 SF_6 气体泄漏检测通常使用的方法有：定性检漏和定量检漏两种测量办法。

定性检漏：初步查找 GIS 漏气处的简单办法，也是定量检漏前必经阶段。要求被测部分周围环境无风，同时不得有 SF_6 气体，若有，可用风扇吹拂设备表面后，再测量。

定量检漏：一般情况下，对经过定性检漏发现漏气超标的部位或者怀疑漏气的气室可进行定量检漏。没有检漏孔的密封面可以用包扎法检漏，有检漏孔用挂瓶法检漏。

7 什么是气体的定性检漏？通常有几种检测方法？

答： 气体的定性检漏是仅为判断试品漏气与否的一种手段，是定量检测前的预检。一般地，定性检漏推荐抽真空检漏、检漏仪检漏两种试验方法。

（1）抽真空检漏。试品抽真空到真空度为 $133\times10^{-6}MPa$，再维持真空泵运转 30min 后停泵，30min 后读取真空度 A，5h 后再读取真空度 B；如 B－A 值小于 $133\times10^{-6}MPa$，则认为密封性能良好。

（2）检漏仪检漏。试品先充入 $0.01\sim0.02MPa$ 的 SF_6 气体，再充入干燥气体至额定压力，然后用灵敏度不低于 $10^{-8}\mu L/L$ 的 SF_6 气体检漏仪检漏，无漏点则认为密封性能良好。

8 气体的定性检漏抽真空检漏法主要适用于什么场合？

答： 抽真空检漏法主要适用于 SF_6 设备安装或解体大修后的定性检漏，以判断被检测设备是否存在漏气。

9 什么是气体的定量检漏？

答： 气体的定量检漏可以在整个设备、隔室（或由密封对应图 TC 规定的部件或元件）上进行。定量检漏所使用的仪器，必须能够检测出从密封容器泄漏的微量的 SF_6 气体，其灵敏度应不低于 $1\times10^{-6}\mu L/L$，测量范围为 $1\times10^{-4}\sim1\times10^{-6}$（体积比）。

10 SF_6 气体泄漏定量检漏通常有几种检测方法？各种方法主要适用场合？

答： SF_6 气体泄漏定量检漏通常有挂瓶法、局部包扎法、扣罩法、压降法等试验方法。其中：

（1）挂瓶法：此方法适用于法兰面有双道密封槽的场合，在双道密封槽之间有一个检测孔。

（2）局部包扎法：一般用于组装单元和大型产品的场合。

（3）扣罩法：适用于高压开关，中、小型设备适合做罩的场合。不适用于户外场合，不易定位。

（4）压降法：适用于设备、隔室漏气量较大时或在运行期间测定漏气率。

11 定量检漏的扣罩法具体实施方法是什么？

答： 定量检漏的扣罩法具体实施方法是：试品充气至额定压力 6h 后，扣罩（密封罩）24h，用经校验合格并且灵敏度不小于 $1\times10^{-6}\mu L/L$ 的 SF_6 检漏仪测量密封罩内 SF_6 气体浓度。通常在做罩子时预留 6 个小孔作为测量孔，即罩子的前、后、左、右、上、下留取测量 6 个点，将测量值求取平均值作为泄漏值。根据密封罩中泄漏气体的浓度、密封罩的容积、试品的体积及试验场地的绝对压力，计算出漏气率和相对年漏气率。

12 **SF₆ 气体设备检漏试验中应注意哪些问题？**

答： SF₆ 气体设备的检漏试验，因为引起其检漏测量误差的原因，主要来自于体积测量计算和浓度测量误差两方面，所以检漏试验中应注意的问题包括：

(1) 首先检查设备周围空气中是否存在 SF₆ 气体；

(2) 密封罩应尽量规则，罩的边缘扎紧，底部压实；

(3) 泄漏点分布不均匀，SF₆ 气体流动性较差，应进行多点测量；

(4) 按规定周期定期校验 SF₆ 检漏仪。

13 **SF₆ 气体泄漏检测通常有哪几种检测仪？**

答： 目前 SF₆ 气体泄漏检测仪有四种：电子俘获、真空高频电流、负电晕电离、紫外电离。其中电子俘获方法检漏的原理是用放射性同位素 N^{63} 作为检测器的离子发射体，对电负性的气体如卤族物质以及含 O、S 的气体产生信号来检测气体漏点。近年来，激光成像检漏技术也得到了应用，它利用激光的相关性好的特点，通过可调光转换系统，在一特定的检测位置形成一个理想的立体红外辐射场，当 SF₆ 气体向外扩散时，SF₆ 分子流将对覆盖在这个区域立体辐射场激光产生较强的光子自身和光子后向散射，在光学吸收作用下，泄漏处会产生气流扰动现象；激光发射端的高灵敏度显微镜光电接收器就可以检测到气体的泄漏位置。

14 **与 SF₆ 气体检漏仪相比，激光检漏仪在检测 GIS 设备气体泄漏方面有什么优点？**

答： 激光检漏仪利用 SF₆ 气体对特定波长激光吸收特性制成，能对漏点精确定位，可以实现 SF₆ 设备的带电检漏和远距离检漏。目前在现场采用 SF₆ 气体检漏仪是灵敏度最高的检测方式。

15 **SF₆ 气体检漏仪使用的注意事项是什么？**

答： SF₆ 气体检漏仪现场使用的注意事项主要是：

(1) 现场使用时，当 SF₆ 气体泄漏不能被检测出来时，应调高检漏仪的灵敏度；当复位键不能使检测仪"复位"时，就要调低检漏仪的灵敏度。

(2) 在有风的区域检测时，即使被检测设备存在大剂量的泄漏也难以发现，那么在这种情况下，就要使用遮蔽物遮挡住潜在气体泄漏区域。

(3) 在被严重污染的区域检测时，应及时复位检测仪器，以消除环境对仪器的影响；应当注意的是：复位时不要移动探头（传感器），检漏仪可根据需要实现任意次复位。

(4) 如果检漏仪的探头（传感器）接触到溶剂或湿气时，检漏仪有可能误报警，因此，在现场检查气体泄漏时，应避免接触到它们使检漏仪器产生误报。

16 **SF₆ 气体检漏仪的维护及保养应如何进行？**

答： 按要求对 SF₆ 气体检漏仪进行正常的维护及保养是非常必要的，悉心维护及保养，将延长检漏仪的使用寿命，减少仪器的故障发生。

（1）探头（传感器）的清洁：利用随仪器附送的防护罩，防止灰尘、水汽、油脂阻塞探头。未加防护罩时禁用检漏仪。在进行检漏前，均要检查探头和防护罩，确定无灰尘或油脂才可进行检测。①拉下防护罩；②用工业毛巾或压缩空气清洁防护罩；③如果探头本身也脏，可浸入酒精等温和清洗剂几秒钟，然后用压缩空气或工业毛巾清洁。绝不要使用像汽油、松节油、矿物油等溶剂，否则会因它们残留在探头上而降低仪器灵敏度。

（2）探头（传感器）的更换：检漏仪的探头经过使用，最终会失效而需要更换。由于探头的寿命和使用条件及频次直接相关，因此较难预计准确的更换时间。一般地，当检漏仪在清洁、纯净的空气中报警或不稳定时，就应更换检漏仪的探头。

（3）注意：更换检漏仪探头前，必须关闭其电源，否则可能导致轻微的电击！

（4）更换检漏仪探头步骤是：①确认检漏仪仪器处于关闭状态；②逆时针旋下旧探头；③顺时针旋上仪器包装箱中提供的备用探头。

17 对 GIS 的 SF_6 气体检漏有何具体要求？

答：GIS 在安装过程中，除了要进行定性预检漏外，在整套 GIS 充气工作结束后，还需对每个气室进行定量的检漏测量，并计算年漏气率。

由于检漏孔很多，如果每个孔都采用挂瓶定量检漏，则工作量很大。为此，推荐先对所有检漏孔定性普测。如普测时仪器无明显反应，说明漏气量较小，因而无须挂瓶检测；如漏气量较大，则再挂瓶进行定量检测。对不宜采用挂瓶检漏的部位，可采用局部包扎法进行定量检漏。

18 GIS 中 SF_6 气体压力或密度监控措施是什么？

答：一般每个气室均设置单独的 SF_6 气体监控箱，其中包括下列元件：

（1）SF_6 压力表。可直观地监视气体压力的变化。由于 SF_6 压力随环境温度而变，故必须对照 SF_6 的压力—温度曲线才能正确判断气室中压力值，从而判断气室是否泄漏。如不装压力表，可减少漏气点，但运行中需定期检测。

（2）SF_6 气体密度继电器（或称温度补偿压力开关）。当气体泄漏时，先发出补气告警信号。如不及时地对气室进行补气，继续泄漏则进一步对开关进行分闸闭锁，并发出闭锁信号。一般密度继电器分为机械式和非机械式两种，对断路器气室用的密度继电器必须有报警压力和闭锁压力两组控制触点，GIS 其他气室用的密度继电器一般只有报警信号触点。

（3）充气及取样口，既可供充、补 SF_6 气体之用，亦可供测定水分含量等试验取样之用。

第三节　SF_6 气体泄漏成像检测（GIS 设备的试验）

1 什么是 SF_6 气体泄漏成像法检测？

答：通过利用成像法技术（如激光成像法、红外成像法），可实现 SF_6 设备的带电检漏和泄漏点的精确定位。

2 **GIS 中对 SF₆ 气体的监控有几种？ 有哪几种设置方式？**

答： GIS 中对 SF₆ 气体的监控，主要包括气体压力式密度监视、气体检漏、水分监测与控制等方面内容。设置方式有集中安装和分散安装两种。集中安装是将各气室用的压力表、密度控制器和各种控制阀门都集中装在箱内，通过气管与气室相连。分散安装是将监视装置直接装在各个气室的外壳上。

3 **SF₆ 气体泄漏红外成像检测仪是什么仪器？**

答： 利用 SF₆ 气体某波段的红外吸收强而空气吸收弱的特性，通过红外成像系统、信号处理电路与显示系统，将通常不可见的泄漏 SF₆ 气体清晰地显现在显示器上的设备，属定性检测仪。

4 **SF₆ 气体泄漏红外成像检测仪测试原理是什么？**

答： 六氟化硫气体和空气对波长在 $10.3 \sim 10.7 \mu m$ 左右的红外线的吸收特性存在较大差异，致使两者反映的红外影像不同。通过使用特定检测波段的高精度红外测试设备，可将通常可见光下看不到的气体泄漏，以红外视频图像的形式直观地反映出来，从而完成六氟化硫电气设备的红外检漏工作。

5 **SF₆ 气体泄漏红外成像检测的步骤分为几步？**

答： SF₆ 气体泄漏红外成像检测的步骤分为普测与定位。

6 **SF₆ 气体泄漏红外成像检测的普测如何进行？**

答：（1）将检测仪器调整至视频录制模式，并根据环境温度设置合理的温度范围。

（2）检测时，对准目标设备，调整仪器焦距、选择色标种类。

（3）首先采用普通检测模式对目标设备进行观察。对电气设备的法兰密封面、罐体预留孔的封堵、压力表座密封处、六氟化硫管道等各部位及各连接处进行观察时，应缓慢移动检测。

（4）发现异常后，再针对异常部位进行精确定位。

7 **SF₆ 气体泄漏红外成像检测的定位如何进行？**

答：（1）对于异常部位开展精确定位测试时，所选择的背景参照体应与被测设备具有较大的热像色差，以增加拍摄到的气体泄漏图像与背景的对比度。

（2）在安全距离允许的条件下，检测仪宜尽量靠近被测设备，使被测设备尽量充满整个仪器的视场，便于对泄漏位置的精确定位。

（3）应至少选择三个不同的方位和角度对测试点进行测试。

（4）测试角度和位置的选取应综合考虑测试现场的风速、风向等环境因素（在现场风速大于1m/s时，测试点应包含迎风面和背风面），以保证对设备的全面测试。

（5）将大气温度、相对湿度、测量距离等补偿参数输入测试仪器，进行数据修正，进一步提高测试精度，提高检测准确率。

（6）记录测试的视频和图片。

8 **SF₆ 气体泄漏成像检测仪有哪些类型？**

答： SF₆ 气体泄漏成像检测仪分为 SF₆ 气体泄漏红外成像检测仪和 SF₆ 气体泄漏激光成像检测仪两类。SF₆ 气体泄漏激光成像检测仪在使用时必须要有背景映衬才能检测，比如室内墙壁、GIS 的壳体等，直接对准天空无法检测。SF₆ 气体泄漏红外成像检测仪检测时则无此限制。

9 **如何对 SF₆ 气体泄漏红外成像仪的检测漏点进行判断？**

答： 测试过程中，可结合电气设备常见泄漏风险点，对泄漏部位进行判断。拍摄到视频中出现泄漏的烟雾状气体，即可判断该部位存在气体泄漏。

10 **SF₆ 气体泄漏成像检测仪检测原理是什么？**

答： SF₆ 气体泄漏成像检测仪的检测原理是光谱吸收技术，又称激光技术。因为 SF₆ 作为目前最为稳定的温室效应气体，与空气相比，对特定波段的红外光有很强烈的吸收特性。SF₆ 气体泄漏激光成像检测仪充分利用了 SF₆ 气体的这种特性，使通常看不见的气体泄漏，在红外探测器及先进的红外探测技术的帮助下变得成像可见。SF₆ 气体泄漏红外成像检测仪的检漏成像工作波段在长波段，波长范围是 $10 \sim 11 \mu m$。

11 **SF₆ 气体激光泄漏检测成像仪检漏成像原理是什么？**

答： 仪器先要打出一束激光，遇到背景后激光反射，经过泄漏出的 SF₆ 气体，被仪器捕捉到方可成像，所以检测时必须有可供激光束反射的特定背景，否则无法成像，因此 SF₆ 气体泄漏激光成像检测仪受到一定的检测条件限制。其检测工作原理如图 8-1 所示。

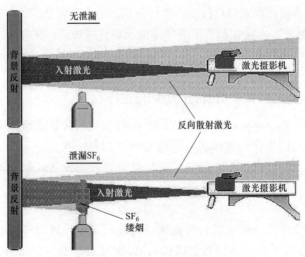

图 8-1　激光成像仪检漏成像原理示意图

12 如何进行泄漏部位判断?

答: 主要对以下泄漏部位进行判断:

(1) 法兰密封面。法兰密封面是发生泄漏较高的部位,一般是由密封圈的缺陷造成的,也有少量的刚投运设备是由于安装工艺问题导致的泄漏。查找这类泄漏时应该围绕法兰一圈,检测到各个方位。

(2) 压力表座密封处。由于工艺或密封老化引起,检查表座密封部位。

(3) 罐体预留孔的封堵。预留孔的封堵也是 SF_6 泄漏率较高的部位,一般是由于安装工艺造成。

(4) 充气口。由于活动造成密封缺陷。

(5) SF_6 管道。重点排查管道的焊接处、密封处、管道与开关本体的连接部位。有些三相连通的开关 SF_6 管道可能会有盖板遮挡,这些部位需要打开盖板进行检测。包括机构箱内有 SF_6 管道时需要打开柜门才能对内部进行检测。

(6) 设备本体砂眼。当排除了上述部位时,考虑存在砂眼。

13 气体泄漏原因一般有哪些?

答: 主要原因包括:

(1) 密封件质量。由于老化或密封件本身质量问题导致的泄漏。

(2) 绝缘子出现裂纹导致泄漏。

(3) 设备安装施工质量。如螺栓预紧力不够、密封垫压偏等导致的泄漏。

(4) 密封槽和密封圈不匹配。

(5) 设备本身质量。如焊缝、砂眼等。

(6) 设备运输过程中引起的密封损坏。

14 电力设备 SF_6 断路器泄漏的主要部位有哪些?

答: 通常 SF_6 断路器泄漏的主要部位有:支柱操动机构传动杆和密封圈划伤处、充气阀密封不良处、支柱瓷套根部有裂纹处、法兰结合连接处、灭弧室顶盖有砂眼处、三联箱盖板、气体管路接头、密度继电器接口、二次压力表接头、焊缝和密封槽与密封圈(垫)尺寸不配合等处。

15 电力设备 GIS 泄漏的主要部位有哪些?

答: GIS 漏气的主要部位有:隔室、盆式绝缘子、O 形密封圈、断路器绝缘杆、互感器二次线端子、箱板连接点、气室母管、附件砂眼处、壳体焊接处和气室伸缩节接口等处。

16 SF_6 气体绝缘电力变压器漏气的主要部位有哪些?

答: 通常充 SF_6 气体绝缘的电力变压器泄漏的主要部位有: SF_6 气体绝缘电力变压器漏气的主要部位有:气体密度表(继电器)、压力表接头、气体管路接头、气阀密封不良、焊缝、套管法兰连接处、互感器二次线端子、检查孔口密封处（部分）、附件砂眼等处。

17 SF$_6$ 气体绝缘互感器泄漏的主要部位有哪些?

答：SF$_6$ 气体绝缘互感器的漏气主要部位有：气体密度表（继电器）接口、充气阀密封不良、压力表接头、互感器二次线端子、密封圈、焊缝、法兰连接处、附件砂眼等处。

18 导致 SF$_6$ 断路器漏气的主要原因是什么?

答：导致 SF$_6$ 断路器漏气的主要原因是：外绝缘瓷套与法兰胶合处粘合质量不良；瓷套端部有裂纹；充气阀密封不良；胶垫、密封圈老化或位置未放正；密封槽与密封圈（垫）尺寸不配合；滑动密封处密封圈损伤或滑动杆粗糙度超过设计要求；管路接头处及自动封阀处固定不紧或有杂物；气体密度继电器、压力表，尤其是接头处密封垫损伤；焊缝和附件砂眼等。

19 导致 GIS 漏气的主要原因是什么?

答：导致 GIS 漏气的主要原因是：盆式绝缘子裂纹；O 形密封圈（垫）损伤；气管接头密封、充气自封阀密封不良；气体密度继电器、压力表尤其是接头处密封垫损伤；互感器二次线端子座裂纹；气室母管连接密封不良；附件砂眼处和气室伸缩节接口；焊缝和附件砂眼等。

20 SF$_6$ 气体泄漏检测成像仪的操作要点是什么?

答：（1）设备检查：在进行检测前对设备进行检查，保证所有配件齐全；其次检查设备有无破损变形，镜头、屏幕是否清洁完好，三脚架上用于固定的螺丝是否松动。在保证全套设备没有任何问题的情况下方可进行使用。

（2）检测环境：了解检测现场环境和天气；了解待检设备的位置、结构，是否方便对所有存在 SF$_6$ 气体的位置进行检测；了解检测时的天气状况，在 6 级以上大风或雨后表面积水的情况下不可以进行检测。到达现场后先对待检设备进行观察了解，通过站内值班人员了解待检设备的补气周期、最近的补气日期和待检设备的当前压力，如待检设备当前压力过低，需先补气到标准状况。

（3）确定检测位置：在满足上述条件后，观察需检测的设备，寻找易漏点；初步估计的泄漏位置选择合适的检测点（泄漏点与成像仪之间无障碍物）固定三脚架和成像仪。

（4）启动成像仪：检查电源连接线是否正常，旋下镜头盖，按下总电源按钮。

（5）调整成像效果：

1）正确的聚焦对成像仪成像应用至关重要。正确的聚焦可确保激光能量能被恰当地导向探测器的像元上。没有正确的聚焦，图像就会模糊不清，捕获的泄漏图像也将不准确。

2）通过镜头上的焦距节圈，您会看到显示屏上的图像不断发生实时变化。当目标到达焦点时，它就会显得更清晰。每次移动焦点都会发生变化，要确认焦距是否合适，可反复调节焦距节圈，直到显示屏上的图像清晰为止。

3）打开激光电源，同时红色指示激光启动，通过"激光＋"、"激光－"对激光的强度进行调整，旋转激光扩散镜上的节圈改变激光光斑的大小。

（6）成像检测：调整三脚架云台，对准待测部位缓慢旋转主机并调节镜头焦距，查看到清晰的画面，调整激光扩散镜节圈使激光投射到待测部位上。激光查看光斑内是否有黑色烟状物。

（7）成像录制：

1）红色激光为指示激光，仅用于辅助瞄准，通过红色激光引导成像仪正确定位，并可以准确地找到漏点。

2）当找到漏点，并调到最佳录制效果后，连接上 MP4。

3）查看实时视频，保存。

（8）关闭成像仪：检测完成后，先关闭激光电源，然后再关闭总电源。

---

21 SF₆ 气体泄漏激光成像仪使用注意要点是什么？

答： 在使用 SF₆ 气体泄漏激光成像仪的过程中，其注意事项如下：

（1）为避免眼睛受损，请勿将激光直接对准眼睛或间接反射的表面上。

（2）未按规定方式使用控制、调整、性能或程序可能导致于有害的激光照射。

（3）为避免灼伤，请勿使用面向镜子或抛光金属的成像仪。

（4）不要将激光成像仪直接对准非常高强度的光源，如太阳光，激光或电焊机。

（5）使用激光成像仪时，请尽量保持稳定，避免剧烈震动。

（6）请勿在激光成像仪批准之外的工作温度或存储温度环境中使用或存放仪器。

（7）请勿将激光成像仪暴露在灰尘或湿气中。在有水环境中使用时，请避免在仪器上溅水。

（8）在不使用的时候，激光成像仪盖住镜头盖。

（9）不使用激光成像仪时，请将仪器和所有附件放在一个专用包装里。

（10）请勿堵塞激光成像仪中的孔。

（11）关机后下次上电之间的时间间隔不应小于 10 秒。

（12）请勿敲击、甩动或摇晃设备及配件以免损坏。

（13）如果未按照仪器手册中指定的方式使用激光成像仪，激光成像仪将出现无法修复的损坏。

（14）请勿自行拆卸激光成像仪，否则可能会损坏设备。

---

22 常见的 SF₆ 气体泄漏激光成像仪可以检测到哪些气体？

答： 一般可以检测到的气体有八种，如表 8-1 所示。

表 8-1　　　　　　　　　SF₆ 气体泄漏激光成像仪检测到的气体种类

序号	可探测到的气体	气体全名
1	SF_6	六氟化硫 Sulfur Hexafluoride
2	NH_3	氨 Ammonia
3	$C_6H_7NO_2$	乙氰基丙烯酸酯 "超能胶" Ethyl Cyanoacrylate, "superglue"
4	ClO_2	二氧化氯 Chlorine Dioxide
5	$C_2H_4O_2$	乙酸 Acetic Acid, "Vinegar"

序号	可探测到的气体	气体全名
6	CCl_2F_2	二氯二氟甲烷 Dichlorodifluoromethane，FREON-12
7	C_2H_4	乙烯 Ethylene
8	C_4H_8O	丁酮 Methyl Ethyl Ketone，MEK

23 **SF_6 气体泄漏激光成像仪使用保养应注意哪些事项？**

答： 由于 SF_6 气体泄漏激光成像仪是一种贵重的测量仪器，使用时要求仪器能长时间保持稳定、精准地检测气体泄漏。因此对激光成像仪的维护就显得特别重要。所以，我们在使用和存放仪器时，应该注意如下事项：

（1）仪器最好专人使用并由专人保管；

（2）现场使用时，请系好仪器安全带，即肩带；

（3）使用时，注意不要刮伤镜头；不使用仪器时应盖上镜头盖，保护好镜头；

（4）不使用时，尽量避免长时间暴露在强烈阳光下；

（5）仪器使用的时候，尽量避免在强烈阳光或高温热源下直接暴露于镜头，以免损坏探测器，以免损坏探测器；

（6）电池充满电后，应停止充电。如果要延长充电时间，最好不要超过 30min，电池不能长时间充电；

（7）仪器使用完毕，要记住关闭电源，取出电池，盖好镜头盖，把仪器放在便携箱保存；

（8）如果镜头脏了，请用镜头纸轻轻擦拭。不要用水等清洗，也不要用手或纸巾直接擦；仪器表面也应保持清洁；

（9）当仪器长时间放置时，最好将其取出一段时间以保持仪器性能稳定。

24 **什么是 SF_6 气体泄漏在线监测报警系统？**

答： SF_6 在线泄漏监控报警系统，是针对新型无人值班变电站室内 SF_6 组合电器设备 SF_6 绝缘气体泄漏的在线式监测报警系统，主要应用在（智能电网）35kV SF_6 开关高压室及 110kV 以上 GIS 配电室，对 SF_6 组合电器设备室环境中 SF_6 气体泄漏情况和空气中含氧量进行实时监测。

25 **GIS 的检修周期是怎样规定的？**

答：（1）GIS 的第一次解体大修，一般在运行 20 年以后进行，或在 GIS 故障后进行，大修一般委托制造厂进行。

（2）定期检修。可 3～6 年进行一次，也可根据制造厂的规定和运行经验制定一个检修规程加以实施。

（3）临时检修。GIS 断路器操作达到规定的次数或累计开断电流时应进行解体维修。各厂家对允许开断次数和累计开断电流值的规定差别较大。一般在负荷电流下的允许开断次数为 2000～3000 次以下时，应检查一次磨损情况。环流电流和感应电流分合在 100～200 次以上时应进行检查。

26 SF₆ 气体泄漏激光成像仪进行 SF₆ 气体泄漏检测案例有哪些?

答：见附录 C.14。

第四节　SF₆ 气体纯度和分解产物的检测

1 通常 SF₆ 气体组分检测方法有哪几种?

答：目前常用的 SF₆ 气体组分检测方法有：气体检测管法，电化学传感器法，气相色谱法。

2 SF₆ 气体组分检测试验项目及要求是什么?

答：依据输变电设备状态检修试验规程要求，SF₆ 气体组分检测试验项目及要求如表 8-2 所列。

表 8-2　　　　　　　　　　　SF₆ 气体组分检测试验项目及要求

试验项目	要求
CF_4	增量≤0.1%（新投运≤0.5%）（注意值）
SO_2	SO_2≤1μL/L（注意值）
H_2S	H_2S≤1μL/L（注意值）
可水解氟化物	≤1μg/g

3 SF₆ 气体中纯度超标有什么危害?

答：在很多情况下，现场电气设备中的 SF₆ 气体并非总是纯净的，如果 SF₆ 气体中混有杂质，达不到规定的标准，在大电流开断时由于强烈的放电条件，SF₆ 会分解并与 SF₆ 气体中的杂质生成组分复杂的化合物，致使设备绝缘性能下降。

例如：2011 年 4 月 9 日，某公司对 GIS 母线间隔进行 SF₆ 气体分解物检测发现检测结果超标，该异常气室内并无开关，结构简单。测得 SO_2+SOF_2 含量较大，达到 $4.02\mu L/L$，接近标准注意值 $5.0\mu L/L$，且 CO 含量较大，达到 $288\mu L/L$。具体数值见表 8-3。组织相关专业人员研究，怀疑气室内可能存在 SF₆ 气体分解，且涉及含碳物质分解，但分解程度不是很大。

表 8-3　　　　　　　　　　　SF₆ 分解物测试数据

气室名称	SO_2+SOF_2	H_2S	HF	CO
进线	4.02	0.00	0.00	288.2

2011 年 5 月 14 日至 18 日，本溪供电公司和制造厂人员对异常间隔进线气室进行了细致的解体检查，将全部安装装配拆下，所有电连接打开检查，未发现明显的放电和过热痕迹，但发现多处制造安装工艺不良，包括导电部位附着脏污物，套管电连接内静触头弹簧触指槽内及底部附着有微量银屑状粉末，电导体上有多处划痕和凹坑等，制造厂技术人员现场

全部进行了处理，恢复安装后送电。

通过 SF_6 分解物的测量可及时发现 GIS 气室内部存在过热缺陷，该缺陷可能是接触不良、尖端放电、有灰尘杂质等原因造成。注意电连接内静触头弹簧触指或导电杆的镀银层硬度和附着力是否符合标准要求，必要时开展金属镀银层检测。

④ 何为 SF_6 气体纯度？ 纯度测试中的气体成分有哪些？

答： 根据 GB/T 12022—2014《工业六氟化硫》、DL/T 596—1996《电力设备预防性试验规程》的规定，SF_6 气体纯度主要是指测量 SF_6 钢瓶气与 SF_6 电气设备中 SF_6 气体的质量分数。

根据 GB/T 12022—2014《工业六氟化硫》（见表 8-4）及 DL/T 596—1996《电力设备预防性试验规程》（见表 8-5）可知纯度测试中气体成份主要有空气、SF_6、CF_4，杂质包括空气、CF_4。

表 8-4　　　　　　　　　工业六氟化硫第三部分：技术要求

指标项目	要求	指标
六氟化硫（SF_6）的质量分数（％）	≥	99.9
空气质量分数（％）	≤	0.04
四氟化碳（CF_4）的质量分数（％）	≤	0.04

表 8-5　　　　　　　运行中 SF_6 气体的试验项目、周期和要求

序号	项目	周期	要求	说明
1	四氟化碳（质量分数）（％）	大修后必要时	大修后≤0.05必要时≤0.1	按 SD311《六氟化硫新气中空气——四氟化碳的气相色谱测定法》进行
2	空气（质量分数）（％）	大修后必要时	大修后≤0.05必要时≤0.2	见序号 1 的说明

⑤ SF_6 气体纯度检测的方法有哪些？ 各有什么特点？

答： SF_6 气体纯度测试主要有电化学传感器法、气相色谱法、声速测量法、红外光谱法、高压机穿法、电子捕获法、热导检测法七种方法。

（1）电化学传感器法检测原理是：通过电化学传感器后，根据传感器电信号值的变化，进行 SF_6 气体含量的定性和定量测试，典型应用是热导传感器。特点是：检测快速；操作简单；但传感器使用寿命有限。

（2）气相色谱法检测原理是：以惰性气体为流动相，以固体吸附剂或涂渍有固定液的固体载体为固定相的柱色谱分离技术，配合热导检测器，检测出北侧气体中的空气和 CF_4 含量，从而得到 SF_6 气体的纯度。特点是：检测范围广，定量准确；检测时间短，检测耗气量少；对 C_2F_6、硫酰类物质分离效果差等组分无良好分离效果。

（3）声速测量法的原理是：基于对气体中不同声速的评估，如空气和 N_2 中的声速为 330m/s，SF_6 气体中的声速为 130m/s，通过测量样气中声速的变化，确定 SF_6 气体体积分数。特点是：精度大约为±1％，其他气体的存在可能会影响检测精度。

（4）红外光谱法的原理是：利用 SF_6 气体在特定波段的红外光吸收特性，对 SF_6 气体进行定量检测，可检测出 SF_6 气体的含量，激光法的测量原理类似。特点是可靠性高；不与其他气体产生交叉反应；受环境影响小；反应迅速，使用寿命长。

（5）高压击穿法的原理是：对被检测气体进行放电试验，通过检测放电量数据判断 SF_6 气体的含量。特点是：必须有空气才能够正常放电；对 N_2、CO_2、丁烷、烷氢碳氢化合物、卤素气体均有反应；检测单一的 SF_6 气体仅适合做定性分析。

（6）电子捕获法的原理是：利用电子捕获检测器池体中，放射线放射源做阴极，不锈钢做阳极，在两极间加直流或脉冲电压形成电场，有气体通过时，捕获检测器的电流，并释放能量，使检测器的基流降低，产生负信号，从而进行 SF_6 气体定性和定量分析。特点是：精度高，选择性好；适用于多卤、多硫化合物、多环芳烃及金属有机物等的测定；仪器成本高。

（7）热导法原理是纯粹的物理测量过程，保护被测气体性质不发生改变；能够测量以 N_2 或空气为背景气的 SF_6 气体纯度。

6 **SF_6 气体纯度的标准是如何规定的？**

答： DL/T 941—2005《运行中变压器用六氟化硫质量标准》规定：
新气纯度（SF_6）≥98％。
SF_6 变压器交接试验时和大修后的气体质量要求纯度（SF_6）≥97％。
运行 SF_6 变压器气体质量标准纯度（SF_6）≥97％。

7 **SF_6 气体在电弧作用下的分解产物与哪些因素有关？**

答： SF_6 气体在电弧作用下的分解产物主要与 SF_6 气室中的温度、压力、空气、水分、固体绝缘材料等有关。

8 **SF_6 气体电弧分解产物的检测方法有哪些？ 各有什么特点？**

答： 根据 DL/T 1205—2013《六氟化硫电气设备分解物试验方法》的规定，SF_6 气体测试方法有电化学分析法、动态离子法、化学检测管法、气相色谱法等四种方法。各检测方法特点如下。
电化学分析法：反应速度快，精度高。
动态离子法：可以在线、连续地、快速及可自动检测。
化学检测管：检测管能够检测到其体积分数 10^{-6} 级的 SO_2 或 HF。
气相色谱法：它具有检测组分多，检测灵敏度高等优点。

9 **SF_6 电气设备故障放电类型有哪几类？ 其特点是什么？**

答：（1）SF_6 电气设故障放电类型有电弧放电、火花放电、电晕放电（局部放电）三种类型。
（2）特点。
电弧放电：故障电流一般很大，可达 3～100kA；电弧持续时间为 5～150ms；电弧能量

可达 $10^5 \sim 10^7$ J。产生放电的原因主要是断路器开断，气室内发生短路。

火花放电：短时瞬间放电；放电持续时间为 μs 级；放电能量为达 $10^{-1} \sim 10^2$ J。产生放电的原因主要是低能量兼容性放电、高压产生的闪络、隔离开关开断时。

电晕放电或局部放电：在电晕放电中 SF_6 气体的分解基本上处于非热力平衡状态，因此，电子碰撞游离在 SF_6 气体分解过程中占主要地位。总之，局部放电脉冲频率为 $10^2 \sim 10^4$ Hz；每个脉冲能量为 $10^{-3} \sim 10^{-2}$ J；放电能量子 $10 \sim 10^3$ PC。经较长时间的电晕放电，会形成 SF_4、SF_3 等低氟化合物，最终会与水分和空气生成各种分解产物。放电原因是具有悬浮电位的部件、导电杂质等。

10 **SF_6 气体不同故障下的气体分解产物有哪些？**

答：（1）电弧放电：故障电流一般很大，可达 100kA，电弧内部温度可以升高到 30000K。SF_6 在 1000K 时，气体几乎不会分解。随着温度的升高，气体开始分解，且速度逐渐加快，在 2000K 左右达到高峰阶段，此时气体大多数被分解为 SF_4、SF_2、S、F 等低氟化合物和硫、氟原子。若气体中含有水分，则马上与水蒸气形成水解物。研究表明，在电弧的作用下 SOF_2 是主要分解物，通常它是由最初分解产物 SF_4 和水分作用后形成的。

（2）火花放电：火花放电中 SF_6 气体分解产物的生成机理与电弧放电的情况很接近。虽然火花放电的持续时间很短，但是火花放电的能量却足以使局部加热，使得火花放电通道内的温度可以分解小体积范围内的 SF_6 气体。在火花放电中，SOF_2 也是主要分解产物，但 SO_2F_2 的数量有所增加。整个分解产物的量比电弧放电少得多。

（3）电晕放电：在电晕放电中 SF_6 气体的分解基本上处于非热力平衡状态，因此，电子碰撞游离在 SF_6 气体分解过程中占主要地位。经较长时间的电晕放电，会形成 SF_4、SF_3 等低氟化合物，最终会与水分和空气生成各种分解产物。

（4）热分解：在 SF_6 设备中，过热通常是由于设备中触头接触不良造成的，此时没有放电，但当温度高于 600℃时也可能发生热分解，生成 SOF_2、SO_2F_2、SO_2 等产物。

11 **SF_6 气体分解产物检测周期？在什么情况下需要对 SF_6 气体设备进行诊断性检测？**

答：根据 Q/GDW 1896—2013《SF_6 气体分解产物检测技术现场应用导则》规定：

（1）标称电压为 750kV、1000kV 的 SF_6 设备检测周期为：

1）新安装和解体检修后投运 3 个月内检测 1 次；

2）交接验收耐压试验前后；

3）正常运行每 1 年检测 1 次；

4）诊断性检测。

（2）标称电压为 330～500kV 的 SF_6 设备检测周期为：

1）新安装和解体检修后投运 1 年内检测 1 次；

2）交接验收耐压试验前后；

3）正常运行每年检测 1 次；

4）诊断性检测。

（3）标称电压为 66～220kV 的 SF_6 设备检测周期为：

1）与状态检修周期一致；

2）交接验收耐压试验前后；

3）诊断性检测。

（4）电压≤35kVSF₆设备只需要进行诊断性检测。

在下列情况下需要对SF₆气体设备进行诊断性检测：

1）发生短路故障、断路器跳闸时；

2）设备遭受过电压严重冲击时，如雷击等；

3）设备有异常声响、强烈电磁振动响声时。

12 运行设备中SF₆气体分解产物的评价标准是什么？

答： 若设备中SF₆气体分解产物SO_2或H_2S含量出现异常，应结合SF₆气体分解产物的CO、CF_4含量及其他状态参量变化、设备电气特性、运行工况等，对设备状态进行综合诊断，如表8-6所示。

表8-6　　　　　　SF₆气体分解产物的气体组分、检测指标和评价结果

气体组分	检测指标（μL/L）		评价结果
SO_2	≤1	正常值	正常
	1～5*	注意值	缩短检测周期
	5～10*	警示值	跟踪检测，综合诊断
	>10	警示值	综合诊断
H_2S	≤1	正常值	正常
	1～2*	注意值	缩短检测周期
	2～5*	警示值	跟踪检测，综合诊断
	>5	警示值	综合诊断

注　1. 灭弧气室的检测时间应在设备正常开断额定电流及以下48h后。

　　2. CO和CF_4作为辅助指标，与初值（交接验收值）比较，跟踪其增量变化，若变化显著，应进行综合诊断。

*　表示为不大于该值。

13 在检测运行设备中SF₆气体分解产物时的安全防护措施有哪些？

答：（1）检测时，应认真检查气体管路、检测仪器与设备的连接，防止气体泄漏，必要时检测人员应佩戴安全防护用具。

（2）检测人员和检测仪器应避开设备取气阀门开口方向，防止发生意外。

（3）在检测过程中，应严格遵守操作规程，防止气体压力突变造成气体管路和检测仪器损坏，须监控设备内的压力变化，避免因SF₆气体分解产物检测造成设备压力的剧烈变化。

（4）设备解体时，应按照GB/T 8905—2012《六氟化硫电气设备中气体管理和检测导则》中7.4的规定进行安全防护。

（5）检测仪器的尾部排气应回收处理。

14 SF₆气体作为绝缘介质的设备，其安全防护要求是什么？

答： 由于SF₆气体密度大，易造成人员中毒窒息，同时在电场中产生电晕放电时，会产

生一些有毒物质。因此用 SF_6 气体构成的电气设备在安全防护上应采取以下安全措施：

（1）SF_6 设备配电装置室和气体实验室应有强力通风设备，其通风装置应有足够大的抽取能力以达到强力换气的效果；SF_6 气体如有泄漏，该气体将沉积在底部，因此通风装置的风口应设置在各室贴近地面处，以使 SF_6 气体及其分解气体能得到快速排出，排风口不应朝向居民住宅或行人。

（2）SF_6 配电装置室、电缆层（隧道）的排风机电源开关应设置在门外（室外入口处）。

（3）主控制室与 SF_6 设备配电装置室之间应采取气密隔离措施，所谓气密隔离，就是在 SF_6 设备配电装置室的门与主控通道的间隔处，为防止 SF_6 与空气的混合气体在正常情况下向主控制扩散，将其用特殊结构的门密闭隔离，以确保工作人员的健康。同时 SF_6 配电装置室与其下方电缆层、电缆隧道相通的孔洞都应封堵；SF_6 配电装置室及下方电缆层隧道的门上应设置"注意通风"的标志。

（4）在 SF_6 配电装置室低位区应安装能报警的氧量仪或 SF_6 气体泄漏报警仪，在工作人员入口处也要装设显示器，以监视 SF_6 气体的泄漏。这些仪器应定期试验，并保证完好。

（5）工作人员不准在 SF_6 设备防爆膜附近停留；若在巡视中发现异常情况应立即报告，持查明原因并采取有效措施后进行处理。

（6）进行气体采样和处理一般渗漏时，要戴防毒面具或正压式空气吸湿器并进行通风。

15 防止 SF_6 气体分解物危害人体的措施有哪些？

答：（1）当 SF_6 气体分解物逸入 GIS 室时，工作人员要全部撤出室内，并投入通风机。

（2）故障通风半小时后，工作人员方能进入事故现场，并要穿防护服，戴防毒面罩。

（3）若不允许 SF_6 气体分解物直接进入大气，则应用小苏打溶液的装置过滤后再排入大气。

（4）处理固体分解物时，必须用吸尘器，并配有过滤器。

（5）在事故 30min 至 4h 之内，工作人员进入事故现场时，一定要穿防护服，戴防毒面罩，4h 以后方能脱掉。进入 GIS 设备内部清理时仍要穿防护服、戴防毒面罩。

（6）凡用过的抹布、防护服、清洁袋、过滤器、吸附剂、苏打粉等均应用塑料袋装好，放在金属容器里深埋，不允许焚烧。

（7）防毒面罩、橡皮手套、鞭子等必须用小苏打溶液洗干净，再用清水洗净；工作人员裸露部分均应用小苏打水冲洗，然后用肥皂洗净抹干。

（8）为了防止工作人员触电，工作人员操作隔离开关时，应戴橡皮手套站在绝缘平台上操作。

16 SF_6 断路器报废时，如何对气体和分解物进行处理？

答：SF_6 断路器报废时，应使用专用的 SF_6 气体回收装置，将断路器内的 SF_6 气体进行过滤、净化、干燥处理，达到新气标准后，可以重新使用。这样既节省资金，又减少环境污染。

对于从断路器中清出的吸附剂和粉末状固体分解物等，可以放入酸或碱溶液中处理至中性后，进行深埋处理。深埋深度应大于 0.8m，地点应选择在野外边远地区、下水处。所有废物都是活性的，很快就会分解和消失，不会对环境产生长期影响。

第五节　SF₆ 气体微量水分测量

1　SF₆ 气体中混有水分有何危害?

答：SF₆ 气体中混有水分，造成的危害有：

（1）水分引起化学腐蚀，干燥的 SF₆ 气体是非常稳定的，在温度低于 500℃时一般不会自行分解，但是在水分较多时，200℃以上就可能产生水解：$2SF_6 + 6H_2O \longrightarrow 2SO_2 + 12HF + O_2$，生成物中的 HF 具有很强的腐蚀性，且是对生物肌体有强烈腐蚀的剧毒物，SO_2 遇水生成亚硫酸，也有腐蚀性。

更重要的是在电弧作用下，SF₆ 分解过程中的反应。在反应中的最后生成物中有 SOF_2、SO_2F_4、SOF_4、SF_4、HF、WO_2、SO_2F_2、SO_2 等，这些化合物均为有毒有害物质，其中四氟亚硫酰 SOF_4 是有害气体，对肺部有侵害作用；而 S_2F_{10} 也有剧毒。而 S_2F_{10}、SO_2 的含量会随水分增加而增加，直接威胁人身健康，因此对 SF₆ 气体的含水量必须严格监督和控制。

（2）水分对绝缘的危害。水分的凝结对沿面绝缘也是有害的，通常气体中混杂的水分以水蒸气形式存在，在温度降低时可能凝结成露水附着在零件表面，在绝缘件表面可能产生沿面放电（闪络）而引起事故。

含水量较高的气体在电弧作用下被分解，SF₆ 气体与水分产生多种水解反应，产生、WO_3、CuF_2、WOF_4 等粉末状绝缘物，其中 CuF_2 有强烈的吸湿性，附在绝缘表面，使沿面闪络电压下降。

水分与 SF₆ 气体分解物发生水解反应形成酸性物质；HF、H_2SO_3（亚硫酸）等具有强腐蚀性，对固体有机材料和金属有腐蚀作用，此外 HF 会腐蚀有机绝缘材料、玻璃、瓷及含石英粉环氧树脂预制件，使其表面发生变化，造成电场分布改变，绝缘性能下降，缩短了设备寿命。

（3）含水量较高的气体，在电弧作用下产生很多化合物，影响 SF₆ 气体的纯度，减少 SF₆ 气体介质复原数量，还有一些物质阻碍分解还原，灭弧能力将会受影响。

2　试述 SF₆ 断路器内气体水分含量增大的原因。

答：（1）气体或再生气体本身含有水分。

（2）组装时进入水分。组装时由于环境、现场装配和维修检查的影响，高压电器内部的内壁附着水分。

（3）管道的材质自身含有水分，长期运行时，绝缘材料中老化分解出来的微量水分。

（4）密封件不严而渗入水分。

（5）设备部件和绝缘材料处理不到位带入，管道连接部分存在渗漏现象，造成外来水分进入内部。

3　为什么对 SF₆ 断路器的气体含水量有严格要求?

答：由于 SF₆ 断路器体积较小，若 SF₆ 气体含水量较高，将使绝缘水平大大下降，易造成设备损坏和爆炸事故，因此，制造和运行部门都要求严格密封，同时规定含水量不得超过标准。

在20℃条件下，我国含水量不同标准中规定值对比见表8-7。

表8-7　　　　　　　　　　20℃条件下我国含水量不同标准中规定值对比

参考标准	设备状态	气室类型	
		灭弧室	其他气室
DL/T 596—1996	新安装、大修后	≤150μL/L	≤250μL/L
	运行中	≤300μL/L	≤500μL/L
GB 50150—2016	交接时	≤150μL/L	≤250μL/L
GB 8905—2012	运行中	≤300μL/L	≤500μL/L

其他气室（含 SF_6 气体绝缘 TA）。交接时和大修后≤250×10^{-6}（或 $\mu L/L$），运行中≤500×10^{-6}（或 $\mu L/L$）。

新气中微水含量：≤$5\mu g/g$（GB/T 12022—2014；GB/T 8905—2012）。

4　SF_6 气体微水含量的影响有哪些？

答：（1）在一些金属物的参与下，SF_6 在高温200℃以上温度可与水发生水解反应，生成活泼的 HF 和 SOF_2，腐蚀绝缘件和金属件，并产生大量热量，使气室压力升高。

（2）在温度降低时，过多的水份可能形成凝露水，使绝缘件表面绝缘强度显著降低，甚至闪络，造成严重危害。

（3）气体密度降低至一定程度将导致绝缘和灭弧性能的丧失。

5　从保证绝缘性能出发，如何确定 SF_6 气体中允许的含水量？

答：试验表明，SF_6 气体中的含水量过多时，在温度下降到足够低后，其水蒸气会发生凝结。如果凝结成水，就有可能发展成沿面放电而引起事故；如果凝结时温度低于零度，则凝结成冰（霜）而呈固态形式，对绝缘的影响就小得多。因此，要求其含水量要足够小，使其在发生水蒸气凝结时不产生水，最多只能凝结成冰。

如假设断路器内部空间含有的水蒸气数量一定（水蒸汽密度一定），则当温度降低至该水蒸气密度等于相应温度下的饱和密度时，凝结现象就将出现。考虑一定裕度，如果所含水蒸气量小于$-10℃$时的饱和水蒸气密度$2.14g/m^3$（水蒸气饱和蒸汽压力为 $2.64\times10^{-3}kg/cm^2$），则在温度降低过程中，可能只有低于$-10℃$时才发生水蒸气凝结。因此，此时会出现凝结冰而不可能出现凝结水了。于是，可求得20℃时水蒸汽压力 p_{H_2O} 的允许值为

$$p_{H_2O} \leqslant 2.64\times10^{-3}\left(\frac{273+20}{273}\right)$$

水蒸气分压力与总压力的比值为

$$\frac{p_{H_2O}}{p_\Sigma} \leqslant \frac{2.64\times10^{-3}}{p_\Sigma}\left(\frac{273+20}{273}\right)$$

在同一温度下，不同气体的分压力之比就是分子数目之比，也即等于不同气体所占有的体积之比，因为在同温度同压力下，相同体积的各种气体具有相同的分子数。于是有

$$R(V/V) = \frac{n_{H_2O}}{n_{SF_6}} = \frac{n_{H_2O}}{n_\Sigma} = \frac{p_{H_2O}}{p_\Sigma} \leqslant \frac{2.83 \times 10^{-3}}{p_\Sigma}$$

式中　　n_{H_2O}——水蒸气分子数;

　　　　n_{SF_6}——SF₆气体分子数;

　　　　n_Σ——气体总分子数。

如断路器的工作压力为 $6kg/cm^2$(表压),则 $p_\Sigma = 7kg/cm^2$。于是

$$R(V/V) \leqslant 0.405 \times 10^{-3} \approx 400 \times 10^{-6}(V/V)$$

即允许的含水量体积比为 $400 \times 10^{-6}(V/V)$。

由此,SF₆气体中的含水量与断路器的工作压力成反比关系。SF₆气体压力越高,允许含水量应越小。

6 **SF₆ 气体含水量的体积比和重量比有什么关系?**

答:SF₆气体含水量重量比是分子数量和分子量乘积之比,因此有

$$R(M/M) = \frac{\mu_{H_2O}}{\mu_{SF_6}} \times \frac{n_{H_2O}}{n_{SF_6}} = \frac{18}{146}R(V/V) = 0.123R(V/V)$$

$$R(V/V) = 8.11R(M/M)$$

式中　　μ_{H_2O}——水的分子量;

　　　　μ_{SF_6}——SF₆气体的分子量。

可见,SF₆气体含水量的体积比等于其重量比的 8.11 倍。

7 **减少 SF₆ 设备水分的措施有哪些?**

答:(1) 严格控制 SF₆ 新气的含水量,不能超过规定的标准。

(2) 改善 GIS 设备密封材料的质量,严格遵守安装密封环的工艺过程。

(3) 在 SF₆ 设备中放置吸附剂,其作用一是吸附设备内部 SF₆ 气体中的水分,二是吸附气体在电弧高温作用下所产生的有毒分解物。要求吸附剂应有良好的吸附 SF₆ 分解物的能力,并放在低温环境中,可以提高其吸水能力;吸附剂与 SF₆ 气体分解物反应时,不得产生二次有害物质;在工作时,不粉化、不潮解。目前在 SF₆ 电气设备内常用的吸附剂有活性氧化铝、分子筛和活性炭等。

(4) GIS 设备尽量使用室内式布置,这样可以控制室内的温度、湿度,以减少产生水分子的机会,避免灰尘和其他杂质侵入到设备中去。

8 **SF₆ 设备的水分测量方法有哪些? 如何进行?**

答:按测量原理可分为重量法、电解法、露点法、阻容法。水分的测量应在气室的湿度稳定后进行,一般在封闭式组合电器充气 24h 后进行。SF₆ 气体中水分含量要求值应符合国标含水量的标准(见本章题3)。

当用不同仪器测量同一台设备时,有可能得到不同的数据。这可能除与仪器本身的性能有关外,还与所用的气体管路和操作等因素也有关,为保持数据的可比性,建议使用同一台

仪器测量；同时在对气体进行测量前，应对气路接头进行干燥处理，以免影响测量的准确性。

9 **微水检测的原理是什么?**

答：智能微水测量仪采用了原装进口湿度传感器作为湿度敏感元件。当被测气体中的微量水分进入传感器采样室，水蒸气被吸附到传感器的微孔中，使其容抗发生变化，传感器将这种变化进行放大转换成标准线性电信号，通过微处理器加以处理，最后送到液晶屏上显示。

10 **测试 SF_6 气体水分的注意事项有哪些?**

答：(1) 测定 SF_6 气体水分所用的管道应用吸湿率低的专用管路，且要保持清洁干燥，减少测试误差，如用橡皮管为气路测得湿度数值平均要比不锈钢管测得的数值高很多。

(2) SF_6 气体水分测试仪与 SF_6 设备之间的管路连接应密闭不漏。

(3) 做 SF_6 设备内 SF_6 气体水分的验收试验时，从 SF_6 气体充入设备到测试，时间间隔应至少不低于 24h。

(4) 运行 SF_6 设备气体水分，一般应选择环境温度为 20℃ 左右时的天气测定，并在报告中注明测试温度。

(5) 设备投运的第一年，一般应至少每半年测定一次，若无异常，可隔年测定一次。

(6) SF_6 气体水分测试仪应定期校正，一般每年校正一次。

(7) 以露点表示或显示的仪器，其测试结果如要以体积比（$\mu L/L$）或质量比（$\mu g/g$）表示时，应查该露点下的饱和蒸汽压，并按运行设备的实际压力进行换算。

(8) 用露点法测试水分时，要注意设备内部绝缘材料中挥发出的有机溶剂对检测结果的影响。

(9) 对于平时检测数据相对较大的设备，即使并未超标，也应适当缩短周期，加强监测。

例如：某公司在 2013 年 6 月 21 日，对某变电站做 GIS 设备的 SF_6 气体微水检测时，发现该设备的开关气室、线路避雷器气室微水均超标，开关气室达 550$\mu L/L$，避雷器气室达 750$\mu L/L$，分解产物无明显异常。申请立即停电处理。然后对比了该设备、气室以往的 SF_6 微水检测数据、超声波局放数据。2010.12.11 的 SF_6 微水检测数据中开关气室为 109$\mu L/L$，避雷器气室为 308$\mu L/L$，虽未达到运行中断路器灭弧室气室≤300$\mu L/L$，其他气室≤500$\mu L/L$ 的注意值，但和其他气室数值（100$\mu L/L$ 左右）相比，明显偏大，进一步说明该气室存在的问题是逐步发展起来的，如果持续运行不处理，必将严重危害设备安全。检修班组配合厂家采取了更换吸附剂、抽真空、充入高纯度氮气清洗，充入新的 SF_6 气体等，经过一系列处理措施后，微水数据恢复到正常，开关气室为 116$\mu L/L$，避雷器气室为 264$\mu L/L$，已经恢复到正常水平。

本次检测是继省公司 GIS 设备 SF_6 气体普查后，根据周期自行安排的又一次抽检跟踪，只针对普查过程中有怀疑的设备，在检测过程中及时发现并解决了问题，由此也能看出对于普测数据相对较大的，即使并未超标，也应适当缩短周期，加强监测。

11 **SF_6 气体含水量测量的重量法的原理和优缺点是什么?**

答：原理是：用无水的 P_2O_5（五氧化二磷），在试验前称重，通过一定体积的 SF_6 气体，

P_2O_5 吸收气体中的水分，再次称重，二次重量差值即为 SF_6 气体中水分含量。

对设备使用环境要求较高，适合在实验室中进行，多用于仲裁或校验。

12 **SF_6 气体含水量测量的电解法的原理和优缺点是什么？**

答：原理是：采用电解池作为检测器件，电解池内安放有一对电极，电极间涂覆有 P_2O_5，干燥的 P_2O_5 的电阻很大，电流难以通过。当 SF_6 气体导入到电解池后，气体中的水分被 P_2O_5 吸收，形成磷酸并被电解，根据电解水分所需电量与水分量之间的关系，求出 SF_6 气体中的水分含量。

优点：测量稳定，数据重复率和准确度高，不易受干扰。

不足：①测量时间较长；②电解池的电解效率随着使用时间的增加而降低。新装上的电解池效率为 98％，当电解效率低于 85％时应更换。

13 **SF_6 气体含水量测量的露点法的原理是什么？**

答：原理是：用液氮或其他物品作为制冷源，使测量系统中金属镜面温度不断降低，当气体中的水蒸气随着镜面温度逐渐降低而达到饱和时，金属镜面开始凝露，这时镜面温度就是露点，由仪器记录该露点值，再根据露点值确定 SF_6 气体的含水量。通过检测露点值得到 GIS 内部的水分压力，再通过检测 GIS 内部压力检测到 GIS 内部 SF_6 气体的微水含量值。露点传感器输出的是当前温度、压力下的露点值，压力、温度传感器分别输出 GIS 的压力、温度值。根据公式计算微水含量值，同时可根据 SF_6 气体的密度曲线给出气体的密度值。

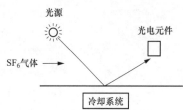

图 8-2 SF_6 气体含水量测量的露点法原理示意图

14 **阻容法的原理和优缺点是什么？**

答：原理是在仪器检测器的铝片上，用化学方法使它生成一层多孔的 Al_2O_3，再在 Al_2O_3 层上蒸镀一层金。铝片和金镀层构成电容器两极。当 SF_6 气体通过检测器时，多孔 Al_2O_3 层很容易从被试气体中吸收水分，使其电容量（电阻）发生变化，根据变化值，可得出气体含水量。

优点：测量范围宽，精度高，可连续测量。

不足：仪器内部有干燥剂，干燥剂数量少，容易失效，需定期更换。

15 **露点法进行微水测量中应注意的问题是什么？**

答：（1）测量系统应良好密封。

（2）气路干燥（阀、管道），管道应使用不锈钢、聚四氟乙烯等结构致密、表面光滑的材料（不能使用塑料、橡胶，仪器内部干燥剂应保持干燥，使仪器本底≤5μL/L，电解池在使用前通干燥氮气进行干燥，时间 24～72h，使仪器本体≤5μL/L。

（3）电解池效率降低时，应重新涂敷。

（4）金属镜面应保持洁净，测量时镜面冷却速度不能过快。

（5）测量系统管路不宜过长，以缩短测量时间，限制外界因素的影响（一般不超过 2m）。

16 **SF_6 电气设备运行维护中的安全防护措施有哪些?**

答：（1）空气中 SF_6 气体最高含量应≤$1000\mu L/L$，氧气含量应>18％；

（2）应保持通风良好；

（3）进入低凹地势时（如电缆沟）应防止缺氧而窒息；

（4）设备解体维修时，人员应穿防护服，带护目镜、手套、防毒面具；

（5）气体回收时，应首先确认设备已停电，再回收气体并抽真空至 133Pa 后，使用高纯 N_2 或干燥空气冲洗气室两次，抽真空防空的气体应在远处排放；

（6）清扫 SF_6 固体分解物时，应使用过滤能力达 $0.3\mu m$ 粉尘的专用吸尘器进行清扫，并将排出气体排至远处，如清除不了，可用溶剂＋布擦去。

附录A

电气设备带电检测常用方法

附录 A.1　高频电流法局部放电信号分类方法（见表 A.1）

表 A.1　　高频电流法局部放电信号分类方法

特点	有明显的聚团特征,具有明显的聚团中心,各团之间分区明显,没有交集	有明显的聚团特征,具有明显的聚团中心,但各团之间分区不明,存在交集	有明显的聚团特征,但没有明显的聚团中心,等效带宽或者等效时长的跨度较大
参考方法	将各团所在区域划分为一类	将各团所在的中心区域划分别划为一类	宜将一团划分称几个小团进行分析
典型示例			

附录 A.2　GIS 的超声波局部放电检测时重点检测部位（见图 A.2）

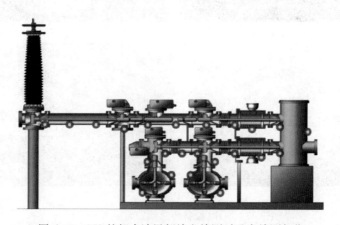

图 A.2　GIS 的超声波局部放电检测时重点检测部位

附录 A.3　GIS 设备进行特高频局部放电检测时用屏蔽布包裹可以有效消除外界电磁波干扰

　　左侧是没有包裹屏蔽布时，仪器检测到的手机信号（黄色柱状脉冲），右侧是屏蔽布全包裹状态下手机干扰信号完全消失，如图 A.3 所示。

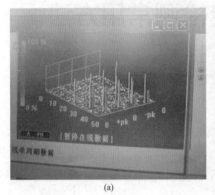
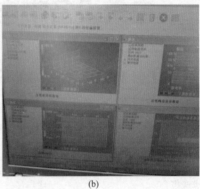

(a)　　　　　　　　　　　　　(b)

图 A.3　全包裹效果

（a）无屏蔽时；（b）屏蔽后

附录 A.4　GIS 设备进行特高频局部放电检测时传感器的安装模式（见图 A.4）

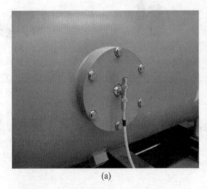

(a)　　　　　　　　　　　　　(b)

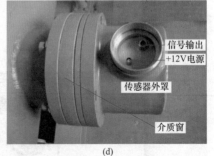

(c)　　　　　　　　　　　　　(d)

图 A.4　GIS 设备传感器安装模式（一）

（a）内置式；（b）外置式；（c）（d）介质窗式

(e)

图 A.4 GIS 设备传感器安装模式（二）

（e）TA 二次引线外端盖

附录 A.5 电力电缆高频电流法局部放电检测接线方式

检测方式包括电缆终端和中间接头。接线需将高频 TA 环入接地线，并在电缆本体上环入同步线圈，如图 A.5-1 所示。

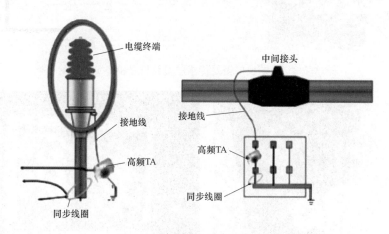

图 A.5-1 高频电流法接线方式

具体来说可以将高频 TA 安装在电缆接头、换位箱、接地箱以及电缆终端等各个位置。

（1）将电容耦合式传感器（薄膜电极）安装在电缆接头处的传感器，如图 A.5-2 所示，严格来说这种检测方式不属于高频电流法，属于脉冲电流法。对于 500kV 等一些重要的电缆，一般会安装在线监测装置，其传感器用的是停电试验的脉冲电流法的，即金属薄膜电极制作的耦合电容，巡视的时候，可以把这个传感器从系统中脱离开，接入便携式仪器进行测量，也属于电力电缆局部放电带电检测的一种方法。因为需要在电缆本体内事先嵌入传感器，所以这种方法不如高频电流法普及。

（2）高频 TA 安装在电缆换位箱处的传感器（使用电容臂方便接入），如图 A.5-3 所示。

（3）高频 CT 安装在电缆接地箱处的传感器（使用电容臂方便接入），如图 A.5-4 所示。

（4）高频 TA 安装在电缆终端处的传感器（使用电容臂方便接入），如图 A.5-5、图 A.5-6 所示。

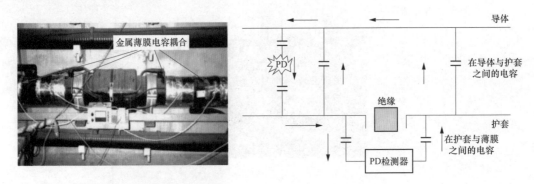

图 A.5-2 电缆接头处传感器安装照片和接线示意图

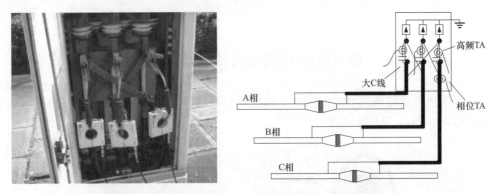

图 A.5-3 电缆换位箱处传感器安装照片和接线示意图

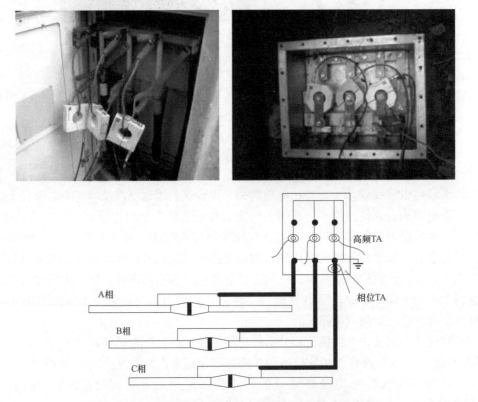

图 A.5-4 电缆接地箱处传感器安装照片和接线示意图

166

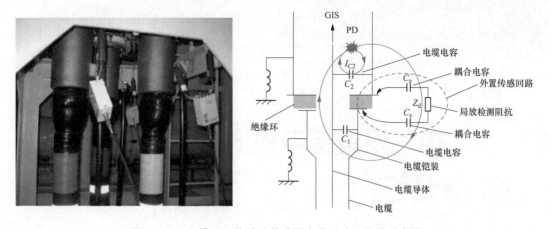

图 A.5-5　电缆 GIS 终端处传感器安装照片和接线示意图

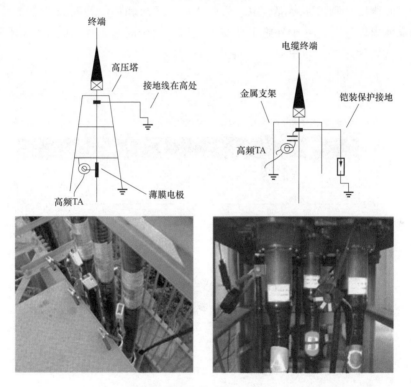

图 A.5-6　电缆户外终端处传感器安装照片和接线示意图

附录B

电气设备带电检测典型图谱

附录B.1 局部放电相位图谱

在一段时间内统计和描述局部放电信号的幅值、频次和相位关系的二维或三维谱图。相位是描述局部放电发生时刻处于外施工频交流电压（一个周期360°）的哪个相位区域。此类谱图的表述方式较为多样，如图B.1-1～图B.1-4所示。

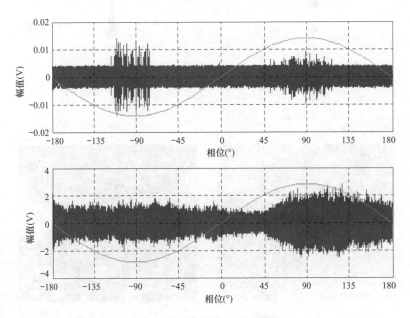

图B.1-1 局部放电信号的相位—幅值关系的二维谱图

图B.1-1可以突出反映局部放电信号的相位分布特点。

图B.1-2相比图B.1-1，还能充分反映多个连续监测周期内（图中为50个周期）局部放电信号的持续情况、有无间断、幅值是否稳定。

图B.1-3中时间轴和图B.1-2的周期数轴的作用类似，反映在连续监测时段内（图中为300s）局部放电信号的持续情况、有无间断、幅值是否稳定。

图B.1-4中反映了在特定的相位范围内放电幅值及频度情况。局部放电信号的幅值越大，频度越高，其严重程度和危害性相应越高。

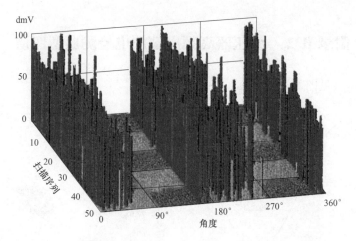

图 B.1-2　局部放电的相位—幅值—周期序号关系的三维谱图

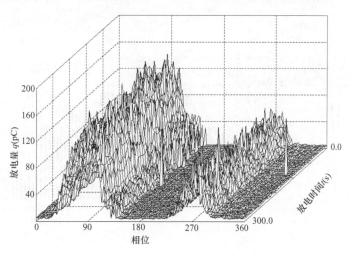

图 B.1-3　局部放电信号的相位—放电量—时间关系的三维谱图

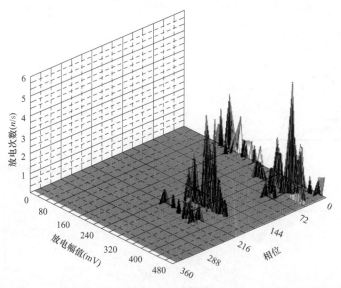

图 B.1-4　局部放电信号的相位—放电幅值—放电频度关系的三维谱图

附录 B. 2　变压器高频局部放电检测典型图谱

（1）电晕放电（见图 B. 2-1）。

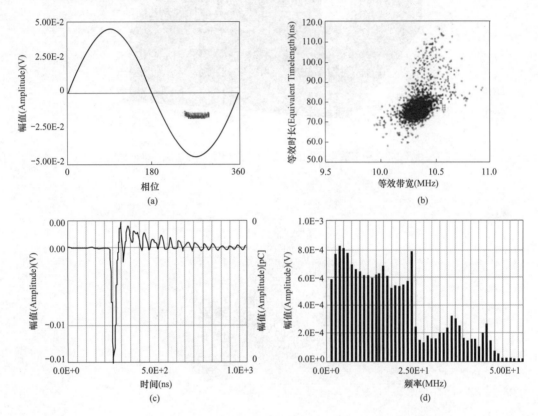

图 B. 2-1　电晕放电

（a）相位图谱；（b）分类图谱；（c）单个脉冲时域波形；（d）单个脉冲频域波形

（2）内部放电（见图 B. 2-2）。

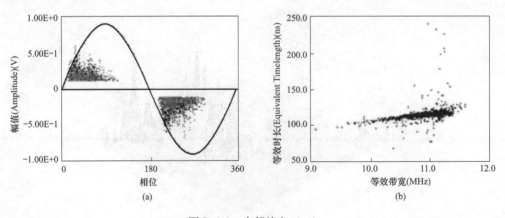

图 B. 2-2　内部放电（一）

（a）相位图谱；（b）分类图谱

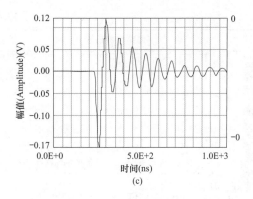

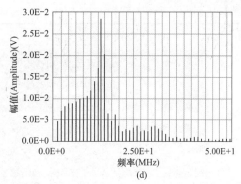

图 B. 2-2　内部放电（二）

（c）单个脉冲时域波形；（d）单个脉冲频域波形

（3）沿面放电（见图 B. 2-3）。

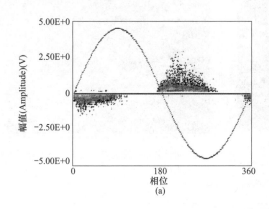

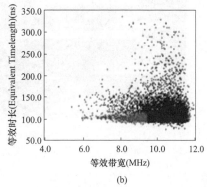

图 B. 2-3　沿面放电

（a）相位图谱；（b）分类图谱

附录 B. 3　超声波法检测各种缺陷的局部放电的典型图谱
（见表 B. 3-1～表 B. 3-4）

表 B. 3-1　没有明显干扰时的背景噪声

检测模式	时域波形检测模式	特征指数检测模式
典型谱图	有效值 0.28/0.28 2mV 周期峰值 0.88/0.88 5mV 频率成分1 0/0 0.5mV 频率成分2 0/0 0.5mV	(图)
谱图特征	（1）仅有幅值较小的有效值及周期峰值； （2）频率成分1、频率成分2几乎为0	无明显相位特征，脉冲相位分布均匀，无聚集效应

检测模式	时域波形检测模式	特征指数检测模式
典型谱图	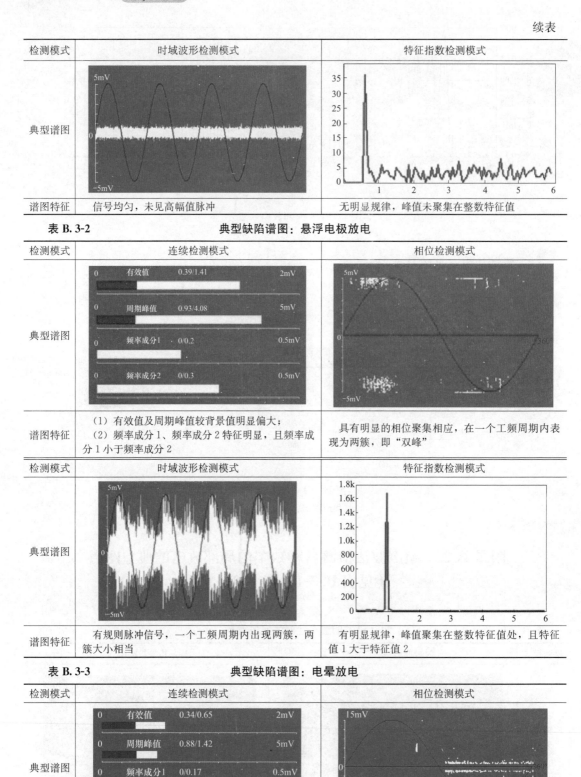	
谱图特征	信号均匀，未见高幅值脉冲	无明显规律，峰值未聚集在整数特征值

表 B. 3-2　　　　　　　　　典型缺陷谱图：悬浮电极放电

检测模式	连续检测模式	相位检测模式
典型谱图		
谱图特征	（1）有效值及周期峰值较背景值明显偏大； （2）频率成分1、频率成分2特征明显，且频率成分1小于频率成分2	具有明显的相位聚集相应，在一个工频周期内表现为两簇，即"双峰"

检测模式	时域波形检测模式	特征指数检测模式
典型谱图		
谱图特征	有规则脉冲信号，一个工频周期内出现两簇，两簇大小相当	有明显规律，峰值聚集在整数特征值处，且特征值1大于特征值2

表 B. 3-3　　　　　　　　　典型缺陷谱图：电晕放电

检测模式	连续检测模式	相位检测模式
典型谱图		

检测模式	连续检测模式	相位检测模式
谱图特征	（1）有效值及周期峰值较背景值明显偏大； （2）频率成分1、频率成分2特征明显，且频率成分1大于频率成分2	具有明显的相位聚集相应，但在一个工频周期内表现为一簇，即"单峰"

检测模式	时域波形检测模式	特征指数检测模式
典型谱图		
谱图特征	有规则脉冲信号，一个工频周期内出现一簇（或一簇幅值明显较大，一簇明显较小）	有明显规律，峰值聚集在整数特征值处，且特征值2大于特征值1

表 B. 3-4　　　　　　典型缺陷谱图：自由金属颗粒放电

检测模式	连续检测模式	相位检测模式
典型谱图		
谱图特征	（1）有效值及周期峰值较背景值明显偏大； （2）频率成分1、频率成分2特征不明显	无明显的相位聚集相应，但可发现脉冲幅值较大

检测模式	时域波形检测模式	特征指数检测模式
典型谱图		
谱图特征	有明显脉冲信号，但该脉冲信号与工频电压的关联性小，其出现具有一定随机性	无明显规律，峰值未聚集在整数特征值

173

附录 B. 4　GIS 特高频局部放电典型的缺陷局部放电信号的 PRPS 图谱、PRPD 图谱和峰值检测图谱（见表 B. 4-1）

表 B. 4-1　　　　　　　　　　　GIS 特高频局部放电的缺陷局部放电信号图谱

类型	PRPS 谱图	峰值检测谱图	PRPD 谱图
电晕放电	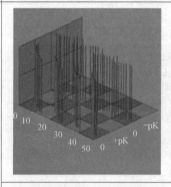	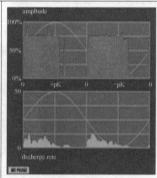	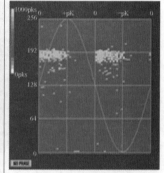
	放电的极性效应非常明显，通常在工频相位的负半周或正半周出现，放电信号强度较弱且相位分布较宽，放电次数较多。但较高电压等级下另一个半周也可能出现放电信号，幅值更高且相位分布较窄，放电次数较少		
悬浮电位放电			
	放电信号通常在工频相位的正、负半周均会出现，且具有一定对称性，放电信号幅值很大且相邻放电信号时间间隔基本一致，放电次数少，放电重复率较低。PRPS 谱图具有"内八字"或"外八字"分布特征		
自由金属颗粒放电	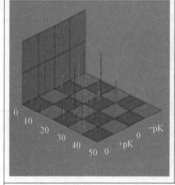	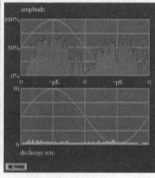	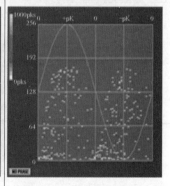
	局放信号极性效应不明显，任意相位上均有分布，放电次数少，放电幅值无明显规律，放电信号时间间隔不稳定。提高电压等级放电幅值增大但放电间隔降低		

174

类型	PRPS谱图	峰值检测谱图	PRPD谱图
空穴放电	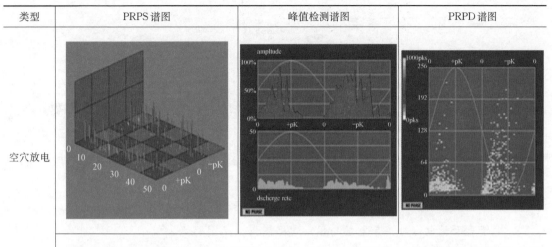		

放电信号通常在工频相位的正、负半周均会出现，且具有一定对称性，放电幅值较分散，且放电次数较少

附录 B.5　电缆局部放电的典型图谱

1. 电缆内部放电典型图谱（见图 B.5-1）

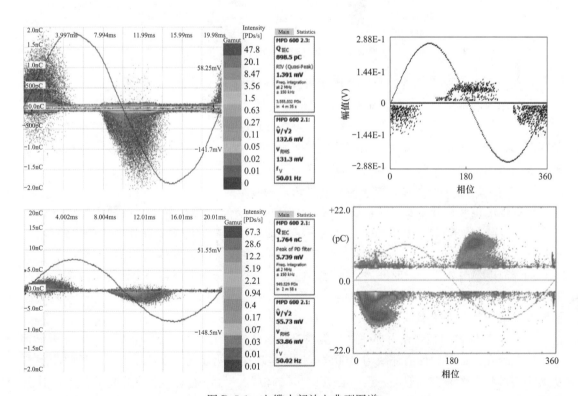

图 B.5-1　电缆内部放电典型图谱

2. 电缆电晕放电典型图谱（见图 B. 5-2）

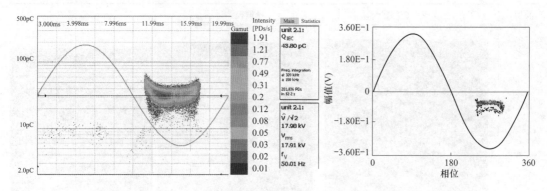

图 B. 5-2　电缆电晕放电典型图谱

3. 电缆表面放电（外半导电层受损）典型图谱（见图 B. 5-3）

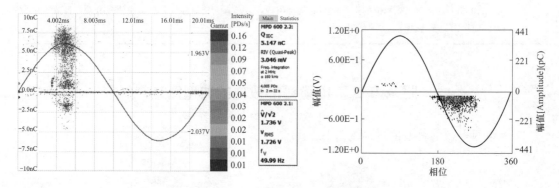

图 B. 5-3　电缆表面放电典型图谱

4. 电缆绝缘内部金属悬浮缺陷的典型图谱和特征

电缆绝缘内部金属悬浮缺陷的局部放电信号呈现比较明显的双极性对称图谱，正负两簇图谱从大小与形状上看非常相似，一簇中心点在 45° 的位置，另一簇中心点在 225° 的位置，两簇图谱相位与半导体尖端缺陷局部放电信号图谱一致，但是信号图谱的形状存在较大差异，该类型图谱类似于两座小土丘，如图 B. 5-4 所示。

5. 电缆绝缘内部半导电尖端缺陷的典型图谱和特征

局部放电信号刚开始发生时，放电密度比较低，ϕ-q-n 图谱相差 180° 的两簇图谱一簇中心点在 180°，另一簇中心点在 360°，其簇图谱特征类似于松散的雨点在地上所产生的形状，不过从大小上来看，信号可达 100pC，只是放电的频度较低，如图 B. 5-5 所示。

局部放电信号发生一段时间后，即趋于稳定时，两簇图谱类似与一个馒头平放在桌子上的形状。随着时间的推移，局部放电信号一直处于稳定后，其两簇图谱更像一棵树被风吹过而弯腰时的形状，如图 B. 5-6 所示。

6. 电缆绝缘内部预制件内部缺陷的典型图谱和特征

电缆绝缘内部预制件内部缺的局部放电信号呈现比较明显的双极性图谱，正负两簇图谱从大小与形状上看非常相似，一簇中心点在 90° 的位置，另一簇中心点在 270° 的位置，其两簇图谱类似于两个睁开着的小眼睛，如图 B. 5-7 所示。

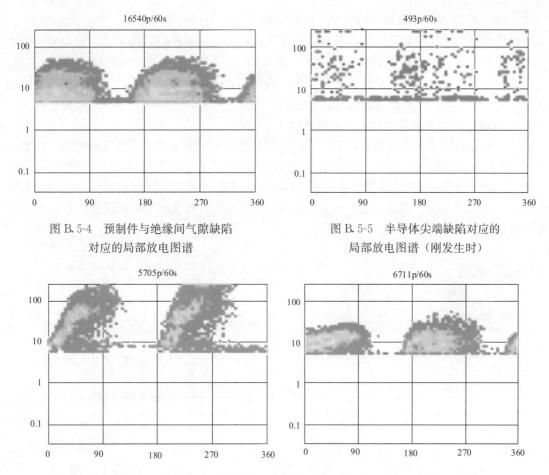

图 B.5-4　预制件与绝缘间气隙缺陷
对应的局部放电图谱

图 B.5-5　半导体尖端缺陷对应的
局部放电图谱（刚发生时）

图 B.5-6　半导体尖端缺陷对应的局部放电图谱（信号发生一段时间后及稳定后）

7. 电缆绝缘内部安装尺寸错误缺陷的典型图谱和特征

电缆绝缘内部安装尺寸错误缺陷局部放电信号，其相位差180°的两簇信号图谱大小与形状上存在比较大的区别，一簇中心点在90°的位置，另一簇中心点在270°的位置，其两簇图谱类似于两朵云飘在空中，而且是一朵云朵较大，一朵又比较小，如图 B.5-8 所示。

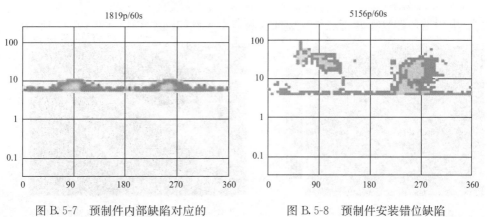

图 B.5-7　预制件内部缺陷对应的
局部放电图谱

图 B.5-8　预制件安装错位缺陷
对应的局部放电图谱

8. 电缆绝缘内部气隙缺陷的典型图谱和特征

电缆绝缘内部气隙缺陷的局部放电信号呈现比较明显的双极性对称图谱，正负两簇图谱从大小与形状上看，均非常相似，一簇中心点在 60°的位置，另一簇中心点在 240°的位置，其两簇图谱相位位置与接头预制件存在内部缺陷局部放电信号图谱一致，但是信号图谱的形状存在很大差异，该类型图谱类似于两座小山峰耸立在平原地上，如图 B.5-9 所示。

9. 电缆绝缘内部主绝缘凹痕缺陷的典型图谱和特征

电缆绝缘内部主绝缘凹痕缺陷的局部放电信号呈现比较明显的双极性对称图谱，当电压在接近电缆运行电压时，局部放电信号正负两簇图谱形状上看非常相似，负极簇图比正极簇图大，一簇中心点在 45°的位置，另一簇中心点在 225°的位置，两簇图谱相位与主绝缘金属悬浮缺陷局部放电信号图谱一致，但是信号图谱的形状存在较大差异，该类型图谱类似于一高一矮两座小山丘，如图 B.5-10 所示。

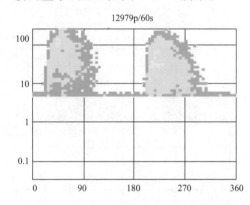
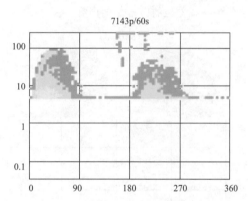

图 B.5-9　预制件与绝缘间气隙缺陷对应的局部放电图谱　　　图 B.5-10　预制件与绝缘间气隙缺陷对应的局部放电图谱

附录 B.6　常见电气设备红外热成像检测典型图例

一、电气一次设备

1. 变压器类设备

（1）电力变压器高压套管红外热成像检测典型图例如图 B.6-1～图 B.6-12 所示。

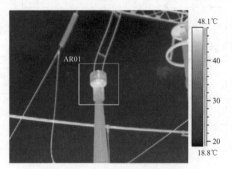

图 B.6-1　500kV 套管上端内部接触不良　　　图 B.6-2　直流 500kV 换流变阀侧套管温度分布异常

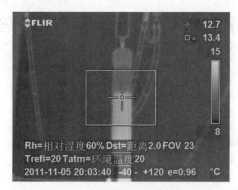

图 B. 6-3　500kV 主变压器高压
套管渗油而缺油

图 B. 6-4　220kV 主变压器高压
套管渗油而缺油

图 B. 6-5　内部接触不良将军帽发热

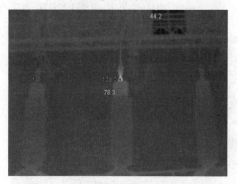

图 B. 6-6　变压器套管发热套管缺油
及线夹异常发热

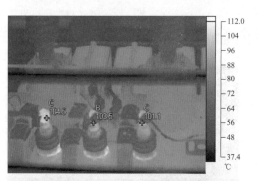

图 B. 6-7　10kV 套管线夹及压环螺栓环流发热

图 B. 6-8　套管压环螺钉涡流示意图

图 B. 6-9　变压器 35kV C 相套管接头发热

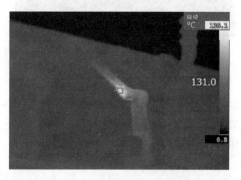

图 B. 6-10　10kV 低压侧 A 相引线接线夹发热

图 B.6-11　变压器 10kV 侧套管内部接头发热

图 B.6-12　变压器 6kV 侧套管接头发热

（2）变压器油枕红外热成像检测典型图例如图 B.6-13、图 B.6-14 所示。

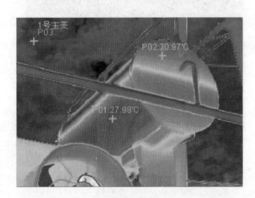

图 B.6-13　变压器油枕油气分界面（正常）

图 B.6-14　变压器油枕隔膜（曲线状）脱落

（3）变压器散热器红外热成像检测典型图例如图 B.6-15～图 B.6-18 所示。

图 B.6-15　变压器散热器阀门关闭未开

图 B.6-16　变压器散热片渗油表面污染（正常）

（4）变压器箱体漏磁产生涡流发热如图 B.6-19～图 B.6-24 所示。

（5）变压器箱体脱漆（正常）发热如图 B.6-25 所示。

2. 电抗器类设备

电抗器类设备发热如图 B.6-26～图 B.6-30 所示。

3. 互感器类设备

互感器类设备发热如图 B.6-31～图 B.6-44 所示。

图 B. 6-17　主变压器散热器蝶阀未开启

图 B. 6-18　220kV 主变压器油枕阀门
未开两侧温差较大

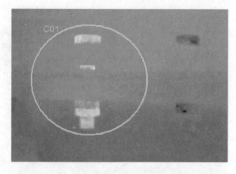

图 B. 6-19　500kV 主变压器箱体漏磁引起
的局部螺栓过热

图 B. 6-20　箱沿螺栓因漏磁产生
涡流发热温 42K

图 B. 6-21　变压器漏磁通引起箱体发热

图 B. 6-22　变压器低压侧涡流引起发热

图 B. 6-23　220kV 主变油箱上部
连接片发热 112.6℃

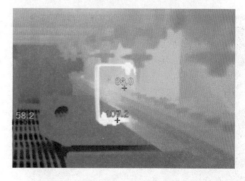

图 B. 6-24　110kV 主变压器油箱下
部连接片发热

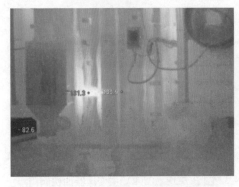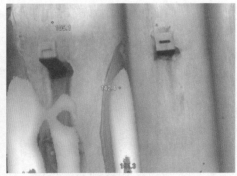

图 B. 6-25　变压器箱体脱漆（辐射率设置不当）虚拟发热

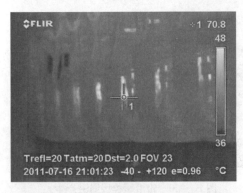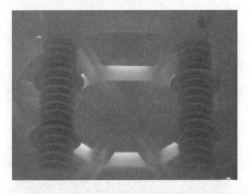

图 B. 6-26　阳极电抗器铁损激增致局部过热　　　图 B. 6-27　平波电抗器均压环涡流发热 79.8℃

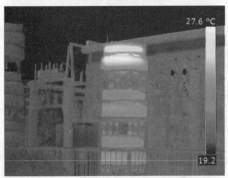

图 B. 6-28　整体受潮致使整体发热　　　　图 B. 6-29　局部涂料受损受潮致使外包封中部发热

图 B.6-30　电抗器支柱绝缘子金属件涡流损耗过热　　图 B. 6-31　220kV 电流互感器内接不良发热

图 B. 6-32　220kV 倒置式电流
互感器内部异常发热

图 B. 6-33　220kV 倒置式电流
互感器接头接触不良发热

图 B. 6-34　110kV 电流互感器内部受潮发热

图 B. 6-35　电流互感器接头发热

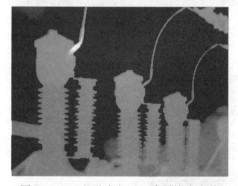

图 B. 6-36　电磁式电压互感器接头发热

图 B. 6-37　35kV 电流互感器环氧体异常发热

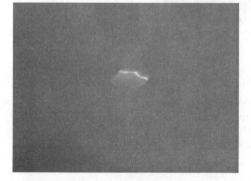

图 B. 6-38　10kV 电流互感器环氧体发热

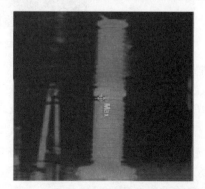

图 B. 6-39　220kV CVT 下节分压电容 tanδ 偏大

图 B.6-40　220kV 线路
CVT 上端发热

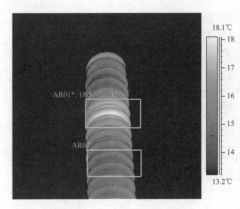

图 B.6-41　110kV CVT tanδ
偏高并部分电容元件击穿

图 B.6-42　110kV 电容式 CVT 因
渗漏温度偏低

图 B.6-43　220kV 电容式 CVT
电磁单元发热

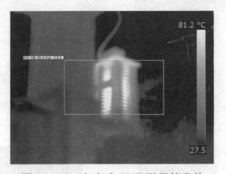

图 B.6-44　电容式 CVT 阻尼箱发热

4. 开关类设备

(1) 断路器发热如图 B.6-45~图 B.6-52 所示。

(2) GIS 设备发热如图 B.6-53~图 B.6-61 所示。

(3) 隔离开关发热如图 B.6-62~图 B.6-69 所示。

(4) 铠装开关柜发热如图 B.6-70~图 B.6-73 所示。

5. 高压穿墙套管

高压穿墙套管发热如图 B.6-74~图 B.6-77 所示。

图 B. 6-45 220kV SF₆断路器静触头发热

图 B. 6-46 220kV SF₆断路器动触头发热

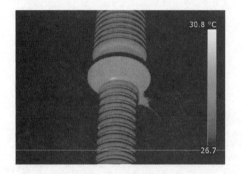

图 B. 6-47 220kV SF₆断路器防水胶失效发热

图 B. 6-48 110kV 少油断路器中间触座发热

图 B. 6-49 断路器内部触头接触不良发热

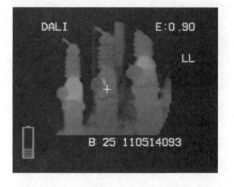

图 B. 6-50 LW8-35 SF₆断路器内部
中间触座发热

图 B. 6-51 10kV 真空断路器导电基座发热

图 B. 6-52 10kV 真空断路器连接触座发热

 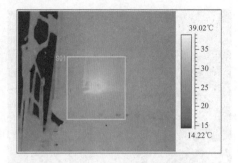

图 B. 6-53　110kV GIS 线路侧 TA 气室发热　图 B. 6-54　500kV GIS TA 外壳接地不良发热

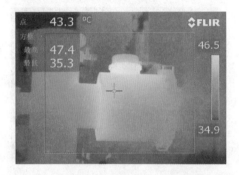 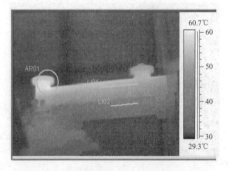

图 B. 6-55　220kV 母线侧 A 相 TA 发热红外图谱　图 B. 6-56　110kV GIS 隔离开关过热图谱

图 B. 6-57　500kV GIS 套管上端内部接触不良　图 B. 6-58　110kV GIS 套管端部表面局部污秽

 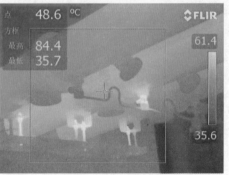

图 B. 6-59　220kV GIS 穿墙套管 B 相支撑螺栓发热

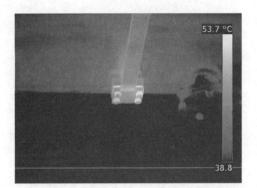

图 B.6-60　GIS 接地连接排发热

图 B.6-61　220kV GIS 外壳三相短接线
螺钉压接不良发热

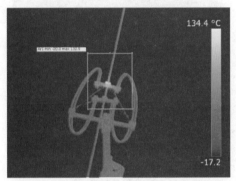

图 B.6-62　220kV 隔离开关 A 相动
静触头处发热

图 B.6-63　220kV 隔离开关 A 相接
线板处发热 83.5℃

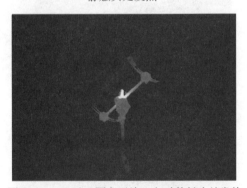

图 B.6-64　220kV 隔离开关 A 相动静触头处发热

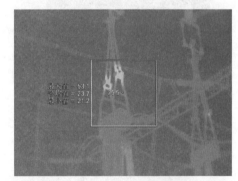

图 B.6-65　220kV 隔离开关拐臂接触不良发热

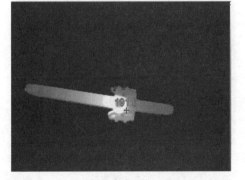

图 B.6-66　110kV 隔离开关 C 相触指片发热

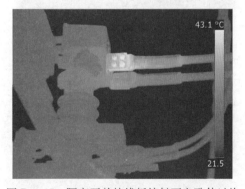

图 B.6-67　隔离开关接线板接触不良致使过热

图 B.6-68　110kV 隔离开关外绝缘表面污秽

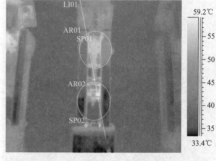

图 B.6-69　10kV 隔离开关动静触头发热

图 B.6-70　开关柜表面温度存在异常

图 B.6-71　实际热源是柜内 A 相电流
互感器开裂所致

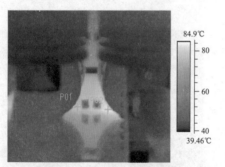

图 B.6-72　10kV 开关柜柜体后面
板温度异常

图 B.6-73　柜后面板过桥母线引下
线上的热塑保护套熔化

图 B.6-74　110kV 穿墙套管
表面污秽

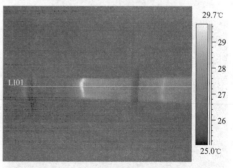

图 B.6-75　穿墙套管浇筑质量
不佳异常发热

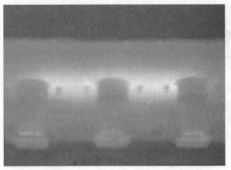

图 B.6-76　110kV 穿墙套管表明污秽
绝缘护套表面白色斑点积污

图 B.6-77　35kV 穿墙套管安装
隔板涡流发热

6. 氧化锌避雷器

氧化锌避雷器发热如图 B.6-78～图 B.6-87 所示。

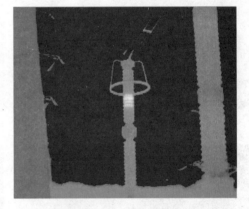

图 B.6-78　500kV 避雷器内部
受潮发热

图 B.6-79　330kV 避雷器本体相间
温差大于 10K 内部阀片受潮

图 B.6-80　220kV 避雷器前相上节
温度分布异常

图 B.6-81　110kV 合成避雷器温度
分布异常

7. 电容器类设备

（1）电力电容器发热如图 B.6-88～图 B.6-93 所示。

（2）耦合电容器发热如图 13.6-94—图 13.6-97 所示。

（3）断路器电容器发热如图 B.6-98 所示。

189

图 B. 6-82　10kV 母线桥避雷器异常发热

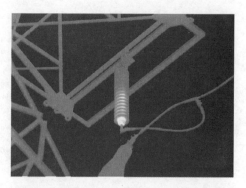

图 B. 6-83　110kV 线路避雷器异常发热

图 B. 6-84　110kV 避雷器内部受潮

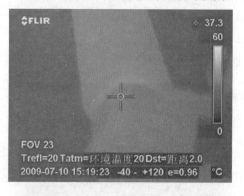

图 B. 6-85　110kV 避雷器内部（局部）受潮

图 B. 6-86　110kV 避雷器 B 相上节受潮

图 B. 6-87　35kV 阀式避雷器内部受潮

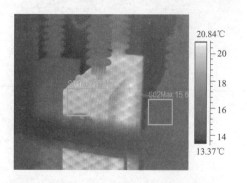

图 B. 6-88　35kV 电容器 $\tan\delta$ 偏大整体发热

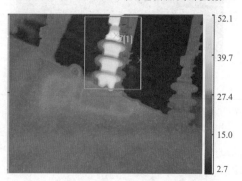

图 B. 6-89　35kV 电容器套管内连接触不良发热

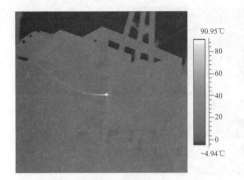

图 B.6-90　电容器连线接触不良发热

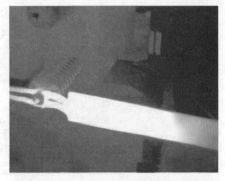

图 B.6-91　电容器连线接触不良发热

图 B.6-92　10kV 电容器内部单元击穿

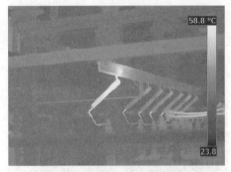

图 B.6-93　10kV 电容器熔断器发热

图 B.6-94　110kV 耦合电容器表面污秽

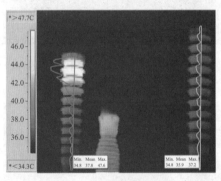

图 B.6-95　耦合电容器电容量减少 10% 引起发热

图 B.6-96　220kV 耦合电容器
B 相下节 tanδ 增长

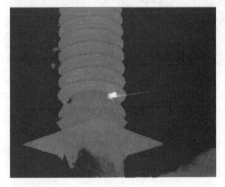

图 B.6-97　耦合电容器电容接头接触
不良发热

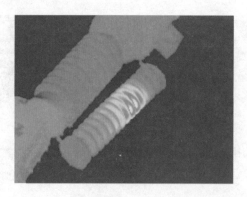

图 B.6-98　断路器电容器受潮 tanδ 大引起发热

8. 母线类设备

（1）管型母线发热如图 B.6-99～图 B.6-102 所示。

图 B.6-99　110kV 管母引线线夹
接触不良发热

图 B.6-100　110kV 管型母线段软连接
接触不良发热

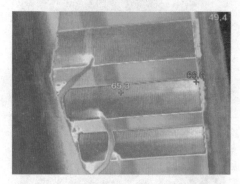

图 B.6-101　10kV 绝缘管型母线屏蔽
接地不良发热

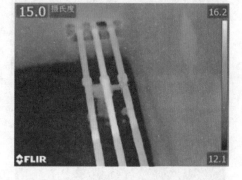

图 B.6-102　10kV 绝缘管型母线
接续部分发热

（2）矩（带）形母线发热如图 B.6-103～图 B.6-106 所示。

（3）设备连接引线发热如图 B.6-107～图 B.6-109 所示。

9. 其他设备

（1）阻波器发热如图 B.6-110、图 B.6-111 所示。

（2）架空接地线发热如图 B.6-112 所示。

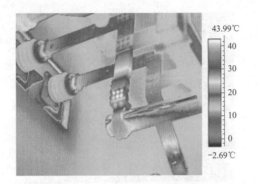

图 B.6-103　矩形母线接头接触面发热

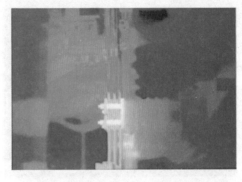

图 B.6-104　矩形母线固定金具涡流发热

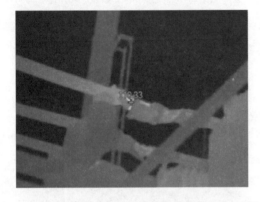

图 B.6-105　110kV 主变压器 10kV 侧带形母线软连接发热

图 B.6-106　矩形母线接头接触面发热

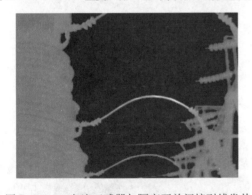

图 B.6-107　电流互感器与隔离开关间接引线发热

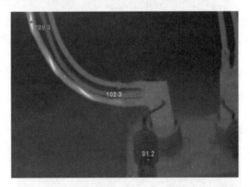

图 B.6-108　10kV 穿墙套管 A 相引线断股发热

图 B.6-109　220kV 母线跳转线接触不良发热

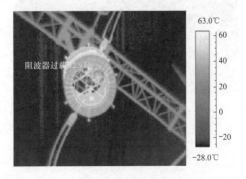

图 B.6-110　220kV 阻波器整体过载温升超 90℃

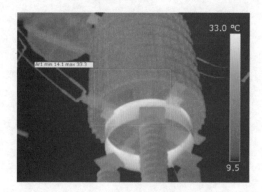

图 B. 6-111　220kV 阻波器漏磁导致
环流底部发热

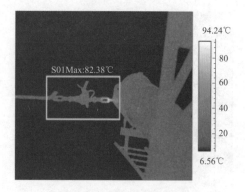

图 B. 6-112　220kV 架空地线结点
接触不良导致金具发热

（3）设备构架接地引下线发热如图 B. 6-113、图 B. 6-114 所示。

图 B. 6-113　66kV 设备构架接地
引下线温升超过 30K

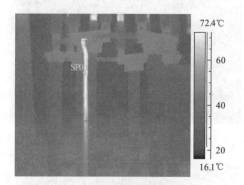

图 B. 6-114　35kV 电抗器劣质
接地引下线材质发热

（4）输电线路发热如图 B. 6-115、图 B. 6-116 所示。

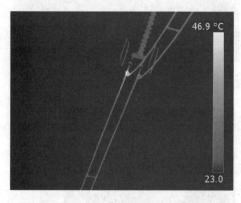

图 B. 6-115　输电线路跳线接续线处发热

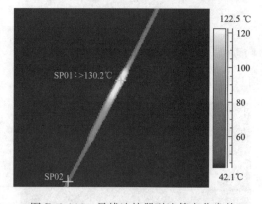

图 B. 6-116　导线连接器引流管老化发热

（5）电力电缆发热如图 B. 6-117～图 B. 6-130 所示。

（6）绝缘子发热如图 B. 6-131～图 B. 6-139 所示。

（7）输电线路预绞丝发热如图 B. 6-140、图 B. 6-141 所示。

图 B. 6-117　电缆护套受损出现裂纹

图 B. 6-118　35kV 交联电缆头根部电场不均

图 B. 6-119　110kV 电缆终端内部
介质受潮发热

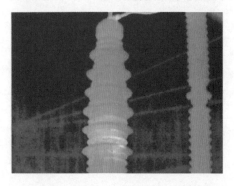

图 B. 6-120　110kV 交联电缆终端增
爬裙粘结不良

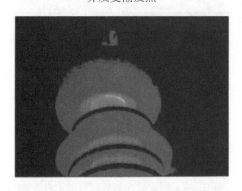

图 B. 6-121　110kV 充油电缆头均压环安装不良

图 B. 6-122　35kV 交联电缆头根部电场不均

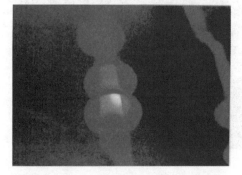

图 B. 6-123　35kV 交联电缆终端热缩
不均残留气隙

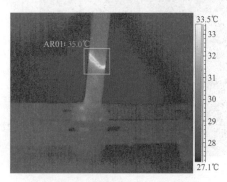

图 B. 6-124　35kV 电缆头护套受损
相间温差大于 0.5K

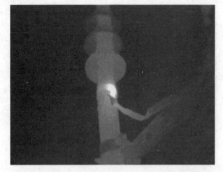

图 B. 6-125　35kV 电缆头电场不均屏蔽层发热

图 B. 6-126　电缆中间接头异常发热

图 B. 6-127　35kV 油浸纸电缆头
连接不良

图 B. 6-128　10kV 油浸纸三相电缆头
分相电容放电

图 B. 6-129　电缆接地点环流过大发热

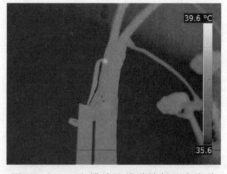

图 B. 6-130　电缆接地线端接触不良发热

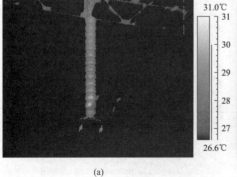

(a)

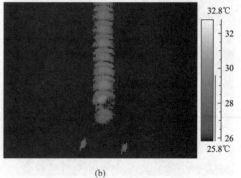

(b)

图 B. 6-131　某 220kV 线路绝缘子第 14 片为零值热图，绝缘子规格 XWP-7
（a）故障相整体热图；（b）零值绝缘子特写热图

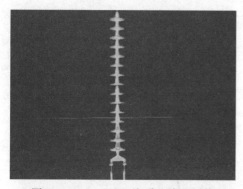

图 B. 6-132　220kV 瓷质绝缘子零值

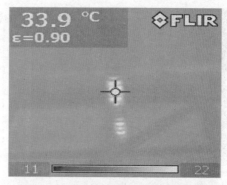

图 B. 6-133　110kV 升压站瓷质绝缘子表面污秽

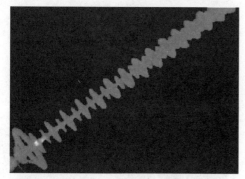

图 B. 6-134　500kV 复合绝缘子端部
棒芯受潮

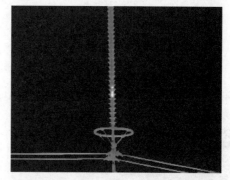

图 B. 6-135　复合绝缘子局部老化合成绝
缘子表面温升大于 1K

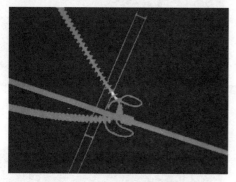

图 B. 6-136　500kV 悬式绝缘子低值
（电位端 2 片）

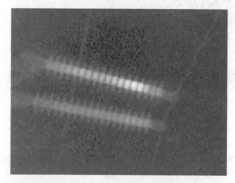

图 B. 6-137　110kV 合成绝缘子内部
芯棒受潮发热

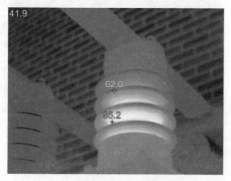

图 B. 6-138　10kV 母线型支柱绝缘子劣化发热

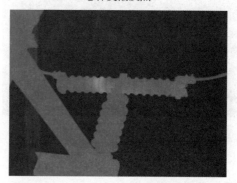

图 B. 6-139　35kV 高压熔断器异常发热

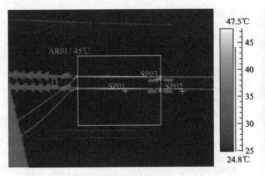

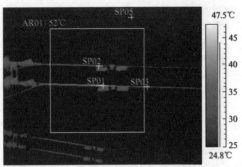

图 B. 6-140　220kV 线路 58 号相小号侧耐张预绞丝

图 B. 6-141　220kV 线路 92 号相小号侧耐张预绞丝

二、电气二次设备和低压设备

1. 电气二次设备

电气二次设备发热如图 B. 6-142～图 B. 6-147 所示。

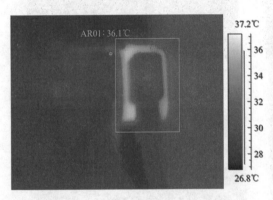

图 B. 6-142　110kV GIS 压力表信号接点盒内插头受潮

图 B. 6-143　低压零线汇流排接线处发热

图 B. 6-144　电度表屏端子排接线端子发热

图 B. 6-145　端子排接线端子异常发热

2. 低压电器

低压电器发热如图 B. 6-148～图 B. 6-153 所示。

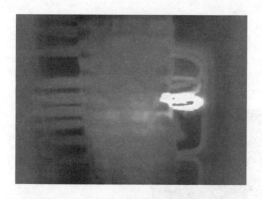

图 B. 6-146　端子螺钉松动接触不良

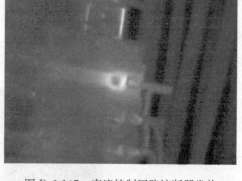

图 B. 6-147　直流控制回路熔断器发热

图 B. 6-148　低压熔断器夹座夹头接触不良发热

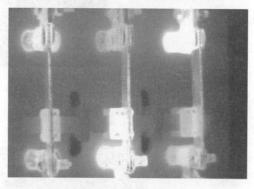

图 B. 6-149　低压刀开关触头刀片及转动部发热

图 B. 6-150　控制电缆过载发热

图 B. 6-151　电缆局部缺陷发热

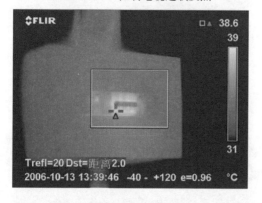

图 B. 6-152　二次端子箱内部元器件发热（外部）

图 B. 6-153　蓄电池连接端部发热

附录 B.7 紫外成像检测典型图谱

（1）绝缘子串被击穿后的表面局部放电，如图 B.7-1 所示。

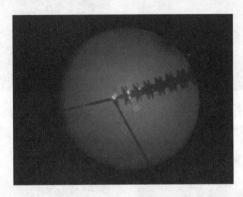

图 B.7-1 绝缘子串被击穿后的表面局部放电

（2）支柱式瓷绝缘子上的细微裂纹放电，如图 B.7-2 所示。

支柱瓷绝缘子上部法兰处裂纹　　　　支柱绝缘子外表面微裂纹

图 B.7-2 支柱式瓷绝缘子上的细微裂纹放电

（3）220kV 隔离开关拐肘部放电部位，如图 B.7-3 所示。

（4）500kV 耐张绝缘子劣化，如图 B.7-4 所示。

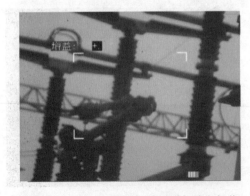 

图 B.7-3 220kV 隔离开关拐肘部放电部位　　　图 B.7-4 500kV 耐张绝缘子劣化

（5）硅橡胶复合绝缘子端部未装均压环放电，如图 B.7-5 所示。

（6）均压环毛刺放电，如图 B.7-6 所示。

图 B.7-5　硅橡胶复合绝缘子端部未装均压环放电　　　　图 B.7-6　均压环毛刺放电

（7）导体连接松动放电，如图 B.7-7 所示。

（8）220kV 绝缘子不均匀覆冰雪，如图 B.7-8 所示。

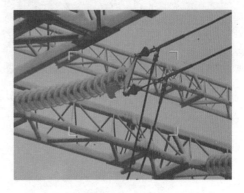

图 B.7-7　导体连接松动放电　　　　图 B.7-8　220kV 绝缘子不均匀覆冰雪

（9）导线污秽放电，如图 B.7-9 所示。

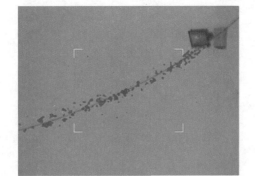

图 B.7-9　导线污秽放电

（10）污秽绝缘子放电，如图 B.7-10 所示。

（11）劣化的高压穿墙套管（左、右侧），如图 B.7-11 所示。

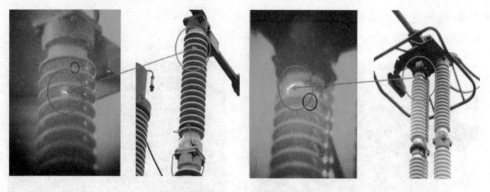

图 B. 7-10　污秽绝缘子放电

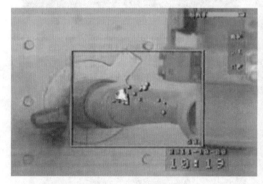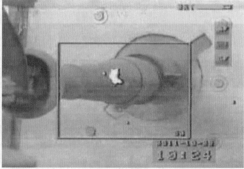

图 B. 7-11　劣化的高压穿墙套管（左、右侧）

附录C

电气设备带电检测典型案例

附录C.1 电气设备高频电流法局部放电检测典型案例

案例一

2009年4月，某电力公司采用高频电流法局部放电检测发现某变电站2号变压器存在局部放电。在变压器电缆终端接地线、铁心和夹件接地线处分别进行检测，发现变压器110kV侧C相存在局放异常，其中C相测得最大信号幅值达到2V，A相最大幅值达到0.8V，B相信号幅值为0.9V。110kV侧三相测得信号均具有典型放电特征，根据所测三相信号的相位分布特征和幅值，初步判断放电源位于C相，A、B测得信号为C相信号通过地线传导过来的。高频局放C相的检测谱图如图C.1-1所示。C相的相位谱图具有典型的放电

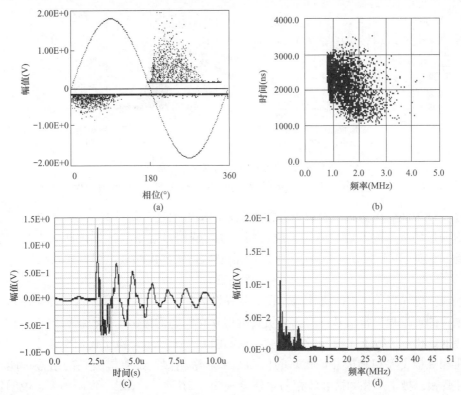

图 C.1-1 高频电流法局部放电检测谱图（C相）
（a）相位分布谱图；（b）信号分类谱图；（c）局放脉冲波形；（d）局放脉冲频谱图

特征，放电信号的相位分布在工频周波的第一、三象限，放电源应该位于 C 相一次导体的高压端；最大放电信号幅值达到 2V，单脉冲具有 0~10MHz 的连续频谱分布。

后经确认，2 号变压器 C 相的放电位置位于电缆桶内变压器套管与电缆终端连接部件靠近电缆终端的部位。

案例二

2008 年 11 月，某电力公司在高频电流法局部放电检测中发现 110kV 6 号母线电容式电压互感器（CVT）存在异常局部放电信号。在 CVT 电容末端接地线测到典型的局部放电谱图，具有半工频周期相位分布特征，最大信号幅值达到仪器最大量程值 5V，放电情形较严重，需要立即停电处理。检测结果如图 C.1-2 所示。

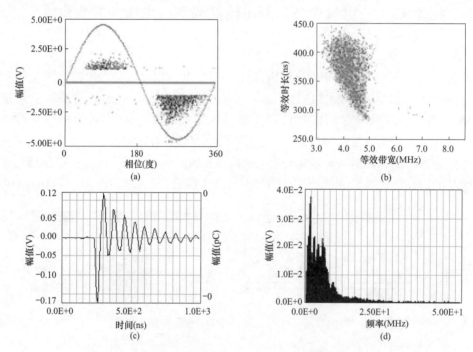

图 C.1-2　高频电流法局部放电检测结果

（a）相位分布谱图；（b）信号分类谱图；（c）局放脉冲波形；（d）局放脉冲频谱图

解体发现中间变压器高压侧避雷器内有明显的放电痕迹。避雷器顶端、相连弹簧、电阻阀片都有明显的黑色放电烧灼痕迹，位置相关联，特别是避雷器顶端内侧有大片的烧灼痕迹。因此，该类 CVT 的放电是由于中间变压器并联避雷器内的放电引发的缺陷。

案例三

某换流变电站极 I B 相换流变压器在安装并投运后，对该变压器进行了高频电流法局部放电带电检测，发现异常信号。检测人员在疑似存在问题的极 I B 相和相邻的正常相（极 I A 相和极 II C 相）进行了比较分析，检测结果如图 C.1-3 所示。极 I B 相换流变压器及其相邻的正常相（极 I A 相和极 II C 相）的检测结果非常相似，说明检测到的信号可能来源相同；极 I B 相、极 I A 相和极 II C 相的幅值分别为 0.1mV、0.1mV 和 1.3mV，说明信号来源离极 II C 相更近；检测结果与典型放电图谱有明显区别，与典型的可控硅干扰图谱有一定的相似性，如图 C.1-4 所示。因此判断是换流阀产生的可控硅换流脉冲干扰，排除该换流变压器存在放电故障的可能性，该换流变压器可继续安全运行，不必停电检修。后经长时间运行确认，设备中无缺陷故障。

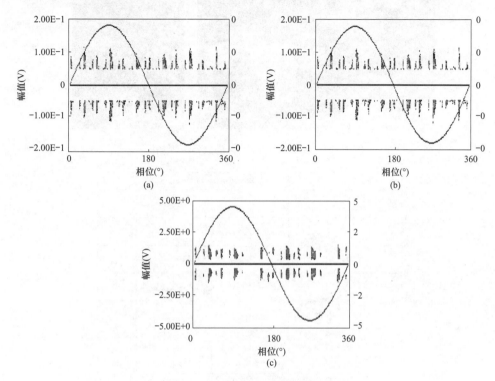

图 C.1-3　高频电流法局部放电检测结果

（a）极Ⅰ B相；（b）极Ⅰ A相；（c）极Ⅱ C相

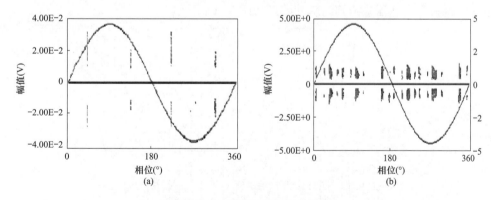

图 C.1-4　典型可控硅干扰图谱

（a）典型可控硅干扰图谱 1；（b）典型可控硅干扰图谱 2

案例四

某 500kV 单芯电缆，长度约 200m，连接 500kV GIS 与 500kV 主变压器，无中间接头。在 GIS 端进行高频电流法局部放电检测，使用 3 只传感器钳接在 A、B、C 三相接地线处，如图 C.1-5 所示。

三只传感器检测到的 PRPD 图谱如图 C.1-6 所示。

图 C.1-5　500kV 电缆高频局放检测现场图

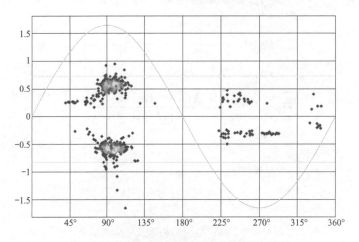

图 C.1-6　传感器检测到的信号 PRPD 图谱

某一时刻三只传感器检测到的脉冲波形如图 C.1-7 所示。

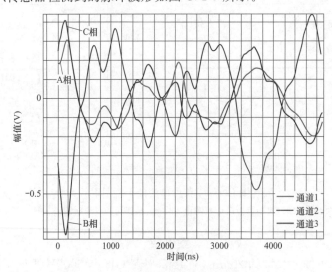

图 C.1-7　某时刻三只传感器检测到脉冲波形

　　根据 PRPD 图谱判断，脉冲信号具有相位相关性，在某些工频相位区域集中分布，因此该回 500kV 电缆内部存在疑似局部放电信号。

根据 PRPD 图谱判断，放电类型可能是沿面放电。

根据同一时刻三相电缆脉冲极性判断，B 相电流脉冲极性与 A、C 相不同，因此该放电信号来自 B 相的可能性最大。

附录 C.2　超声波法检测电气设备各种缺陷的局部放电的典型案例

案例一

（1）110kV 某 1 号主变压器波形如图 C.2-1 所示。

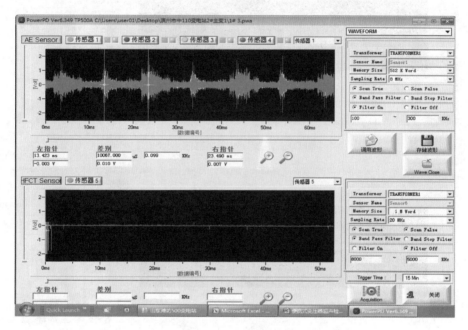

图 C.2-1　1 号主变压器波形图

波形数据简要分析：检测过程中 2、3、4 号 AE 超声波传感器在 1 号变压器 A 相的套管下方（距离变压器顶部约 50cm 的位置）检测到周期性出现的超声信号，信号脉冲群与脉冲群的时间间隔为 10ms，信号具有 100Hz 的特性。根据信号波形分析，该信号是由变压器内部存在放电现象引起，且幅值超过 2V，属于较严重放电级别。引起放电原因可能为该部位内绝缘纸板在长期运行状况下，由于热和电的作用，绝缘纸板发生了绝缘劣化，导致绝缘等级降低，使高压带电导体击穿绝缘纸发生对绝缘油放电现象。

（2）110kV 某 2 号主变压器波形如图 C.2-2 所示。

案例二

500kV 电抗器内部存在放电现象。

（1）群兴 1 号电抗器 A 相波形图谱（见图 C.2-3）分析。

波谱数据简要分析：检测过程中 2、3 号 AE 超声波传感器分别置于电抗器高压侧和低压侧，两个传感器均未检测到周期性出现的超声信号，判断该位置不存在局部放电。

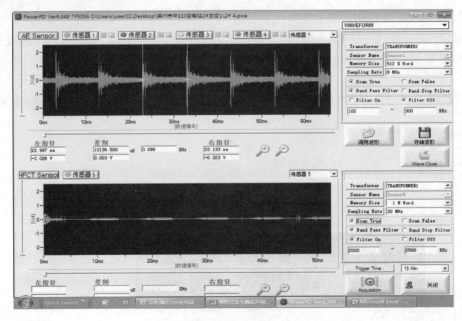

图 C. 2-2　2 号主变压器波形图

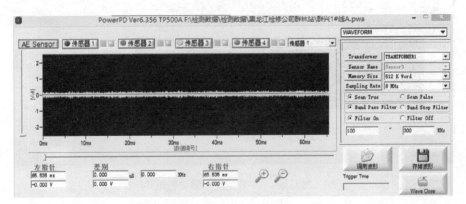

图 C. 2-3　A 相波形图谱

（2）群兴 1 号电抗器 B 相波形图谱（见图 C. 2-4）分析。

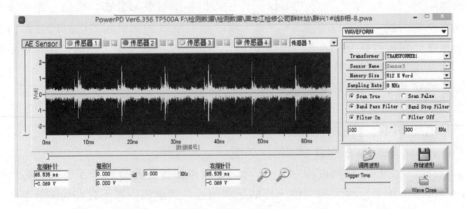

图 C. 2-4　B 相波形图谱

波谱数据简要分析：检测过程中 2、3 号 AE 超声波传感器位置如图 C.2-5 所示，两个传感器均检测到周期性出现的超声信号，信号脉冲群与脉冲群的时间间隔为 10ms，信号具有 100Hz 的特性，具有典型的局部放电波形图谱。根据信号波形分析，该信号是由电抗器内部存在放电现象引起，产生放电的原因可能为电抗器内部存在带电导体对绝缘油放电。检测过程中，通过移动传感器，最终确定如图 C.2-5 所示位置信号最强，且 3 号传感器位置信号强度大于 2 号传感器，判断局部放电源位置为 3 号传感器附近。

图 C.2-5　传感器放置位置

（3）群兴 1 号电抗器 C 相波形图谱（见图 C.2-6）分析。

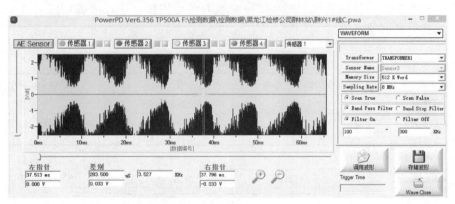

图 C.2-6　C 相波形图谱

波谱数据简要分析：检测过程中 2、3 号 AE 超声波传感器分别置于电抗器高压侧下部（2 号传感器）和低压侧上部（3 号传感器），两个传感器均检测到周期性出现的超声信号，该信号满足机械振动信号波形图谱特征。判断此电抗器存在机械振动，该振动信号靠近电抗器上部。

附录 C.3　特高频法检测 GIS 局部放电的典型案例

2018 年 8 月 10 日，某供电公司检测人员对某变电站 110kV GIS 设备进行局部放电带电检测，发现月 110 西 C 相存在较为明显的放电信号。该 GIS 组合电器为 2000 年某开关厂生产的 ZF4-110SF6 型产品，至今运行 18 年；绝缘盆为环氧树脂浇筑，外部无金属屏蔽。根据局放检测结果，综合对比分析，可以得出如下结论：月 110 西 C 相内部疑似存在悬浮电位放电，可结合不同运行方式利用多种检测手段持续跟踪检测，适时考虑设备解体大修。

检测人员先使用某 PD-74I 型特高频巡检仪对全站设备进行特高频巡检，图 C.3-1 为月 110 西巡检位置示意图，图中数字 1～8 标示在月 110 西 C 相绝缘盆处。

图 C.3-1   月 110 西巡检位置示意图

巡检"1、2、7"处绝缘盆时发现峰值较小的异常信号，巡检"3、4、5、6"处绝缘盆时发现峰值较大的异常信号，巡检"8"处绝缘盆时未发现异常信号。据此可初步判定该间隔 C 相 1～8 处绝缘盆区间内存在单一异常信号源，该信号源应位于"4、5"处绝缘盆之间（断路器气室内部），可借助其他方法（如特高频时差定位法）进行准确定位。月 110 西 A、B 相未检测到异常信号。

表 C.3-1   月 110 西 C 相特高频局放检测数据

变电站名称	某 110kV 月季变	参评队伍	某供电公司带电检测班
检测日期	2018.8.11	检测人员	某某
设备厂家	某开关厂	设备型号	ZF4-110SF6
仪器名称	某某	仪器型号	PD-74I
温度	36℃	湿度	55％
检测位置	检测模式	峰值（dBm）	备注
1	UHF	−48	
2	UHF	−39	
3	UHF	−30	
4	UHF	−14	
5	UHF	−15	
6	UHF	−24	
7	UHF	−44	
8	UHF	−66	

在对异常信号进行进一步判断时，检测人员先使用 DMS 特高频局部放电检测仪随机选取一处绝缘盆进行试测，并按照图 2-9 的方法采用屏蔽布包裹屏蔽手段，结果显示屏蔽与否并未影响该异常信号峰值大小与相位特征（对比图谱见表 C.3-2），确定该异常信号来自设备内部，且检测部位附近仅存在单一环境噪声信号，不会对该局部放电信号判断产生重大影响，征得判许可后，该处异常的后续检测及定位工作暂不使用屏蔽布。

表 C. 3-2   月 110 西 C 相屏蔽前后对比

序号	检测位置	是否屏蔽	图谱文件	
			PRPD	PRPS
1	月 110 西 C 相	是		
2	月 110 西 C 相	否		

使用 DMS 对修月 2 断路器 C 相异常信号进行特高频检测，检测现场检测位置如图 C. 3-2 所示，为进行横向对比分析，同时对 A 相、B 相进行了检测，特高频检测图谱见表 C. 3-3。

图 C. 3-2　月 110 西检测位置示意图

表 C. 3-3   月 110 西特高频检测图谱

检测位置	是否屏蔽	图谱文件	
		PRPD	PRPS
1A	否		
1B	否		

检测位置	是否屏蔽	图谱文件	
		PRPD	PRPS
1C	否		
2A	否	分析：太多干扰(71%),未知(17%)	
2B	否	分析：不是PD(100%)	
2C	否		
3A	否		
3B	否		
3C	不屏蔽		

依据 DL/T 1630—2016《气体绝缘金属封闭开关设备局部放电特高频检测技术规范》，特高频局放检测图谱显示，月 110 西 C 相存在异常信号，图谱在一个工频周期内有两簇明显集聚信号，并呈"内八字"，具有悬浮电位放电图谱特征，可能是设备安装工艺把关不严，长时间运行震动及机械操作，导致某些紧固螺栓松动，存在金属部件接触不良，产生悬浮电位放电。

使用某 EC4000 型特高频局部放电检测仪示波器定位功能对月 110 西 C 相进行放电定位分析，定位现场检测点选取如图 C.3-3 所示，放电定位过程见表 C.3-4。

图 C.3-3　月 110 西 C 相放电定位现场示意图

表 C.3-4　　　　　　　　　　　　　月 110 西 C 相放电定位过程

定位位置	通道	定位过程及结果
1	通道 1	测量通道 1 与通道 2 距离为 3.15m，放电定位结果为距离通道 1 处 1.35（±0.2）m，在图 C.3-3 中"3"绝缘盆附近
6	通道 2	
2	通道 1	测量通道 1 与通道 2 距离为 1.35m，放电定位结果为距离通道 1 处 0.6（±0.2）m，在图 C.3-3 中月 110 西 C 相气室内
4	通道 2	

某 EC4000 型特高频局放检测仪最终定位计算结果如图 C.3-4 所示。

根据定位计算结果，对现场设备进行实际测量，找到距离通道 1（图 C.3-3 中"3"绝缘盆处）0.6（±0.2）m 的位置，如图 C.3-5 所示，悬浮电位放电最终定位于月 110 西 C 相气室内。

使用某 DFA300 超声波检测模式进行局放检测，检测点设置如图 C.3-6 所示，检测信号未见异常。

使用某 JH5000D-4 型 SF_6 气体成分检测仪对月 110 西 C 相隔离开关进行 SF_6 气体成分检测，未见异常。

结论：月 110 西 C 相内部疑似存在悬浮电位放电情况。

建议：

（1）结合不同运行方式利用多种检测手段持续跟踪检测。

（2）加强设备检测，重点监视异常信号的变化趋势，并做好应急措施。一旦发现异常信号有明显增大趋势，尽快安排处理。

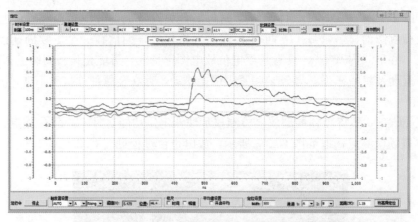

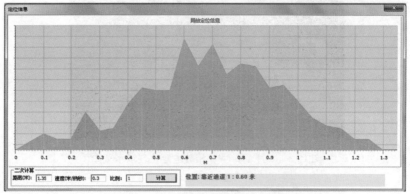

图 C.3-4　月 110 西 C 相放电定位计算结果

图 C.3-5　月 110 西 C 相放电定位实际结果

（3）对同类型、同结构设备甚至同厂家同批次设备重点加强带电检测跟踪，一旦发现异常，及时跟进处理。

创新点：110kV 月季变部分设备特高频局放存在异常信号，在对南月 2 甲 A 相超声波局放检测时，由于位置较高不便攀爬，创新性地使用了自主研制的超声波探头加长杆（见图 C.3-7），该装置由两节（单节长 1.6m）可以组装的绝缘杆、万向节、吸盘、超声波探头磁性固定器组成，可完成最高 5m 处的超声波检测工作，可大大提高工作效率，见图 C.3-8。

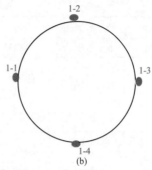

图 C.3-6　月 110 西 C 相隔离开关超声波现场检测位置

(a) 侧面图；(b) 俯视图

图 C.3-7　超声波局放检测现场使用探头加长杆　　　图 C.3-8　超声波探头加长杆上端部

附录 C.4　开关柜局部放电带电检测典型案例

2016 年 2 月 24 日，某供电公司带电检测班在对 110kV 某变电站 10kV 开关柜进行局部放电检测时，发现瑞 4 板开关柜存在异响。超声波局部及暂态地电压局放检测均能发现明显放电信号（见表 C.4-1），初步判断放电位于柜体上部母线室内。告知设备运维单位后，经检修人员处理后，异响消失。带电检测人员复检，超声波局放检测及暂态地电压局放检测均未见异常（见表 C.4-2）。

表 C.4-1　　　　　　　　　　　　　暂态地电压局放检测结果

变电站名称	110kV瑞达变	检测单位	变电检修室	检测日期	2016-02-24	检测人员	带电检测班
运行编号	瑞 4 板	设备类型	开关柜	设备型号	GZS-12	设备厂家	某某集团
仪器名称	某某	仪器型号	Utpe	温度	5.2℃	湿度	53.3％
天气	晴	金属背景	2	空气背景	0	额定电压	12kV

序号	开关柜编号		前中(dBmV)	前下(dBmV)	后上(dBmV)	后中(dBmV)	后下(dBmV)	侧上(dBmV)	侧中(dBmV)	侧下(dBmV)	负载(A)
1	瑞 3 板	前次	6	7	8	8	7				182.8
		本次	7	8	7	7	6				178.5
2	瑞 4 板	前次	7	6	8	7	7				198.6
		本次	18	17	42	35	31				204.3
3	瑞 5 板	前次	7	8	7	7	9				164.9
		本次	8	9	7	7	7				158.6
特征分析	瑞 4 板具有放电特征										
检测结论	瑞 4 板存在局部放电缺陷										
备注											

表 C. 4-2　　　　　　　　　　　　　超声波局放检测结果

仪器名称	××	仪器型号	Utpe	温度		5.2℃	湿度	53.3%
天气	晴	额定电压	12kV					
序号	开关柜编号	前超声监听状态（如发现异常信号，请记录位置）	前超声幅值（dBμV）	后超声监听状态（如发现异常信号，请记录位置）		后超声幅值（dBμV）		负载（A）
1	瑞3板		5			4		182.8
2	瑞4板	上部母线仓	11	上部母线仓		27		198.6
3	瑞5板		5			6		164.9
特征分析	瑞4板具有放电特征							
检测结论	瑞4板存在局部放电缺陷							
备注								

　　瑞4板开关柜存异常声响，怀疑柜体上部母线仓存在局部放电缺陷。带电检测人员使用局部放电检测仪对瑞4板进行超声波局放检测，上部母线仓超声值为27dB，并伴随明显放电声。

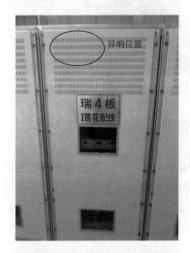

图 C. 4-1　瑞4板异响位置

　　瑞4板暂态地电压局部放电检测最大值为42dB，最大值位于柜体后面上部。通过和邻近同类开关柜检测值进行横向比较分析，判断故障位于瑞4板开关柜内部。带电检测班成员在瑞4板开关柜柜体上设置多个检测点，通过幅值比较法进一步确定了放电位置位于柜体上部母线仓内，如图 C. 4-1 所示。

　　综合超声波局放检测及暂态地电压局放检测结果，且异响来自于开关柜母线仓，怀疑是穿板套管因积灰、受潮、松动等引起的局部放电缺陷。

　　为进一步确认瑞4板缺陷情况，带电检测班更换仪器，使用某 PODS AIRtm 型手持式局放在线巡检仪复检。在开关柜前后尤其是母线仓处布置多个检测点，经幅值比较及声音判断，确认瑞4板存在局部放电缺陷，且缺陷位于上部母线仓内。

　　依据 Q/GDW 613—2011《12（7.2）kV～40.5kV 交流金属封闭开关设备状态评价导则》，开关柜检测到明显的局部放电，该设备状态评价为严重状态，为防止持续的局部放电导致的绝缘逐步劣化，造成开关柜接地或相间故障，应尽快执行 B 类检修。

　　缺陷确认后告知设备运维单位，随即检修人员到达现场勘察。设备停电后，打开瑞4板顶盖，如图 C. 4-2 所示，在穿板套管表面及靠近导体侧均能发现明显积灰现象。

图 C. 4-2　瑞4板穿板套管积灰情况

经检修人员现场清理后，设备恢复原状。随即现场对瑞4板所在母线段进行交流耐压试验，试验通过且期间无异响异状发生。

瑞4板重新投运次日，带电检测班再次复检，超声波局部放电检测及暂态地电压局部放电检测均未见异常。

开关柜设备内部积灰是常见现象，什么情况下需要及时处理，局部放电带电检测技术提供了一个比较客观的评判方法。

附录C.5 电力电缆振荡波试验典型案例

2017年3月21日，某供电公司对一条2015年投运、全长4300m的10kV电缆进行振荡波试验，得到的局部放电分布统计图谱如图C.5-1所示。由分析结果可见，距电缆首端4056m处存在极大的局部放电，最大放电值为10nC（10000pC），且同一位置局放次数超过50次，可判定该位置存在严重局部放电缺陷。

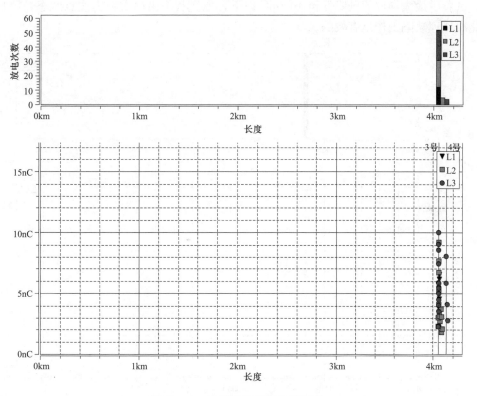

图C.5-1 局部放电分布统计图谱

2017年5月8日，该公司配电运检室电缆班使用智能型电缆路径定位仪对该电缆带电进行路径扫查，在试验结果指示位置发现一中间接头，初步定位了该电缆局放缺陷位置。随后安排停电处理缺陷工作，对该处接头进行解剖，发现该接头外观存在明显放电烧灼痕迹，铠装层已经烧穿，内部铜网钢环部分烧熔，冷缩管应力锥部位已经碳化烧穿，现场照片如图C.5-2～图C.5-4所示。

217

图 C.5-2　铠装已经烧穿　　　图 C.5-3　铜网钢环部分烧熔　　图 C.5-4　冷缩管应力锥部位已经碳化烧穿

　　2017 年 5 月 8 日，缺陷处理后随即对该电缆再次进行振荡波试验，局部放电分布统计图谱如图 C.5-5 所示。由分析结果可以看出距电缆首端 4056m 处的 10000pC 局部放电已经消失，试验后最大局放值已降低至 1000pC 以下，电缆状态由严重转为注意状态，测试结果表明此次处理缺陷工作是有效的。

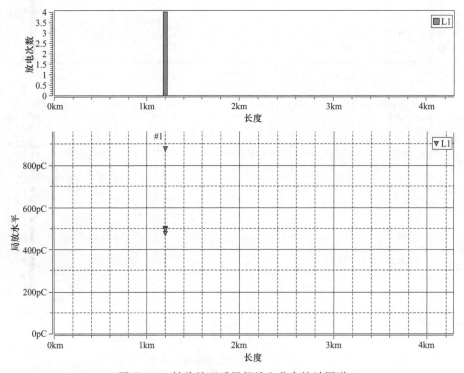

图 C.5-5　缺陷处理后局部放电分布统计图谱

附录 C.6　电力电缆局部放电带电检测典型案例

案例一

2016 年 8 月 26 日，对某 110kV 重要电缆线路户外终端进行带电局部放电检测，发现明显局部放电信号。并经过局部放电会诊与分析，确认该局部放电信号为电缆终端内部缺陷引起的悬浮高频放电，终端内部很可能存在浸水等缺陷，于是决定申请计划停电。2016年10月12日，该线路开展计划停电消缺工作，打开户外终端后，发现绝缘表面存在黑色放电点及内部包含大量水分。三相图谱如图C.6-1所示。

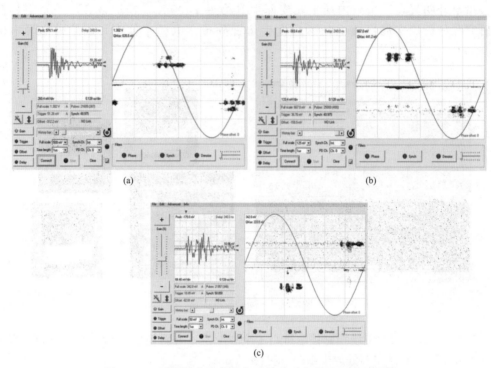

图C.6-1　预制件与绝缘间气隙缺陷对应的局部放电图谱

(a) A相图谱；(b) B相图谱；(c) C相图谱

2016年10月12日，对出现异常局部放电信号的终端打开检查，现场发现终端内绝缘表面存在明显黑色放电点及内部包含大量水分（硅油颜色泛黄，包含大量水珠泡），如图C.6-2、图C.6-3所示。

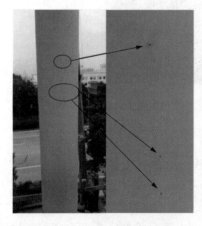

图C.6-2　C相电缆终端绝缘表面的明显黑色放电点

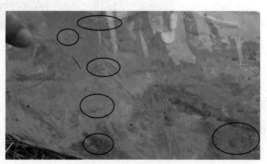

图C.6-3　C相内硅油照片

案例二

2008 年 4 月，在对某 110 千伏电缆线路进行局部放电检测过程中在多处位置均不同程度的发现了疑似局部放电信号，通过采用多套局部放电检测设备进行联合检测、比对（见图 C.6-4），确认疑似信号为局部放电信号。通过监测发现，个别位置局部放电信号量上升明显，一个月内从十几皮库上升为近 1000pC，情况危急。通过对检测数据的研究和分析确定局部放电信号的发生位置分布在电缆本体上，属于外半导电屏蔽缺陷。

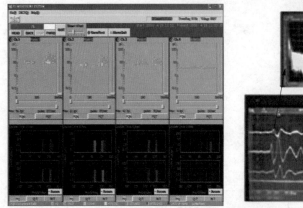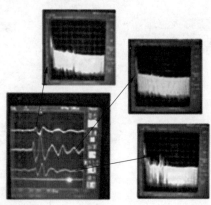

图 C.6-4　局部放电图谱

2008 年 06 月对该回电缆线路停电进行了全线更换，并对电缆进行了解剖分析。经解剖发现电缆本体护层上存在多处放电缺陷（见图 C.6-5）。

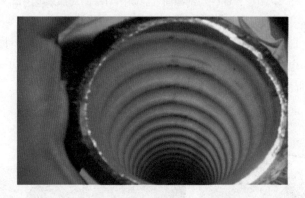

图 C.6-5　金属护套波谷内表面出现放电痕迹照片

案例三

2013 年 7 月，对某线路 9 号接头进行带电局部放电检测，发现明显局部放电信号。在 8MHz 以下均发现疑似局部放电信号，该信号每 2～3min 出现一次。图 C.6-6 是以 6MHz 作为采集频率测得的局部放电图谱。

2013 年 7 月 5 日，对出现异常问题的 C 相塞止接头进行检修，现场发现接头内腔预制纸卷外表面有放电后产生的黑色物（为油放电击穿后的产物，见图 C.6-7）。

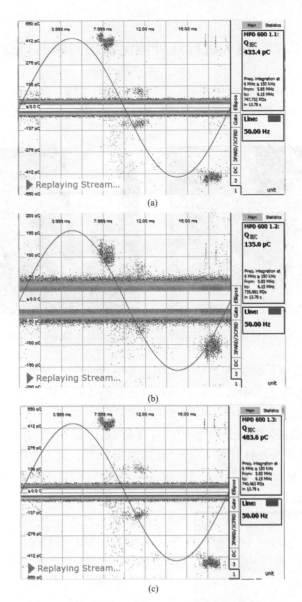

图 C.6-6　采集频率 6M 时局部放电图谱

（a）A 相图谱；（b）B 相图谱；（c）C 相图谱

图 C.6-7　内腔纸卷表面放电痕迹

附录 C.7 雨天进行红外测温发现问题的特殊案例

2012 年 5 月 9 日 16 时 20 分（环境温度 28℃，风力 1 级，多云），对于某变电站 110kV 西母避雷器进行红外热成像检测，测温图谱如图 C.7-1、图 C.7-2 所示。

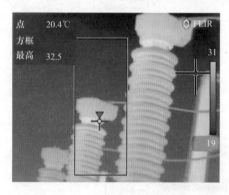 

图 C.7-1　某 110kV 西母避雷器红外热像　　图 C.7-2　某 110kV 西母避雷器可见光照片

西母避雷器 B、C 相上端发热 32℃。相邻设备温度 30℃（电压 113kV），温差 2℃，执行 DL/T 664—2016 标准的表 B.1 电压致热型设备缺陷诊断判据。判定为三类缺陷。

次日，试验检测人员对避雷器带电测试未发现异常。

随后进行了三次测温，时间分别为 2012 年 5 月 12 日 16 时 20 分（环境温度 18℃，风力 1 级，小雨）；2012 年 6 月 6 日 9 时 20 分（环境温度 24℃，风力 2 级，阴天）；2012 年 6 月 6 日夜 21 时（环境温度 28℃，风力 1 级，晴天），测试结果均为避雷器温差超过 0.5～1K，判定为严重缺陷。但始终未找到缺陷原因。

图 C.7-3　避雷器 A、B、C 相绝缘子
污秽红外热像

2012 年 7 月 9 日 17 时 30 分（环境温度 29℃，风力 2 级，中雨）进行了第五次跟踪测温，图谱如图 C.7-3 所示。

缺陷避雷器 A、B、C 相比周围正常设备温差大 9.4℃，判定为严重缺陷。而且本次测温是在中雨中进行，与周围正常设备温差 9.4℃远远大于第一次多云天气的 2℃。因此考虑是避雷器外部绝缘子污秽，疑为表面防污闪涂料劣化。

2012 年 7 月 25 日 18 时 30 分（环境温度 33℃，风力 1 级，多云），避雷器清扫后，涂全新 RTV 涂料后运行正常，进行第七次红外复测无异常。

附录 C.8 变压器红外测温图谱

变压器红外测温图谱，如图 C.8 所示。

图 C.8　变压器红外测温图谱

附录 C.9　隔离开关红外测温图谱

隔离开关红外测温图谱如图 C.9 所示。

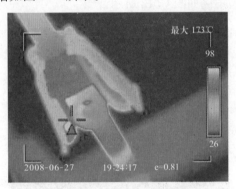

图 C.9　隔离开关红外测温图谱

附录 C.10　隔离开关红外测温图谱

隔离开关红外测温图谱如图 C.10 所示。

图 C.10　隔离开关红外测温图谱

附录 C.11　变压器红外测温图谱

变压器红外测温图谱如图 C.11 所示。

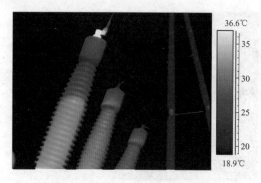

图 C.11　变压器红外测温图谱

附录 C.12　电力电缆红外测温典型案例

电力电缆红外测温典型案例如图 C.12 所示。

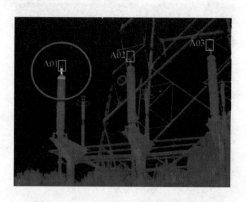

图 C.12　电力电缆红外测温典型案例

三相接头中 A01 区域内金属部件发热严重。其中，A01 区域最高温度 72.3℃，A02 区域最高温度 23.9℃，A03 区域最高温度 24.2℃。

附录 C.13　电气设备紫外成像检测典型案例

2011 年 6 月 30 日 15 时，某换流站站内变压器类设备套管进行例行紫外放电测试（见图 C.13-1），发现极Ⅱ平波电抗器极母线侧套管从上往下数 1/3 处有光子密集区，光子数最大值为 598 个/min，放电连续，但现场听不到放电声音，肉眼看不到放电点；而极Ⅰ平波电抗器极母线侧套管光子数 20～50 个/min，同一部位无连续放电点。现场分别于 17 时 55 分、18 时 55 分将极Ⅱ、极Ⅰ降压至 350kV 运行。双极降压至 350kV 后，极Ⅱ平波电抗器极母线侧套管最大光子数为 214 个/min，放电周期无明显变化。7 月 1 日 9 时紫外测试（见图 C.13-2），极Ⅱ平波电抗器极母线侧套管放电部位光子数 110～170 个/min，放电时间间隔为 0.5～1s/次；而极Ⅰ平波电抗器极母线侧套管光子数 12～20 个/min，无连续放电点。

图 C.13-1　6 月 30 日 500kV 运行时
极Ⅱ套管紫外测试情况

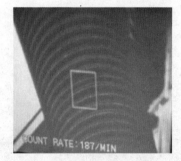

图 C.13-2　6 月 30 日 350kV
运行时极Ⅱ套管紫外测试情况

换下该套管后进行电气试验，交流耐压试验电压取套管型式试验电压（928kV）的85％，即 789kV。交流耐压试验结果正常，套管介质损耗和电容值实测结果与出厂值相近。

然后进行解体。剖开环氧树脂绝缘桶后，可见树脂桶内壁烧损，桶内绝缘填充物（发泡材料）表面存在明显放电痕迹（见图 C.13-3），中心部位碳化严重，四周呈现树枝状放电。除去桶内绝缘填充物后，在套管干式电容芯与上部导体连接部位，发现对应放电烧蚀点。

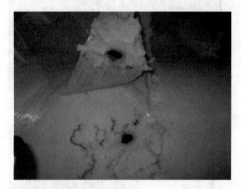

图 C.13-3　树脂桶内壁及绝缘填充物烧损、放电情况

套管内绝缘设计不合理是套管放电的根本原因。套管内部绝缘材料由内向外由绝缘发泡材料（厚度约 13cm）、环氧树脂桶（厚度约 1.5cm）、硅橡胶伞裙三部分构成，绝缘发泡材料的电阻率远低于环氧树脂桶和硅橡胶的电阻率，最厚的绝缘发泡材料没有起到主绝缘的作用并降低套管的表面场强。绝缘发泡材料与环氧树脂桶内壁的接触面的场强最高，首先在该接触面出现树枝状放电，并向内至套管导电杆，向外至硅橡胶表面发展，造成内外贯穿的放电通道。

附录 C.14　SF_6 气体泄漏激光成像仪进行 SF_6 气体泄漏检测案例

1. 典型案例图片

典型案例图片如图 C.14-1～图 C.14-4 所示。

2. 典型案例

某供电公司在某 220kV 变电站检测发现某 220kV 避雷器 C 相 SF_6 气体管路连接三通处（见图 C.14-5 红色圆圈标记处）存在轻微漏气现象，后采用包扎法进行检漏确认，24h 后包扎处泄漏气体非常明显，具体如图 C.14-6、图 C.14-7 所示。确认该漏点存在，但漏气轻微，属于一般缺陷。

图 C.14-1　500kV SF₆断路器连接法兰裂泄漏及泄漏点可见光图片

图 C.14-2　500kV 2515 TA B 相螺钉口泄漏及泄漏点可见光图片

图 C.14-3　500kV 2026 TA B 相螺钉口泄漏及泄漏点可见光图片

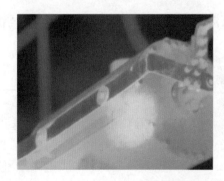
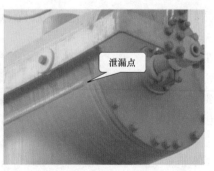

图 C.14-4　110kV SF₆断路器罐体焊缝泄漏及泄漏点可见光图片

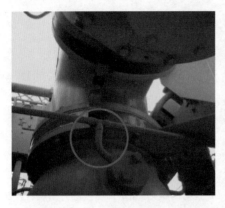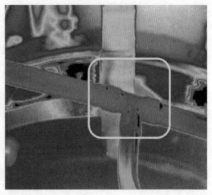

图 C.14-5　避雷器 C 相 SF$_6$ 气体管路连接三通可见光图及红外热成像图

图 C.14-6　现场包扎定量检漏图　　　　图 C.14-7　定量检漏测试值

扫描下列二维码 C.14-1 可以观看 SF$_6$ 气体泄漏红外成像检测的视频。

视频 C14-1

参 考 文 献

[1] 国家电网公司运维检修部. 电网设备带电检测技术［M］. 北京：中国电力出版社，2014.

[2] 国家电网公司运维检修部. 电网设备状态检测技术应用典型案例（上、下册）［M］. 北京：中国电力出版社，2014.

[3] 黄新波. 变电设备在线监测与故障诊断［M］（第三版）北京：中国电力出版社，2013.

[4] 李德志. 电力变压器油色谱分析及故障诊断技术［M］. 北京：中国电力出版社，2013.

[5] 沈其工，方瑜，周泽存，王大忠. 高电压技术［M］（第四版）. 北京：中国电力出版社，2012.

[6] 善文培，王兵，齐玲. 电气设备试验及故障处理实例［M］（第二版）. 北京：中国水利水电出版社，2012.

[7] 陈化钢，程林，吴旭涛. 电力设备预防性试验方法及诊断技术［M］. 北京：中国水利水电出版社，2012.

[8] 孟玉婵，李荫才，贾瑞君，张仲旗. 油中溶解气体分析及变压器故障诊断［M］. 北京：中国电力出版社，2012.

[9] 电力行业职业技能鉴定指导中心. 职业技能鉴定指导书《电气试验》［M］（第二版）. 北京：中国电力出版社，2009.

[10] 李海星，张健壮. 电力设备典型缺陷红外热成像图集与分析［M］. 北京：中国电力出版社，2009.

[11] 河南电力技师学院. 电力行业高技能人才培训系列教材《油务员》［M］. 北京：中国电力出版社，2008.

[12] 罗竹杰. 电力用油与六氟化硫［M］. 北京：中国电力出版社，2007.

[13] 郝有明，温念珠，范玉华，邓育红. 电力用油（气）实用技术问答［M］. 北京：中国水利水电出版社；2000.